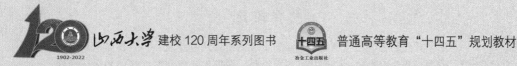

山西大学 建校120周年系列图书　普通高等教育"十四五"规划教材

冶金工业出版社

环境与资源类专业系列教材　程芳琴　主编

粉煤灰基功能涂料

Coal Fly Ash Based Functional Coatings

宋慧平　薛芳斌　主编

樊　飙　桑颖慧　吴海滨　副主编

北　京
冶金工业出版社
2022

内 容 提 要

本书主要介绍各类粉煤灰基功能涂料，包括粉煤灰基建筑涂料、粉煤灰基粉末涂料、粉煤灰基防腐涂料、粉煤灰基密封涂料、粉煤灰基超润湿性涂料和光化学涂料、复合陶瓷涂料、铸造涂料等功能涂料，叙述了粉煤灰用于功能涂料的原理、工艺、产品性能评价及应用案例等方面内容。

本书可作为资源循环科学与工程、环境科学与工程、化学工程与工艺、冶金工程专业高年级本科生和研究生教材，也可作为资源循环利用、环境工程、化学工程等领域相关从业人员的阅读参考书。

图书在版编目（CIP）数据

粉煤灰基功能涂料/宋慧平，薛芳斌主编 .—北京：冶金工业出版社，2022.9

普通高等教育"十四五"规划教材
ISBN 978-7-5024-9275-5

Ⅰ.①粉… Ⅱ.①宋… ②薛… Ⅲ.①粉煤灰—功能材料—涂料—高等学校—教材 Ⅳ.①TQ63

中国版本图书馆 CIP 数据核字（2022）第 167931 号

粉煤灰基功能涂料

出版发行	冶金工业出版社	电　话	(010)64027926
地　址	北京市东城区嵩祝院北巷 39 号	邮　编	100009
网　址	www.mip1953.com	电子信箱	service@ mip1953.com

责任编辑　刘小峰　赵缘园　美术编辑　彭子赫　版式设计　孙跃红
责任校对　李　娜　责任印制　李玉山
三河市双峰印刷装订有限公司印刷
2022 年 9 月第 1 版，2022 年 9 月第 1 次印刷
787mm×1092mm　1/16；14 印张；339 千字；210 页
定价 49.00 元

投稿电话　(010)64027932　投稿信箱　tougao@cnmip.com.cn
营销中心电话　(010)64044283
冶金工业出版社天猫旗舰店　yjgycbs.tmall.com
（本书如有印装质量问题，本社营销中心负责退换）

深化科教、产教融合，共筑资源环境美好明天

环境与资源是"双碳"背景下的重要学科，承担着资源型地区可持续发展和环境污染控制、清洁生产的历史使命。黄河流域是我国重要的资源型经济地带，是我国重要的能源和化工原材料基地，在我国经济社会发展和生态安全方面具有十分重要的地位。尤其是在煤炭和盐湖资源方面，更是在全国处于无可替代的地位。

能源是经济社会发展的基础，煤炭长期以来是我国的基础能源和主体能源。截至 2020 年底，全国煤炭储量已探明 1622.88 亿吨，其中沿黄九省区煤炭储量 1149.83 亿吨，占全国储量 70.85%；山西省煤炭储量 507.25 亿吨，占全国储量 31.26%，占沿黄九省区储量 44.15%。2021 年，全国原煤产量 40.71 亿吨，同比增长 5.70%，其中沿黄九省区年产量 31.81 亿吨，占全国 78.14%。山西省原煤产量 11.93 亿吨，占全国 28.60%，占沿黄九省区 37.50%。煤基产业在经济社会发展中发挥了重要的支撑保障作用，但煤焦冶电化产业发展过程产生的大量煤矸石、煤泥和矿井水，燃煤发电产生的大量粉煤灰、脱硫石膏，煤化工、冶金过程产生的电石渣、钢渣，却带来了严重的生态破坏和环境污染问题。

盐湖是盐化工之母，盐湖中沉积的盐类矿物资源多达 200 余种，其中还赋存着具有工业价值的铷、铯、钨、锶、铀、锂、镓等众多稀有资源，是化工、农业、轻工、冶金、建筑、医疗、国防工业的重要原料。2019 年中国钠盐储量为 14701 亿吨，钾盐储量为 10 亿吨。2021 年中国原盐产量为 5154 万吨，其中钾盐产量为 695 万吨。我国四大盐湖（青海的察尔汗盐湖、茶卡盐湖，山西的运城盐湖，新疆的巴里坤盐湖），前三个均在黄河流域。由于盐湖资源单一不平衡开采，造成严重的资源浪费。

基于沿黄九省区特别是山西的煤炭及青海的盐湖资源在全国占有重要份额，搞好煤矸石、粉煤灰、煤泥等煤基固废的资源化、清洁化、无害化循环利用与盐湖资源的充分利用，对于立足我国国情，有效应对外部环境新挑战，促进中部崛起，加速西部开发，实现"双碳"目标，建设"美丽中国"，走好

"一带一路"，全面建设社会主义现代化强国，将会起到重要的科技引领作用、能源保供作用、民生保障作用、稳中求进高质量发展的支撑作用。

山西大学环境与资源研究团队，以山西煤炭资源和青海盐湖资源为依托，先后承担了国家重点研发计划、国家"863"计划、山西-国家基金委联合基金重点项目、青海-国家基金委联合基金重点计划、国家国际合作计划等，获批了煤基废弃资源清洁低碳利用省部共建协同创新中心，建成了国家环境保护煤炭废弃物资源化高效利用技术重点实验室，攻克资源利用和污染控制难题，获得国家、教育部、山西省、青海省多项奖励。

团队在认真总结多年教学、科研与工程实践成果的基础上，结合国内外先进研究成果，编写了这套"环境与资源类专业系列教材"。值此山西大学建校120周年之际，谨以系列教材为校庆献礼，诚挚感谢所有参与教材编写、出版的人员付出的艰辛劳动，衷心祝愿我们心爱的山西大学登崇俊良，求真至善，宏图再展，再谱华章！

2022 年 4 月于山西大学

前　言

粉煤灰是燃煤电厂产生的废弃物，长期堆置不处理会危害人体和自然环境。我国粉煤灰产生量大，一直在积极寻找更多有效利用粉煤灰的途径。近年来，随着涂料行业的发展，对填料的需求逐渐增加，国内外需要合适的填料替代品来降低涂料成本。粉煤灰与传统的涂料填料的化学成分相似，密度合适，分散性良好，且具有一定的流动性，逐渐应用于涂料行业，粉煤灰作为二次资源再次利用可降低涂料成本。

本书在参考大量涂料方面的资料、著作基础上，结合编者多年的教学、科研和技术开发的经验，按照粉煤灰用于制备不同类型的功能涂料进行划分，简明扼要地叙述了粉煤灰基功能涂料的原理、工艺、产品性能评价及应用案例等方面的内容，给学生或自学者一个完整的粉煤灰基功能涂料概念。

本书包括绪论、涂料的基础知识以及各类粉煤灰基功能涂料（粉煤灰基建筑涂料、粉煤灰基粉末涂料、粉煤灰基防腐涂料、粉煤灰基密封涂料、粉煤灰超润湿性涂料和其他功能涂料等）共8章内容。第1章"绪论"介绍了粉煤灰的基础知识、粉煤灰制备功能涂料的利用方式及本课程的基本定位和任务、学习内容和方法；第2章"涂料的基础知识"介绍了涂料基本功能、分类及命名，涂料的基本组成及其作用原理，涂料化学中涂料的流变学、表面化学、动力学及电学知识；第3~8章分别介绍了粉煤灰制备不同类型功能涂料的知识，主要包括各类功能涂料的基础知识、可行性分析、制备原理、制备工艺、涂料性能和应用领域及案例等方面的知识。

通过对本书的学习，可以了解粉煤灰涂料的基础知识、分类、组成、物化性能和一般设计原则，理解粉煤灰制备功能涂料的制备原理，掌握粉煤灰涂料的配方原理和制备工艺及性能检测技术，并了解粉煤灰功能涂料的应用领域。

系列教材主编程芳琴对本书进行总体设计，宋慧平、薛芳斌统稿，樊飙、桑颖慧、吴海滨提供密封涂料、建筑涂料的部分应用案例。课题组研究生参与本教材画图及校稿工作。特别需要指出的是，自2007年以来课题组一直在开展粉煤灰制备功能涂料方面的研究，可以说本书的出版实际上是科研团队研究成果的总结与升华。

　　在山西大学建校 120 周年之际，作者感谢山西大学在本书出版过程中的支持、指导和帮助。作者感谢国家自然科学基金项目（51874194）、国家科技支撑计划课题（2013BAC14B05）、国家国际科技合作项目（2011DFA90830）的支持，感谢山西省科技厅、山西省教育厅的资助与支持。

　　在此，对以上曾热情帮助过我们的各位工作者一并表示衷心感谢。本教材编写的取材参考了国内外的相关资料，在此谨致谢忱。

　　由于编者水平所限，书中不足之处在所难免，诚恳希望读者批评指正！

编　者
2022 年 5 月

目　　录

1 绪 论

本章提要：
（1）粉煤灰的产生、危害和综合利用现状。
（2）粉煤灰的化学组成和矿物组成。
（3）粉煤灰制备功能涂料的利用方式。

1.1 粉煤灰的性质及利用

粉煤灰是从煤燃烧后烟气中收捕的细灰，是燃煤电厂排出的主要固体废物。大量粉煤灰堆存，不仅造成土地资源浪费，还会污染大气、水体和土壤等。粉煤灰的排放量与燃煤中的灰分直接有关。粉煤灰是一种普遍的大宗工业固体废弃物。我国粉煤灰的产生量很大，通常每消耗 1t 煤就会产生 250~300kg 粉煤灰。2019 年度中国粉煤灰行业发展报告指出，2019 年中国粉煤灰产生量约为 6.55 亿吨[1]。目前，我国粉煤灰综合利用率仅为 70%[2]。

依据产生粉煤灰的燃煤类型将粉煤灰划分为 C 类和 F 类两类。C 类是由褐煤或次烟煤燃烧产生的粉煤灰，F 类是由无烟煤或烟煤燃烧产生的粉煤灰。相对于 F 类，C 类往往具有更高的 CaO 和 MgO，而 SiO_2、Fe_2O_3 和 C 的含量较低。

根据燃煤锅炉炉型，粉煤灰主要分为煤粉炉粉煤灰（PC 灰）和循环流化床锅炉粉煤灰（CFB 灰）。粉煤灰颗粒的微观形貌如图 1-1 所示。PC 灰大多为光滑的球形颗粒，含有少量不规则颗粒，其颜色随着铁和未燃尽炭含量的不同而有所差异，但大部分呈现灰色。

(a) PC灰

(b) CFB灰

图 1-1　PC 灰和 CFB 灰的 SEM 图

CFB 灰中非晶体矿物结构蓬松，粒度分布不均一，且大部分粘连在一起。CFB 灰颗粒平均粒径大于 PC 灰，这主要与其燃料粒度和燃烧工况相关[3]。粉煤灰的粒度一般在 0.5~200μm，其主要颗粒的大小在 1~50μm，经 80μm 方孔筛的筛余量为 3%~40%。粉煤灰颗粒呈多孔型蜂窝状组织，比表面积较大（1500~5000cm^2/g），具有较高的吸附活性。普通粉煤灰的质量密度为 2.0~2.3g/cm^3，体积密度为 0.6~1.0g/cm^3。

粉煤灰的化学组成与燃煤成分、煤粒粒度、锅炉形式、燃烧情况及收集方式等有关，PC 灰与 CFB 灰均以 SiO_2 和 Al_2O_3 为主，两者总含量达 80% 左右，另外还有少量 CaO、MgO、Fe_2O_3、K_2O 和 Na_2O 等。其活性取决于可溶性的 SiO_2、Al_2O_3 和玻璃体的含量，以及它们的细度。此外，烧失量的高低也影响粉煤灰的质量。CFB 锅炉通常采用炉内喷石灰石粉的方法进行炉内固硫，因此 CFB 灰中 CaO 和 SO_3 含量通常高于 PC 灰[3]。

粉煤灰的矿相组成包括石英、莫来石、赤铁矿、磁铁矿等，同时还存在一定量的矿物质熔融固化后形成的无定形非晶相玻璃体[3]。其中，石英为主要结晶相，而莫来石的形成与原煤中硅铝矿物（如高岭石）的热分解有关。

1.1.1　粉煤灰综合利用现状

目前粉煤灰主要应用于以下方面：（1）由于粉煤灰是一种人工火山灰质混合材料，具有胶凝效应，在建材方面的利用较为广泛，可以生产粉煤灰水泥混合材、粉煤灰混凝土，粉煤灰的加入降低了材料孔隙率，提高了力学性能。（2）利用粉煤灰制砖的强度等级、抗冻融性等各项指标均达到国家建材行业标准，粉煤灰掺量可达 50%~80%。（3）还可利用粉煤灰制陶瓷，粉煤灰掺量为 40% 时，陶瓷抗折强度、吸水率均优于行业要求。（4）粉煤灰中含有大量二氧化硅与氧化铝，从中提取氧化铝也是近些年的研究热点，目前主要运用碱法、酸法和盐法，与石灰石反应分离硅铝或利用氧化铝溶于酸氧化硅不溶于酸而进行硅铝分离。（5）粉煤灰还可制备分子筛用于催化。（6）制备吸附材料处理废水，去除污水中 NH_4^+、重金属等。（7）粉煤灰的颗粒形貌及含有的微量元素，使土壤疏松透气，增加微生物活性，提高作物产量，可用来改良土壤和制作化肥。

我国作为粉煤灰排放大国，一直在积极寻找更多有效利用粉煤灰的途径，提高粉煤灰的利用率。粉煤灰的高值化利用是适应环保要求严峻和经济高质量发展的大趋势，粉煤灰的化学成分、矿物组成及表面化学性质和反应性是粉煤灰综合利用的基础。

1.1.2　粉煤灰在涂料中的应用

近些年来，随着涂料行业的发展，对填料的需求逐渐增加，国内外需要合适的填料替代品来降低涂料成本。与传统的涂料填料相比，粉煤灰化学成分相似、密度合适、分散性良好，且具有一定的流动性，逐渐应用于涂料行业。粉煤灰作为二次资源再次利用可降低涂料成本。由于粉煤灰具有颗粒形态效应、微集料效应和火山灰活性，在此基础上利用一定的改性和活化工艺，可将粉煤灰作为填料在各类功能性涂料中加以利用，如防腐涂料、隔热涂料、防火涂料、防水涂料、铸造涂料和封堵涂料。

（1）粉煤灰的化学成分以 SiO_2 和 Al_2O_3 为主。因其成分与陶瓷成分相近，故可利用粉煤灰制备陶瓷涂层或低聚合物无机涂料等。该产品可提高各类基材的耐磨性、耐腐蚀性、抗压性和耐高温性等性能。

（2）粉煤灰在涂料中充当填料时，可经过简单的改性直接添加。粉煤灰拥有蜂窝状多孔结构和较大的比表面积，但含有大量性能较稳定的二氧化硅、氧化铝等成分。因此，需要对粉煤灰进行表面改性。常用的表面改性方法有：机械力学法、高温处理法、酸碱改性法和表面包覆法等。粉煤灰导热系数较低，因此可以在保温涂料和防火涂料中充当填料，降低热量传递速率。

（3）对粉煤灰颗粒的表面进行功能化设计改性方法很多，一般都是通过界面上的基团设计，然后负载相应的功能团得到粉煤灰基功能材料。粉煤灰起的作用是一种载体，其功能性由其界面包覆或负载的功能材料所决定。如采用对粉煤灰进行改性后负载甲醛捕捉剂，综合物理吸附与化学吸附的双重性得到了先吸附再消除甲醛的粉煤灰功能材料，具有非常高的附加值。

1.2 "粉煤灰基功能涂料"课程简介

1.2.1 基本任务和定位

"粉煤灰基功能涂料"课程的主要任务是系统、深入阐述粉煤灰制备功能涂料的基础理论、制备方法、影响因素、机理研究及应用研究的进展，为相关专业课程学习及科学研究工作打下良好的理论基础。

该课程的主要目的是获得粉煤灰制备功能涂料的基础知识、基本理论和基本应用能力，从理论上指导制备及应用技术的选择，阐述粉煤灰资源化利用过程中的思路、手段和方法。

1.2.2 主要内容

"粉煤灰基功能涂料"课程的主要内容是利用粉煤灰制备建筑涂料、粉末涂料、防腐涂料、密封涂料、超润湿性涂料等功能涂料过程的基本理论、技术原理及应用案例。

1.2.3 基本方法

"基础理论""制备方法""机理研究"和"应用研究"是本课程每一章的基本框架及编写思路。

以粉煤灰制备超疏水涂料的工作举例：

（1）基础理论。了解利用粉煤灰制备各类型涂料的理论依据，如图1-2所示。

材料表面的润湿性能主要受表面粗糙度和表面自由能两个因素影响。因此构筑超润湿表面主要通过以下两种方式：一种是在具有低表面能的材料基底表面上构筑微纳多级的粗糙结构；另一种是在具有粗糙结构的表面用低表面能物质进行修饰。超细粉煤灰的粒度属于微米纳米多级尺寸范围，有满足制备超疏水涂层微纳结构表面条件的潜力。

（2）制备环节。粉煤灰制备超疏水涂料的制备工艺为：

1）粉煤灰的疏水改性。将硅烷偶联剂溶于乙醇，加入粉煤灰后超声处理，得到超疏水涂料。

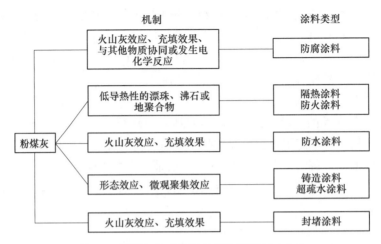

图 1-2　粉煤灰基功能涂料的作用原理及分类

2）超疏水涂层的制备。在底材上喷一层喷雾超级不干胶黏合剂，然后再喷涂超疏水表面涂层，制得粉煤灰超疏水涂层。

另外，在制备过程中，根据涂料的润湿性能，研究不同影响因素对涂料性能的影响。例如，以水接触角为润湿性能初步表征方式，探究硅烷偶联剂种类、硅烷偶联剂用量和粉煤灰用量对涂层疏水性能的影响。

（3）机理研究。机理分析是通过对系统内部原因（机理）的分析研究，从而找出其发展变化规律的一种科学研究方法。

以粉煤灰超疏水涂料为例，涉及机理研究的常见内容包括：通过红外光谱分析、扫描电镜分析，原子力显微镜分析、Cassie 方程和分形维数的计算，探究粉煤灰超疏水涂层的疏水原理等。

（4）应用研究。应用研究就是将理论发展成为实际运用的形式。该研究是为了确定基础研究成果可能的用途，或是为达到预定的目标探索应采取的新方法（原理性）或新途径，用来反映对基础研究成果应用途径的探索。

以超疏水涂料为例，超疏水涂层对水滴具有极低的黏附力，极易离开其表面，可防止涂层表面积水，具有防水的性能，而且还具有自清洁的效果，当水滴在表面滚动碰触到污物时可以携带其离开，使得超疏水涂层表面干净清洁。因此将粉煤灰基超疏水涂层为表涂，粉煤灰基防水涂料/聚酯-环氧混合型粉末涂料为底涂，制得两种复合涂层分别应用于泡沫混凝土作为防水保温涂层和浇筑磨具上作为易脱模涂层。

—— 本 章 小 结 ——

本章主要从粉煤灰的产生、危害及综合利用现状开始论述，系统介绍了粉煤灰在功能涂料中的利用方式，同时还介绍了该课程的主体框架及研究内容、学习本课程的基本方法等。通过本章的学习能使学生对粉煤灰制备功能涂料的基本理论、基本方法和手段有一个总体认识和把握。

思 考 题

1-1 煤基固废的种类包括哪些？

1-2 简述粉煤灰的综合利用现状。

1-3 简述粉煤灰制备各功能涂料的理论依据。

1-4 简述本课程的主要内容及前沿热点。

参 考 文 献

［1］中国粉煤灰综合利用正全面发展——粉煤灰材料分会 2020 年度行业发展报告 ［R］. 混凝土世界，2021（10）：28-29.

［2］姜龙 . 燃煤电厂粉煤灰综合利用现状及发展建议 ［J］. 洁净煤技术，2020，26（4）：31-39.

［3］马志斌，张学里，郭彦霞，等 . 循环流化床粉煤灰理化特性及元素溶出行为研究进展 ［J］. 化工进展，2021，40（6）：3058-3071.

2 涂料的基础知识

▶▶▶

本章提要:

（1）掌握涂料基本功能、分类及命名。

（2）掌握涂料基本组成及其作用原理。

（3）掌握涂料化学中涂料的流变学、表面化学、动力学稳定性及电学稳定性和成膜固化方法，并了解漆膜常见的弊病。

▶▶▶

2.1　涂料的定义与功能

2.1.1　涂料的定义

涂料是一种涂装材料，是以高分子材料为主体，以溶剂（有机溶剂、水或空气）为分散介质的多种物质的混合物，是一类具有流体状态或粉末状态的物质，把它涂布于物体表面上，经过自然或人工的方法干燥固化形成一层薄膜，均匀地覆盖并良好地附着在物体表面上，具有防护和装饰的作用。这样形成的膜通称为涂膜，又称为漆膜或涂层。因此，涂料可以这样定义：涂料是一种可用于特定的施工方法涂布在物体表面上，经过固化能形成连续性涂膜的物质，并能通过涂膜对被涂物体起到保护装饰等作用。

如果高分子材料为有机物，则该涂料称为有机涂料；若为无机物，则称为无机涂料。完全以有机溶剂为分散介质的涂料称为溶剂型涂料；完全或主要以水为分散介质的涂料称为水性涂料。涂料中含有的可挥发性有机化合物称为有机挥发分（VOC），VOC值越高，涂料施工过程中，对环境污染越严重，造成的资源浪费越多。因此，VOC值是衡量涂料对环境友好与否的重要指标。

2.1.2　涂料的功能

2.1.2.1　保护作用

涂料可在被涂物表面形成牢固附着的连续薄膜，使之免受各种腐蚀介质（如大气中的湿气、氧、工业大气、H_2S、CO_2、NO_x、NH_3 等，化学液体如酸、碱、盐的水溶液及有机溶剂等）的侵蚀，也能使涂漆物体表面减少或免受机械损伤和日晒雨淋而带来的腐蚀，从而延长其使用寿命。

2.1.2.2　装饰作用

涂料能使物面带上鲜艳或明显的色彩，能给人们美的感受和轻快之感，并提高产品的使用和商品销售价值。各种轻工产品、木器家具、房屋建筑以至铅笔、玩具等无一不需要涂料加以装饰。

2.1.2.3 标志作用

涂料可以作为色彩广告标志，利用不同色彩来表示警告、危险、安全、前进、停止等信号，在各种管道、道路、容器、机械、设备上涂上各种色彩涂料，能调节人的心理、行动，使色彩功能得到充分发挥。

2.1.2.4 特殊作用

各种专用涂料还具有其特殊作用，如防腐涂料可以延缓材料的腐蚀进程；隔热保温涂料可以涂覆在外墙用于阻止热量的传导；超疏水涂料可用于涂层表面的自清洁以及防雾防霜；防污涂料可以防止海洋微生物在船体表面的附着；导电涂料可以赋予非导体材料以表面导电性和抗静电性等。这些特殊功能涂料对于高新技术的发展有着重要的作用。

2.2 涂料的分类与命名

2.2.1 分类

按涂料形态分类：分为溶剂型涂料、粉末涂料、水性涂料、高固体分涂料及非水分散涂料等。其中非水分散涂料与乳胶漆相似，差别在于乳胶漆以水为分散介质，树脂依靠乳化剂的作用分散于水中，形成油/水结构的乳液，而非水分散涂料则是以脂肪烃为分散介质，形成油/油乳液。高固体分涂料通常是涂料的固含量高于70%的涂料。

按涂料用途分类：分为建筑涂料、工业用涂料和维护涂料。工业用涂料包括汽车涂料、船舶涂料、飞机涂料、木器涂料、皮革涂料、纸张涂料、卷材涂料、塑料涂料等工业化涂装用涂料。卷材涂料是生产预涂卷材用的涂料，预涂卷材是将成卷的金属薄板涂上涂料或层压上塑料薄膜后，以成卷或单张出售的有机材料/金属板材。它又被称为有机涂层钢板、彩色钢板、塑料复合钢板等，可以直接加工成型，不需要再进行涂装。预涂卷材主要用于建筑物的屋面或墙面等。

按涂膜功能分类：防腐涂料、超疏水涂料、密封防堵涂料、防锈涂料、耐高温涂料等。涂料工业中的色漆主要是两大类品种：底漆和面漆。底漆注重附着牢固和防腐蚀保护作用好；面漆注重装饰和户外保护作用。两者配套使用，构成一个坚固的涂层，但其组成上有很大差别。

按施工方法分类：喷漆、浸渍漆、电泳漆、烘漆等。喷漆是用喷枪喷涂的涂料，浸渍漆是把工件放入盛漆的容器中蘸上涂料。靠电泳方法施工的水溶性漆称为电泳漆。烘漆是指必须经过一定温度的烘烤，才能干燥成膜的涂料品种，特别是用两种以上成膜物质混合组成的品种，在常温下不起反应，只有经过烘烤才能使分子间的官能团发生交联反应以便成膜。

按涂料的施工工序分类：腻子、罩光漆、面漆、中涂漆、二道漆、底漆。

按涂料的成膜物质分类：单组分涂料、双组分涂料、多组分涂料。

2.2.2 命名

我国国家标准 GB/T 2705—2003《涂料产品分类 命名和型号》中对涂料的命名原则有

如下规定：

涂料全名＝颜料或颜色名称＋成膜物质＋基本名称

例如红醇酸磁漆、锌黄酚醛防锈漆等。

对于某些有专业用途及特性的产品，必要时在成膜物质后面加以说明，如醇酸导电磁漆、白硝基外用磁漆。

涂料的组成和含义如同其他工业产品一样，其型号是一种代表符号。涂料的型号由三部分组成：第一部分是成膜物质，用汉语拼音字母表示；第二部分是基本名称，用两位数字表示；第三部分是序号，用自然数顺序表示，以表示同类产品间的组成、配比或用途的不同。基本名称编号如表2-1所示。

表2-1　基本名称编号[1]

C04—2
- └──→ 序号
- ──→ 基本名称(磁漆)
- ──→ 成膜物质(醇酸树脂)

代号	代表名称	代号	代表名称	代号	代表名称
00	清油	22	木器漆	53	防钢漆
01	清漆	23	罐头漆	54	耐油漆
02	厚漆	30	（浸渍）绝缘漆	55	耐水漆
03	调和漆	31	（覆盖）绝缘漆	60	防火漆
04	磁漆	32	绝缘（磁、烘）漆	61	耐热漆
05	粉末漆料	33	黏合绝缘漆	62	耐热漆
06	底漆	34	漆包线漆	63	涂布漆
07	腻子	35	硅钢片漆	64	可剥漆
09	大漆	36	电容器漆	66	感光涂料
11	电泳漆	37	电阻漆、电位器漆	67	隔热涂料
12	乳胶漆	38	半导体漆	80	地板漆
13	其他水溶性漆	40	防污漆、防蛆漆	81	渔网漆
14	透明漆	41	水线漆	82	锅炉漆
15	斑纹漆	42	甲板漆、甲板防滑漆	83	烟囱漆
16	锤纹器	43	船壳漆	84	黑板漆
17	皱纹漆	44	船底漆	85	调色漆
18	裂纹漆	50	耐酸漆	86	标志漆、路线漆
19	晶纹漆	51	耐碱漆	98	胶漆
20	铅笔漆	52	防腐漆	99	其他

辅助材料型号又分为两部分，第一部分是种类，用汉语拼音的第一个字母表示；第二部分是序号，用自然数表示，如表2-2所示。

表 2-2　辅助材料分类

F-2
└─→ 序号
└─────→ 辅助材料种类(防潮剂)

序号	代号	发音	名称	序号	代号	发音	名称
1	X	希	稀释剂	4	T	特	脱漆剂
2	F	佛	防潮剂	5	H	喝	固化剂
3	G	哥	催干剂				

2.3　涂料的基本组成及作用原理

大多数涂料都是由颜料、填料、成膜物质、助剂、溶剂五部分组成。而粉末涂料因其是以空气为分散介质的涂料，所以它不含溶剂和水。

涂料要经过施工在物件表面而形成涂膜，因而涂料的组成中就包含了为完成施工过程和组成涂膜所需要的组分。其中，组成涂膜的组分是最重要的，是每一个涂料品种中所必须含有的，这种组分通常称为成膜物质。在带有颜色的涂膜中，颜料是其组成中的一个重要组分。为了完成施工过程，涂料组成中有时含有溶剂组分。为了施工和涂膜性能等方面的需要，涂料组成中有时含有助剂组分。

2.3.1　设计原则及重要因素

当前，涂料工业已得到极大的发展。据不完全统计，现有涂料品种已逾万种，且新的涂料品种还在不断地出现与开发之中。

由于底材的使用环境不同，故对涂膜的性能也提出种种不同的要求（如防锈要求、耐酸性要求、耐碱性要求、装饰要求等）。而涂料配方中各组分的用量及其相对比例又对涂料的使用性能（如流平性、干燥性等）和涂膜性能（如光泽、硬度等）产生极大的影响。所以，建立一个符合使用要求的涂料配方是一个复杂的课题。根据本节的基本原理所设计的涂料配方，还需进行必要的试验，才能成为真正符合使用要求的涂料配方。

2.3.1.1　颜料体积浓度

涂料的颜料体积浓度是涂料最重要、最基本的表征。考虑到涂料中所使用的各种颜料、体质颜料和胶黏剂的密度相差甚远，为了在科学研究和实际生产中能更科学地反映涂料的性能，特提出使用颜料体积浓度来代替颜黏比，并作为制定配方的参数。

A　颜黏比

涂料配方中颜料（包括体质颜料）与胶黏剂的质量比称为颜黏比。在很多情况下，可根据颜黏比来划分涂料的类型、表征涂料的性能。虽然这种方法不太科学和严密，但由于计算简便，目前仍应用于涂料工业。一般来说，面漆的颜黏比约为（0.25~0.9）：1.0，而底漆的颜黏比大多为（2.0~4.0）：1.0。在乳胶漆中，颜黏比的划分大致如下：室外用乳胶漆为（2.0~4.0）：1.0；室内用乳胶漆为（4.0~7.0）：1.0。应该指出，很多特种涂料或功能涂料不宜作此种划分。如果胶黏剂用量过少，就不可能在大量存在的颜料粒子周围形成连续的漆膜，所以对于要求具有较好耐久性的涂料，不宜采用高颜黏比的配方。

B　颜料体积浓度与临界颜料体积浓度

在颜料和胶黏剂的总体积中，颜料所占的体积分数称为颜料体积浓度，用 PVC 表示：

$$PVC = \frac{V_p}{V_p + V_b} \tag{2-1}$$

式中，V_p 为颜料的体积；V_b 为胶黏剂的体积（不包括溶剂等挥发组分）。

人们把胶黏剂恰好填满全部空隙时的颜料体积浓度定义为临界颜料体积浓度，并用 $CPVC$ 表示。

当胶黏剂逐渐加入到颜料体系中时，颜料粒子堆砌空隙中的空气将逐渐被胶黏剂所取代。这时，整个体系由颜料、胶黏剂和尚未被取代的空隙中的空气所组成。随着胶黏剂用量的增加，颜料粒子堆砌空隙将不断减少。

进一步添加胶黏剂，颜料粒子开始彼此分离，粒子间的距离逐渐增大，从而使颜料堆砌更为松散。显然，这时整个体系仅由颜料和胶黏剂组成。

C　颜料体积浓度对涂料性质的影响

如上所述，当 $PVC>CPVC$ 时，没有足够的胶黏剂使颜料粒子得到充分的润湿，因此，在颜料与胶黏剂的混合体系中存在空隙。当 $PVC<CPVC$ 时，颜料以分离形式存在于胶黏剂相中。所以，颜料体积浓度在 $CPVC$ 附近变化时，漆膜的性质将发生明显的变化。漆膜的物理力学性质、渗透性质和光学性质在 $CPVC$ 处发生突变，其他性质如导电性、介电常数等也呈现类似的变化。所以，$CPVC$ 是涂料性能的一项重要表征。一般来说，要求高性能或户外使用的涂料，不能制定超过 $CPVC$ 的涂料配方。相反，对于在温和条件（如室内）下使用的涂料，可以制定超过 $CPVC$ 的涂料配方。另外，根据涂料在性质上的突变现象，可通过实验测定涂料的 $CPVC$，为制定合理的配方提供依据。

颜料体积浓度会对与涂料的渗透性质有关的漆膜性能产生影响，包括生锈、起泡、抗湿擦性、抗污性和光泽维持性。这些性质都与涂层的孔隙率有关，而孔隙率随 PVC 的增加而增加。

（1）生锈：生锈是黑色金属件表面涂装涂料后，在漆膜下出现红丝或透过漆膜出现锈点的一种漆病。当 $PVC>CPVC$ 时，形成多孔性漆膜，水分容易进入到底材表面，对钢材造成腐蚀；在 $CPVC$ 处，这种腐蚀出现突变现象。

（2）起泡：在水气的作用下，底材表面产生的气体容易在涂层下产生气泡，涂层的抗起泡能力与漆膜的孔隙率有关。如漆膜是多孔性的，则漆膜下面的水气易逸至外表面；如漆膜是致密的，则漆膜下面的水气易生成气泡。因此，随着 PVC 的增加，漆膜会出现严重起泡到不起泡的突变。

（3）抗湿擦性：这是指漆膜所能忍受的水清洗剂的擦洗次数，多孔性漆膜的抗湿擦性远劣于致密性好的漆膜。这一性质对于建筑涂料尤为重要。且随着 PVC 的增加，抗湿擦性明显下降。

（4）抗污性：在污染的环境下，漆膜会发生消光或变色等现象。通常将污染前后漆膜的反射率的差值称为漆膜的抗污性。研究表明，PVC 增加时，漆膜的反射率的差值增加，抗污性下降，污染趋于严重。

（5）光泽维持性：这是指面漆干燥后没有达到应有的光泽，或涂装后数小时内产生光泽下降的一种现象。这一现象与面漆中的胶黏剂被底漆吸收，并进入底漆空隙的能力有关。

D 比颜料体积浓度

颜料体积浓度与临界颜料体积浓度之比称为比颜料体积浓度，常用 λ 表示，如式（2-2）所示。

$$\lambda = \frac{PVC}{CPVC} \tag{2-2}$$

当 λ>1（即 PVC>PVCV）时，表示漆膜中存在有孔隙；当 λ<1 时，表示颜料以分散形式存在于胶黏剂相中。

该理论认为，在配方中，重要的参数不是 PVC 值，而是 PVC 与 CPVC 的比值。其主要原因是，由于各种新型颜料和胶黏剂的开发，CPVC 值常发生较大变化，有时甚至连配漆条件也能影响 CPVC 值，而利用比颜料体积浓度，则能较精确地预测漆膜的性质。

一般情况下，合理的 λ 值范围为：有光涂料 0.05~0.6，半光涂料 0.6~0.85，墙体涂料 0.95~1.15，维护涂料 0.75~0.90。

2.3.1.2 颜料吸油值

一定质量的干颜料形成颜料糊时所需的精亚麻仁油的量称为颜料的吸油值，常用 100g 颜料形成颜料糊时所吸收的亚麻仁油的质量（g）表示。该值是颜料润湿特性的一种量度，并用 OA 表示。

目前，测定颜料吸油值有两种方法。一是标准刮刀混合法，即将称取的一定质量的颜料放在玻璃板或大理石板上，逐滴加入精亚麻仁油，用标准刮刀调合成连续的糊状物；二是在烧杯中称取一定质量的颜料，缓慢搅拌的同时加入精亚麻仁油，直至得到糊状物为止，所需的精亚麻仁油量即为颜料的吸油值。

从理论上看，颜料的吸油值与颜料对亚麻仁油的吸附、润湿、毛细作用及颜料的粒度、形状、表面积、粒子堆砌方式、粒子的结构与质地等性质有关。但从实践上看，颜料的吸油值仅为实验条件下亚麻仁油充满颜料粒子间空隙所需的量。因此，颜料的吸油值与临界颜料体积浓度有关。

实际上，亚麻仁油对颜料的润湿性与各种树脂对颜料的润湿性是有差别的，而且在吸油值的测定中，不同操作人员之间实验的重复性差别也较大，故通常允许测定误差为 ±5%。上述两种方法由于测定简便，目前仍应用于涂料工业。

2.3.1.3 乳胶漆临界颜料体积浓度

乳胶漆是聚合物乳胶粒和颜料在水连续相中的分散体系。乳胶漆的组成较复杂，其成膜机理与溶剂型漆不同。

A 乳胶漆的成膜过程

溶剂型涂料在干燥时，随着溶剂的挥发，依靠基料的流动，逐渐形成漆膜。然而，乳胶漆是乳液和颜料的分散体，当涂料成膜时，首先发生涂料的流动，随着水分的不断逸出，乳胶粒子成为黏性粒子而彼此接近，发生乳胶粒子的塑性形变和凝聚作用。同时，颜料粒子进入聚合物链的网络之中。当湿漆膜收缩成干燥漆膜时，颜料粒子周围的乳胶粒子因凝聚和形变作用产生紧密排列，从而形成连续的漆膜。

图 2-1 表示了不同 PVC 值下，溶剂型漆和乳胶漆的干燥过程。

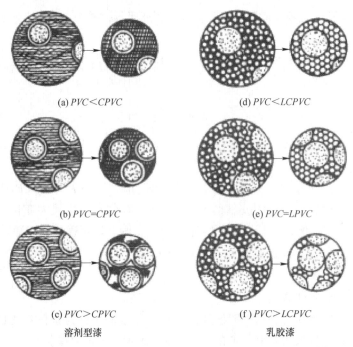

(a) PVC<CPVC   (d) PVC<LCPVC

(b) PVC=CPVC   (e) PVC=LPVC

(c) PVC>CPVC   (f) PVC>LPVC

溶剂型漆   乳胶漆

图 2-1   不同 PVC 时溶剂型漆和乳胶漆的干燥过程示意图[2]

（PVC 为颜料体积浓度，CPVC 为临界颜料体积浓度，LCPVC 为乳胶漆的临界颜料体积浓度）

在乳胶漆的成膜过程中，涂料的流动、乳胶粒子的形变能力、助成膜剂的作用和乳胶粒子的粒度大小及其分布等，都对其成膜有很大影响，同时，也影响到乳胶漆的漆膜性能。

与溶剂型漆相似，乳胶漆的漆膜性质也可用颜料体积浓度来表示。乳胶漆的临界颜料体积浓度则用 LPCVC 表示。

B   影响乳胶漆临界颜料体积浓度的因素

影响乳胶漆临界颜料体积浓度的主要因素有乳胶粒子的大小、乳液聚合物的玻璃化温度（T_g）和助成膜剂的种类及用量。这些因素往往具有综合效应，许多问题尚待进一步研究。

（1）玻璃化温度。聚合物的玻璃化温度（T_g）主要由聚合物的分子链结构决定，玻璃化温度的高低直接影响到成膜过程中乳胶粒的塑性形变和凝聚能力。因此，它对成膜性能具有重要影响。在涂料工业中，一般用乳胶漆的最低成膜温度来表征乳胶粒子的形变能力。实际上，玻璃化温度与最低成膜温度是相关的。根据不同的用途，乳液聚合物的玻璃化温度可在 −15~30℃ 的范围内变化。玻璃化温度低的乳胶漆有较高的 LCPVC 值。其原因是乳胶粒子的玻璃化温度越低，越容易发生形变。

（2）乳胶粒子的大小。由于粒度较小的乳胶粒子容易运动，易进入颜料粒子之间，趋向于颜料粒子间的较紧密接触。因此，较细粒度的乳胶漆具有较高的 LCPVC 值。粒度较小的乳胶漆还具有较好的渗透性，适用于多孔性底材（如粉墙表面）和底漆表面的涂装，且由于其流动性好，适用于有光乳胶漆的配方。

（3）助成膜剂。助成膜剂可以认为是一种挥发性增塑剂，它可促进乳胶粒子的塑性流动和弹性形变，因此能改进乳胶漆的成膜性能。特别是在玻璃化温度较高的乳胶漆中，常需加入助成膜剂。助成膜剂对 $LCPVC$ 值的影响比较复杂，它与乳液的玻璃化温度和粒度有关，一般存在一个最佳的助成膜剂用量，在此用量下，$LCPVC$ 的值最大，助成膜剂的用量过多，会使乳胶粒子产生早期凝聚或凝聚过快等现象，从而使聚合物的网络松散，导致 $LCPVC$ 值降低。

2.3.2 颜料

颜料是涂料中一个重要组成部分，它通常是极小的结晶，分散于成膜介质中。从在体系中的存在形式来看，颜料和染料不同，染料是可溶的，可以分子形式存在于溶液之中，而颜料是不溶的，以颗粒的形式存在于涂料中；但从颜色混合、赋予体系颜色的角度来看，颜料、染料的混合原理是相同的，都是减色混合法。颜料分散的优劣，直接影响涂料的生产效率、质量及最后所得涂膜的性能。涂料的质量在很大程度上依靠所加颜料的质量和数量。

2.3.2.1 颜料的作用

颜料在涂料的使用过程中最重要的作用就是使涂膜具有遮盖力并赋予涂膜各种色彩。另外，颜料还可以增加涂膜强度，增强涂膜对底材的附着力，降低涂膜的光泽度，改善涂料的流变性和涂膜的耐候性。同时还具有其他功能作用，例如，氧化性的防锈作用，红丹的钝化作用，铝粉、云母及玻璃鳞片等的屏蔽作用，锌粉的类似牺牲阳极的保护作用等。

2.3.2.2 颜料的分类

表 2-3 为常见颜料分类。

表 2-3 常见颜料分类[3]

功能	分类	品种举例	作用与功能
着色颜料	白色颜料	钛白（二氧化钛 TiO_2）、氧化锌、锌钡白、锑白	1. 赋予涂料与涂膜众多色彩，提高涂膜的装饰性与保护性（颜色的搭配性）； 2. 涂料遮盖力与鲜艳度的保证； 3. 颜色耐性（耐光、耐候、耐酸、耐碱、耐溶剂、耐温等）的保证； 4. 颜色在涂料中的分散性、展色性的保证； 5. 提供安全色（安全标志）
	黑色颜料	炭黑、氧化铁黑	
	铁系颜料	铁黄、铁红	
	绿色颜料	铬绿、氧化铬绿	
	蓝色颜料	铁蓝、群青	
	有机彩色颜料	甲苯胺红、耐晒黄、酞菁蓝	
	金属颜料	铝粉、锌粉、铜粉	
防锈颜料	丹红 锌铬黄 磷酸锌 其他铬酸盐	铬酸钙、铬酸锶、铬酸钡	1. 能防止金属表面发生化学或电化学腐蚀（有物理防锈与化学防锈），如非活性的铝粉、石墨、氧化铁红； 2. 活性的氧化锌、锌粉、碱式铬酸铅及红丹、锌铬黄等
其他特殊颜料	珠光颜料 荧光颜料 示温颜料	天然珍珠精、片晶状碱式碳酸铅、氧氯化铋、云母钛	1. 赋予涂层特殊功能效果，如珠光颜料使涂膜具有绚丽的珍珠光泽效果； 2. 金属颜料使涂膜具有金属闪光效果； 3. 纳米颜料使涂膜具有抗紫外线、防霉、耐水及超耐候、耐温等效果； 4. 还有示温颜料、夜光颜料、荧光颜料、变色颜料和耐高温颜料等均能使涂膜获得相应的效果

2.3.3 填料

填料又称体质颜料。填料对涂料的颜色不起作用，但填料的加入可以改善涂料的某些性能（如硬度、防护性能等），还可增加涂料体系的体积，从而降低涂料的成本。表 2-4 为常用填料的品种、性能及规格。

表 2-4 常用填料的品种、性能及规格

填料名称	化学组成	密度/g·cm⁻³	吸油量/%	折射率	主要物质含量/%	pH 值
重晶石粉	$BaSO_4$	4.47	6~12	1.64	85~95	6.95
沉淀硫酸钡	$BaSO_4$	4.35	10~15	1.64	>97	8.06
重体碳酸钙	$CaCO_3$	2.71	10~25	1.65	—	—
轻体碳酸钙	$CaCO_3$	2.71	15~60	1.48	—	7.6~9.8
滑石粉	$3MgO \cdot 4SiO_2 \cdot H_2O$	2.85	15~35	1.59	SiO_2 56 MgO 29.6 CaO 5	8.1
瓷土（高岭土）	$Al_2O_3 \cdot 2SiO_2 \cdot 2H_2O$	2.6	30~50	1.56	SiO_2 46 Al_2O_3 37 H_2O 14	6.72
云母粉	$K_2O \cdot 3Al_2O_3 \cdot 6SiO_2 \cdot 2H_2O$	2.76~3	40~70	1.59	—	—
白炭黑	SiO_2	2.6	25	1.55	SiO_2 99 R_2O_3 0.5	6.88
碳酸镁（天然）	$MgCO_3$	2.9~3.1	—	—	—	—
碳酸镁（沉淀）	$11MgCO_3 \cdot 3Mg(OH)_2 \cdot 11H_2O$	2.19	147	—	1.51~1.70	9.01
石棉粉	$3MgO \cdot 4SiO_2 \cdot H_2O$	—	15~35	—	—	7.39
粉煤灰	$3Al_2O_3 \cdot 2SiO_2$	1.9~2.9	—	—	SiO_2 50.6 Al_2O_3 27.2 Fe_2O_3 6.2	12.0
煤矸石	Al_2O_3、SiO_2、Fe_2O_3 等	1.5~2.5	—	—	SiO_2 52~65 Al_2O_3 16~36 Fe_2O_3 2.28~14.63	—

2.3.4 成膜物

2.3.4.1 油类

油类材料是涂料最早使用的成膜物质，是制造油性涂料和油基涂料的主要材料。油料按其来源可分为植物油、动物油和矿物油；按其是否固结成膜及成膜的快慢，分为干性油、半干性油和不干性油。涂料中使用的油料主要是干性油，例如桐油、梓油、豆油、亚麻仁油、蓖麻油、椰子油等都是常用的油料。

2.3.4.2 树脂

树脂一般是通过聚合反应、高分子化合物原理生成。作为涂料常用成膜物质的一种，主要包括天然高分子材料和合成高分子材料两类，这两类材料还可以进一步细分，具体如表 2-5 所示。

表 2-5 常见树脂分类

分　类	有机高分子材料	无机高分子材料
天然高分子材料	纤维素	石墨
	天然橡胶	云母
	天然树脂	石棉
合成高分子材料	醇酸树脂	硅酸盐类
	丙烯酸树脂	硅溶胶
	环氧树脂	缩合磷酸类

涂料中使用的树脂,需要形成的涂膜具有一定的保护与装饰的特性,为了满足多方面要求,常要几种树脂合用或树脂与油合用,这就要求树脂之间,树脂与油之间有很好的混溶性。另外,涂料最常用的形式是液态,这就要求树脂能溶解在价廉易得的溶剂中。

2.3.4.3 乳液类

随着涂料行业的迅速发展,乳胶漆在建筑涂料中得到了广泛的应用,其成膜物质以乳状液为主,常用的成膜乳液主要为丙烯酸乳液。

丙烯酸乳液是一种具有广泛的适用性的化学品,透明液体,可作为水性建筑及工业涂料的成膜物质。主要由丙烯酸系列单酯多种、丙烯酸甲酯、乙酯、丁酯、锌酯等成分组成。丙烯酸乳液无毒、无刺激,对人体无害,非成膜高光树脂,具有优异的光泽与透明性,抗粘连性能好。

按照成品成分乳液可以分为苯丙乳液、纯丙乳液、硅丙乳液、醋丙乳液等;按照下游涂料行业的适用范围可分为内墙乳液、外墙乳液、弹性乳液、防水乳液、底漆乳液、净味乳液、木器漆乳液等。

2.3.5 助剂

助剂作为涂料的辅助材料,在涂料的整个生产、储存、施工等过程中起着至关重要的作用。它的作用主要表现在:改进涂料生产工艺;提高涂料的储存稳定性;改善涂料施工性能和涂膜外观;使涂料具有特殊功能(如隐身、阻燃等)。不同功能的涂料其对性能要求不同,添加的助剂种类也不同,常见的助剂有消泡剂、润湿分散剂、增稠剂、流平剂、固化剂等。

2.3.5.1 消泡剂

消泡剂,又称为抗泡剂,在工业生产的过程中会产生很多有害泡沫,需要添加消泡剂。

A　分类

消泡剂的种类有很多,常见的有矿物油、石蜡油、聚硅氧烷、其他特殊化合物等。

(1)矿物油和石蜡油。高度不相容,有可能会导致消光。主要用于平光、半光的涂料及腻子。根据不同的乳化程度来控制与体系的相容性,相容性好的一般用作抑泡剂。

(2)聚硅氧烷。多用于高光泽的涂料。根据成分不同可以调整相容性,相容性好的一般用作抑泡剂。材料类别可塑性高,用途广泛。

（3）其他特殊化合物，如聚合物、改性有机磷酸酯等（作为脱气剂）。消泡能力较弱，又分为内脱气及外脱气机理。

B　消泡原理

泡沫的破裂要经过三个过程，即气泡的再分布、膜壁的变薄和膜的破裂。图 2-2 为消泡原理示意图。对一般稳定的泡沫体系，经过这三个过程达到自然消泡要经过很长的时间，故在涂料生产过程中要使用消泡剂进行消泡。对于涂料来说，消泡剂总是以微细粒子渗入到泡沫体系之中，在接触到泡沫后即捕获泡沫表面的憎水链端，再经过迅速铺展，并形成很薄的双膜层，然后进一步浸入到泡沫体系中。低表面张力的消泡剂总是带动一些液体流向高表面张力的泡沫体系中，促使膜壁逐渐变薄，最终导致气泡的破裂。

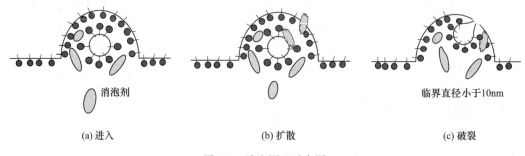

图 2-2　消泡原理示意图

2.3.5.2　润湿分散剂

润湿分散剂能够缩短涂料生产过程中颜料、填料的分散研磨时间，并使涂料中颜料、填料能长时间地处于分散稳定状态，对于水性建筑涂料的某些性能甚至可起决定性作用。

A　润湿分散的三个步骤

（1）吸附于固体颗粒的表面，使凝聚的固体颗粒表面易于湿润；

（2）通过机械力将分子破碎分离成初级粒子；

（3）分散剂将初级粒子分散至液体连接料中。

B　原理

当颜料、填料在润湿剂及外力的作用下，解聚或被粉碎成细小颗粒时，分散剂化合物就开始选择性地吸附在其表面而使分散的微细颗粒产生稳定作用。通常用双电层理论（DLVO）、空间位阻理论和氢键作用力学说来解释分散稳定过程。

双电层理论（DLVO）：水性涂料使用的分散剂必须水溶，其被选择性地吸附到粉体与水的界面上。分散剂的分子使颜料、填料表面和液体界面处形成带电层，带电物质有选择地吸附在颜料、填料颗粒表面而构成双电层，同时电荷的电斥力使之不能互相靠近而避免絮凝。

空间位阻理论认为，颜料、填料表面有一个吸附层，当其达到一定厚度时，颜料、填料颗粒之间的斥力可以保护颗粒不致絮凝。分散剂在涂料体系中因有选择性地吸附而在颗粒表面形成较厚的吸附层。当颗粒互相靠近时因吸附层的重合而使颗粒间产生位阻斥力，阻止颗粒因靠近而絮凝。

氢键作用力学说对分散剂作用原理的解释是，在水性涂料体系中，氢键因在颜料、填料周围形成附加缓冲层而起到稳定作用。分散剂分子的端基带正、负电荷，水分子既含正电部分也含负部分。这样吸附在颜料、填料颗粒表面的分散剂分子使邻近的水分子产生定向排列，形成氢键，在颗粒附近建立起靠氢键联结的水合层的附加缓冲层，导致黏度上升，有助于颜料、填料体系的稳定。

C　分类及特点

润湿分散剂分为传统型和聚合物型两大类，均可以起到防止絮凝的作用；可以降低色浆黏度，特别是高颜料含量时显得尤为重要；具有优异的相容性；耐潮气性和耐化学品性高。

一般来讲，传统的润湿分散剂的静电排斥性能高、空间位阻性能低、有控絮凝能力高；聚合物类润湿分散剂的静电排斥性能低、空间位阻性能高、有控絮凝能力低。两者都具有共同的作用效能，但不同类型分散剂的作用机理有显著的不同倾向。

2.3.5.3　增稠剂

增稠剂是一种流变助剂，不仅可以使涂料增稠，防止施工中出现流挂现象，而且能赋予涂料优异的机械性能和储存稳定性。对于黏度较低的水性涂料来说，是非常重要的一类助剂。

增稠剂根据作用机理可以分为缔合型和非缔合型；按其组成主要分为四类：无机增稠剂类、纤维素类、聚丙烯酸类和聚氨酯类。

A　无机类增稠剂

无机类增稠剂是一种层状硅酸盐，吸水后膨胀形成絮状物质，具有良好的悬浮性和分散性，与适量的水结合成胶状体，在水中能释放出带电微粒，增大体系黏度。

无机类增稠剂主要有有机膨润土、水性膨润土、有机改性水辉石等。水性膨润土在水性涂料中不但可以起到增稠作用，而且可以防沉、防流挂、防浮色发花，但保水性、流平性差，常与纤维素醚配合使用或者用于底漆及厚浆涂料。

B　纤维素类增稠剂

增稠机理是疏水主链与周围水分子通过氢键缔合，提高聚合物本身的流体体积，减少颗粒自由活动的空间，从而提高体系黏度。也可以通过分子链的缠绕实现黏度的提高，表现为在静态和低剪切力下为高黏度，在高剪切力下为低黏度。这是因为在静态或低剪切力时，纤维素分子链处于无序状态而使体系呈现高黏性；而在高剪切力时，分子平行于流动方向作有序排列，易于相互滑动，所以体系黏度下降。

纤维素类增稠剂主要包括羟甲基纤维素、羟乙基纤维素、羟丙基纤维素，其中羟乙基纤维素使用最为广泛。与其他增稠剂相比，纤维素增稠剂具有增稠效率高、与涂料体系相容性好、储存稳定性优良、抗流挂性能高、黏度受 pH 值影响小、不影响附着力等优点。

C　聚丙烯酸类增稠剂

增稠机理是增稠剂溶于水中，通过羧酸根离子的同性静电斥力，分子链由螺旋状伸展为棒状，从而提高了水相的黏度。另外，它还通过在乳胶粒与颜料之间架桥形成网状结，增加了体系的黏度。

聚丙烯酸类增稠剂主要可以分为两类，一种是水溶性的聚丙烯酸盐，另一种是丙烯酸、甲基丙烯酸的均聚物或共聚物乳液增稠剂。

D 缔合型聚氨酯类增稠剂

这类增稠剂的分子结构中引入了亲水基团和疏水基团，使其呈现出一定的表面活性剂的性质。当它的水溶液浓度超过某一特定浓度时，形成胶束，胶束和聚合物粒子缔合形成网状结构，使体系黏度增加。另外，增稠剂一个分子带几个胶束，降低了水分子的迁移性，使水相黏度也提高。这类增稠剂不仅对涂料的流变性产生影响，而且与相邻的乳胶粒子间存在相互作用，如果这个作用太强的话，容易引起乳胶分层。

流变改性剂具有多种不同的化学结构，这些产品总是赋予涂料某种流变行为，以避免重质颜料的沉淀和施工过程的流挂。为获得最好的平衡，常采用触变性流变改性剂，一方面可以提高低剪切条件下的黏度（储存），控制沉淀；另一方面可以控制高剪切条件下的黏度（施工），控制流挂。

2.3.5.4 流平剂

流平剂是一种可以有效降低涂料表面张力，提高其流平性和均匀性的一类助剂。它能使涂料在干燥成膜过程中形成一个平整、光滑、均匀的涂膜，改善涂料的渗透性，减少刷涂时产生斑点和斑痕的可能性，增加覆盖性，使成膜均匀、自然。

A 流平剂作用原理

流平剂的主要作用原理是成膜过程中，流平剂成分迁移到漆膜表面后影响漆膜表面的成膜过程而获得良好的表面效果。一般可以分为流动和流平两个机理，习惯都简称为流平。

B 流平剂分类

常见的流平剂分为两大类型：有机硅和丙烯酸酯。

有机硅：一般来说，有机硅是通过流动性带来流平效果。有机硅可以通过自身强的表面张力控制能力来影响不同界面：包括底材和漆膜表面；同时可以避免热气流干扰现象的出现（一般在油性体系容易出现）；还能提供滑爽性。但是在水性体系使用过多有机硅类流平剂很多时候会带来稳泡效果。

丙烯酸酯：一般来说，丙烯酸类流平剂是通过均衡表面张力来达到流平效果。丙烯酸酯类流平剂一般表面张力相对较高，作用于涂层表面与空气之间，能有效避免波浪纹与橘皮，提高涂膜鲜映性。理想化的丙烯酸流平剂可以得到镜面效果。

C 流平剂的作用

（1）防缩孔。涂膜表面产生缩孔是常见的弊病，产生缩孔的主要原因是表面张力不平衡，如几种树脂混拼、涂料中含有硅油等低表面能的物质等，添加适量流平剂，可以使涂膜更加平整，减少缩孔现象的产生。

（2）防橘皮、发花。涂膜干燥过程中，因溶剂挥发，涂膜表层和下层的表面张力不平衡，下层低、上层高等原因，容易造成涂膜橘皮或发花。适量的流平剂能够促进涂料上下层的均匀铺展，降低表面张力，从而防止或减少橘皮、发花现象产生。

2.3.5.5 固化剂

固化剂又名硬化剂、熟化剂或变定剂，是一类增进或控制固化反应的物质或混合物。树脂固化是经过缩合、闭环、加成或催化等化学反应，使热固型树脂发生不可逆的变化过程，固化是通过添加固化（交联）剂来完成的。

按用途分类，固化剂可分为常温固化剂和加热固化剂。

按化学成分分类，固化剂可分为脂肪族胺类、芳族胺类、酰胺基胺类、潜伏固化胺类、尿素替代物等。

按使用方法分类，固化剂可分为常温固化剂和高温固化剂。两者的区别在于常温固化剂适用于没有加热工序的应用领域，而高温固化剂又称为封闭型固化剂，改变了原有的固化剂需要双组分、用量不易控制、浪费等缺点，应用范围广泛。

2.3.5.6 其他助剂

A 增塑剂

增塑剂，主要作用是削弱聚合物分子之间的次价键，即范德华力，从而增加了聚合物分子链的移动性，降低了聚合物分子链的结晶性，即增加了聚合物的塑性，表现为聚合物的硬度、模量、软化温度和脆化温度下降，而伸长率、挠曲性和柔韧性提高。

B 乳化剂

乳化剂是一种表面活性剂。以水性涂料为例，要将颜料填料分散到水中，就需要一定量的表面活性剂来降低水的表面张力，而颜料填料易被水润湿，要使颜料在体系中稳定，就必须加入一定量的有分支状分子的表面活性剂，即乳化剂（用来把被乳化物质乳化到乳化介质中的一种添加剂）。

C 成膜助剂

成膜助剂又称为膜助剂或聚结助剂，在外墙无机建筑涂料中，主要用于硅溶胶-合成树脂乳液复合类涂料中。成膜助剂能够促进乳液中的聚合物粒子的塑性流动和弹性变形，改善它们在聚结时的变形，使之能够在较宽的温度范围内成膜，即降低乳液的最低成膜温度。

2.3.6 溶剂

溶剂虽然是涂料中暂时存在的成分，涂料涂布于底材表面，很快即可挥发掉，但是溶剂会对溶剂型涂料成膜质量产生重要影响。

涂料中的溶剂除水以外，都是可挥发的有机物，其主要作用有：

（1）溶解或分散成膜物质成均一分散体系；

（2）与颜料相互作用，与助剂和成膜物质形成稳定的分散体系；

（3）成膜过程中逐步挥发，调节最低成膜温度，帮助成膜物流平成膜。

以水作为溶剂和分散介质的涂料称为水性涂料，按其树脂与水相溶的关系分为三种：水溶型涂料、水分散型涂料（乳胶涂料）和水乳化型涂料。

溶剂水是乳胶漆的连续相的主要成分，它也可以单独地或与醇类或醚醇类溶剂一起用作溶解水性树脂的溶剂。水作为溶剂的主要优点是廉价易得、无毒无味、不燃。但它也并不是一种十分理想的涂料溶剂，因为能与水混溶的有机液体数量有限，而以水为溶剂或分散相的成膜物质往往在成膜之后还对水敏感。由于自然界到处都有水存在，因此任何涂膜都要考虑到抗水性的问题。

涂料中的溶剂，除了水以外，更多的是有机溶剂，包括有烃类、醇类、酮类、酯类、醚类、醇醚类、卤代烃类和硝基烃类等，大多数来源于石油化工产品。

但溶剂在涂料使用过程中是暂时存在的组分，一旦涂料施工成膜，有机溶剂和水就会逐渐挥发到空气中去，并不留在涂膜中。有机溶剂从涂膜中挥发后，将对环境造成危害，挥发到空气中的有机溶剂，就是涂料行业所谓的有机挥发物，即 VOC，除对人体有毒害、会污染环境外，还易燃易爆。为了减轻对环境的污染，有机溶剂的使用受到了限制，因而大力发展水性涂料。

涂料中溶剂的主要性能指标包括挥发速度、溶解能力、黏度或稠度、闪点、毒性、化学性质及价格。

(1) 挥发性：干燥的涂膜是在溶剂挥发过程中形成的，如果溶剂挥发太快，那么涂膜就既不会流平，也不会对基材有足够的湿润，因而就不会产生好的附着力。

(2) 溶解能力：溶解能力是溶剂应用的极其重要的参数，是设计涂料配方首先要考虑的问题，溶解力是指溶剂溶解成膜物质而形成均匀的高分子聚合物溶液的能力；或将高聚物分散成小颗粒而形成均匀溶液的能力。主要依据极性相似相溶原则来判断溶剂对物质溶解能力的大小。

(3) 黏度：在涂料工业中，希望浓度一定的树脂溶液黏度低一些，这对既要生产高固体分的涂料，又要达到施工要求有利，而且污染也小。溶剂通常是以两种方式影响树脂溶液的黏度：一是溶解力，对于涂料中普遍使用的高聚物浓溶液，溶剂的溶解力越强，形成的树脂溶液黏度越低，因此应选择溶解力强的溶剂；二是溶剂自身的黏度大小，溶剂本身的黏度对树脂溶液黏度的影响往往易于忽视，但它的影响作用却十分明显。有时几种溶剂之间的黏度本身相差很小，例如小于 $1\text{mPa} \cdot \text{s}$，但当其加入树脂中时，却常常会使树脂溶液的黏度相差几百甚至几千 $\text{mPa} \cdot \text{s}$。有时候，溶剂的黏度对树脂溶液黏度的影响能力甚至超过了溶剂本身的溶解能力。

(4) 闪点：闪点是评价溶剂燃烧危险程度的一个重要指标。闪点是指可燃性气体受热时，表面上的蒸气和空气的混合物接触火源而发生闪燃时的最低温度。闪燃是因温度低，液体产生蒸气慢而不足以使燃烧继续而熄灭的现象。一般闪点越低，危险性越大，对溶剂来讲，密度越小，挥发速率就越快，闪点就越低。

2.4 涂 料 化 学

涂料不仅需要有聚合物，还需要有各种有机颜料、无机颜料及各种助剂和溶剂的配合，才能获得各种性能。为了制备出稳定、适用的涂料，使涂料获得最佳使用效果，还需要有光学、胶体化学、流变学等方面理论的指导。因此，涂料化学不是某一门学科能简单概括的。涂料科学是建立在高分子科学、有机化学、无机化学、胶体化学、表面化学和表面物理、流变学、力学、光学和颜色学等学科基础上的学科。

本节主要介绍涂料的流变学、涂料的表面化学、涂膜制备中的热力学及动力学、涂膜的形成机理等内容。

2.4.1 涂料的流变学

涂料是黏稠液体，可用不同的施工工艺涂覆在物体表面，干燥后形成黏附牢固、具有一定的强度、连续的固态漆膜。流变学是研究流体流动和变形的科学。涂料在涂装的过程中，一定要经过流体这个阶段，涂料的流变性能对涂料的生产、储存、施工和成膜有很大的影响。研究涂料的流变性对涂料选择、配方设计、生产、施工、提高涂膜性能具有指导意义[4]。

液体受力产生流动，由于作用力的不同，流动形式也不同。当承受剪切力时，则产生简单剪切（simple shear）（简称剪切）而作单向层流；当承受压力时，则产生纯剪切（pure shear）而作左右向流动，如图2-3所示；当承受拉力时，因同时承受剪切和伸长而产生复杂的流动。

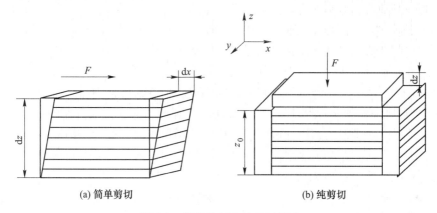

(a) 简单剪切　　　　　　　　　　(b) 纯剪切

图 2-3　简单剪切和纯剪切模型

2.4.1.1　流体的分类

流体按照剪切应力与剪切速率关系的不同，当剪切应力与剪切速率之比恒定时，这种流体称为牛顿流体；不恒定时，称为非牛顿流体。非牛顿流体按照剪切速率对其流体行为的影响，可分为假塑性流体、膨胀性流体和塑性流体；当假塑性流体的流动行为随时间变化而变化时，称为触变性流体。

图2-4是各种不同流变性液体在恒温下的流动曲线（剪切应力/剪切速率曲线）。

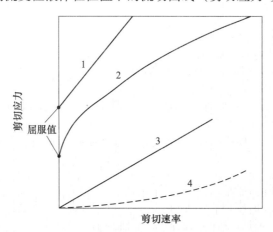

图 2-4　恒温下各种流变性流体的流动曲线

1—塑性流体；2—假塑性流体；3—牛顿流体；4—膨胀流体

从图 2-4 可知：

（1）塑性流体是交于剪切应力轴上的一条直线，即要超过一定的剪切应力才开始流动，这个剪切应力值称为屈服值。这类液体大都是分散体。分散相之间的相互作用力（如范德华力等）形成了强度不大的刚性结构，当作用力小于这些相互作用力时，只能使之作弹性形变，只有在作用力足以胜过此值时，才开始流动。

（2）假塑流体是有屈服值的，弯向剪切速率轴的曲线。它的斜率（黏度）随剪切速率的增加而下降。

（3）牛顿流体是通过原点的一条直线，斜率为剪切应力与剪切速率之比（黏度），黏度是恒定的，不随剪切速率而变动。

（4）膨胀流体是通过原点弯向剪切应力轴的曲线。它的斜率（黏度）随剪切速率增加而增加，这种现象常出现于高含量的微细固体颗粒分散体中。

触变性流体是指假塑性流体的流动行为与时间有关，即对时间有依赖的流体。

在某些假塑液体中，不但有不规则形状的颗粒、长链的聚合物和溶胀的胶粒，而且还有这些颗粒与聚合物间的相互作用、聚合物之间的相互作用，以及各组分间的相互作用。这些相互作用可以是氢键的、极性键的，所构成的网状结构（简称结构）结合较弱，可以在剪切下被破坏，因而黏度也随之而下降了。剪切停止，这结构又逐渐恢复。这种剪切后变稀，静置后返稠的现象称为触变性。涂料的触变性适当时可以解决涂料各个阶段的矛盾，满足储存、施工、流平、干燥各个阶段对涂料的黏度不同的技术需要，特别是在溶剂型涂料中非常有效。

2.4.1.2　黏度

涂料的流变性能与涂料在不同条件下的黏度有关。黏度是涂料流变学的一个重要指标，与剪切速率和剪切应力密切相关。

黏度是衡量流体黏稠度的物理量，是流体流动力对其内部摩擦现象的一种表示。如图 2-5 所示，设距离为 dx 的两层液体，在剪切力 F 的作用下以一定的速度差 dv 作平行流动，由于速度梯度的存在，流动较慢的液层阻滞着较快液层的运动，产生流动阻力。为了使液层能维持一定的速度梯度流动，就必须对它施加一个与阻力相等的反向力，在单

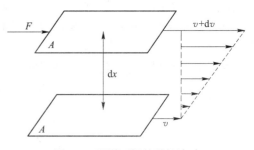

图 2-5　两平面间的黏性流动

位液层面积上所施加的这种力称为剪切应力 τ，单位为 N/m^2，速度梯度（dv/dx）也称为剪切速率（D），单位为 s^{-1}。

若平面面积为 A，则剪切力与剪切速率的关系如式（2-3）所示：

$$2.7F = A \cdot \eta \cdot \frac{\mathrm{d}v}{\mathrm{d}x} \tag{2-3}$$

速度梯度（dv/dx）也称为剪切速率（D），如式（2-4）所示：

$$2.8F = A \cdot \eta \cdot D \tag{2-4}$$

把单位面积液层上所受的剪切力称为剪切应力 τ。当剪切力 F 作用于面积为 A 的液层上时，所受的剪切应力为：

$$\tau = \frac{F}{A} \qquad (2\text{-}5)$$

$$\tau = \eta \cdot D \qquad (2\text{-}6)$$

这就是著名的牛顿（Newton）公式，η 为比例系数，又称为该液体的黏度。

2.4.1.3 流变性与涂料质量

涂料的流变性是构成漆膜外观和性能的重要影响因素之一。涂料组成多，组成间相互作用极为复杂，这些相互作用都会影响流变性。它可影响涂料储存中的颜料沉底；施工中湿膜的流平和流挂，以及施工黏度，这些影响的结果最终将表现在干膜的质量上。图 2-6 是在简单剪切力下涂料的典型黏度曲线。从图 2-6 可知，在高剪切速率下应有较低的黏度，以适合施工设备；当涂料已施涂于物面，剪切力消除，黏度由于结构复原而提高，提高的速度足够快，以防止由重力引起的垂直面流挂，而又有足够时间以有利于流平。

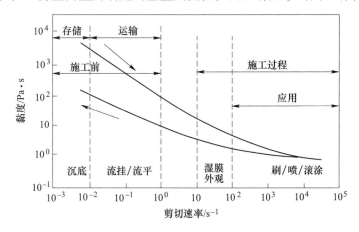

图 2-6　涂料的典型黏度曲线

2.4.2　涂料的表面化学

物质气、液、固三相相互间的分界面叫作界面，因此有气-液、气-固、液-固、液-液、固-固界面，一般把有气体组成的界面叫作表面。

表面张力是涂料重要的内在性质之一。在涂料的生产和施工过程中（颜料的分散、湿膜对底材的润湿和流平等），表面张力不仅影响生产效率及生产成本，还对施工质量有很大的影响。所以，研究表面性质对于涂料有着特别重要的意义。

2.4.2.1　流体的表面张力

A　表面张力的定义

当没有外力的影响或影响不大时，液体都趋向于成为球状。例如，掉在玻璃板上的水银球，荷叶上的水珠等。在体积一定的所有几何形体中，球体的表面积是最小的。所以，当液体从其他形状变成球形的同时，其表面积也缩小了。由此可以看出液体的表面有自动收缩的趋势。

表面张力系数的物理意义是垂直通过液体表面上任一单位长度与液面相切的表面收缩的力。通常把表面张力系数简称为表面张力。可逆地使表面积增加 dA 所需对体系做的功，称为表面功。表面张力也可以看成一种能量，即表面自山能。把液体表面的自动收缩趋势从能量角度来研究。

以上从两个角度描述的表面张力定义，单位是可以相互推导的，即式（2-7）：

$$\gamma = \frac{N}{m} = \frac{N \cdot m}{m^2} = \frac{J}{m^2} \tag{2-7}$$

在涂料施工中，常遇到多道涂装和在原有涂膜上再涂，这时，上一道涂膜和原来的干膜就是涂装的底材（固体表面）。为便于读者查阅，把一些常见底材的临界表面张力和成膜物的表面张力分别列于表2-6和表2-7中。

表2-6　常见底材的临界表面张力[4]

底　材	临界表面张力/mN·m^{-1}	底　材	临界表面张力/mN·m^{-1}
聚丙烯	28~32	镀锌铁板	45
聚苯乙烯	42	钢铁	36~45
聚氯乙烯	39~42	磷化钢板	40~45
尼龙-6	42	铝	37~45
尼龙-66	46	玻璃	70
聚甲基丙烯酸甲酯	39	聚碳酸酯	42
聚四氟乙烯	20	涤纶	43
马口铁	33~38	聚乙烯	32

表2-7　一些常见成膜物的表面张力[4]

成膜聚合物	表面张力/mN·m^{-1}	成膜聚合物	表面张力/mN·m^{-1}
环氧树脂	45~60	聚偏氯乙烯	40
脲醛树脂	45	聚乙酸乙烯	37
三聚氰胺树脂	42~58	聚乙烯醇	37
丙烯酸类树脂	32~41	聚乙烯醇缩甲醛	39
无油醇酸树脂	47	聚乙烯醇缩丁醛	38
醇酸树脂	33~60	硝基纤维	38
苯鸟粪胺树脂	52	醋酸丁酯纤维	34
氯磺化聚乙烯	37	氯化橡胶	57
聚甲基丙烯酸羟乙酯	37	乙基纤维素	32
聚甲基丙烯酸甲酯	41	线性环氧树脂	约43
聚苯乙烯	39~41	聚丙烯酸乙基己酯	30
聚丁酸乙烯	31	聚丙烯酸乙酯	37
聚偏氯乙烯	33	聚乙烯/乙酸乙烯	30~36
聚氨酯	36~39	聚甲基丙烯酸乙酯	36

B 润湿作用与接触角

a 润湿作用

润湿作用指表面上一种流体被另一种流体所代替。润湿作用分为三类，即沾湿、浸湿和铺展。

沾湿：指液体与固体的接触过程，也就是从液/气界面和固/气界面变为液固界面的过程，如图 2-7 所示。

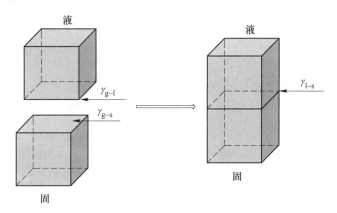

$$W_a = -\Delta G_a = -(\gamma_{1-s} - \gamma_{g-1} - \gamma_{g-s})$$

图 2-7 沾湿过程

浸湿：指的是把固体浸入液体的过程，如颜料置入漆料过程，也就是将固/气界面变为固/液界面的过程，如图 2-8 所示。

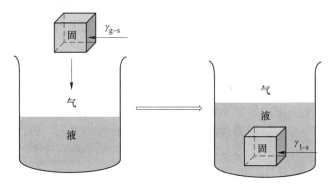

$$W_i = -\Delta G_i = -(\gamma_{1-s} - \gamma_{g-s})$$

图 2-8 浸湿过程

铺展：将涂料涂于基材时，不仅要求涂料附于其上，而且要求其流动，其过程实质是以固/液界面代替固/气界面的同时，液体表面也同时扩展，如图 2-9 所示。

b 接触角

在固、液、气三相交界处，作气液界面的切线，此切线经过液体内部到达固液界面之间的夹角，称为接触角，用 θ 表示，如图 2-10 所示。

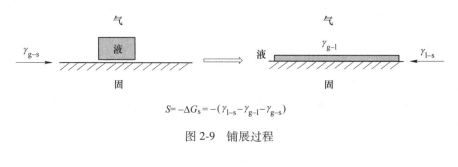

$$S = -\Delta G_s = -(\gamma_{l-s} - \gamma_{g-l} - \gamma_{g-s})$$

图 2-9　铺展过程

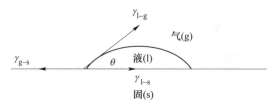

图 2-10　接触角示意图

平衡接触角与三个界面自由能之间的关系如式（2-8）所示：

$$\gamma_{l-g}\cos\theta = \gamma_{s-g} - \gamma_{s-l} \qquad\qquad (2-8)$$

即杨氏方程（Young 方程），又称为润湿方程。

将液体滴于固体表面，随体系性质不同会出现四种不同的情况：$\theta = 180°$，完全不润湿；$90° < \theta < 180°$，不润湿；$90° < \theta < 0°$，（部分）润湿；$\theta = 0°$，完全润湿。

　　c　毛细管力

毛细管中能使润湿其管壁的液体自然上升或下降的作用力称为毛细管力。毛细管力促使乳胶粒子紧密接触，最后导致胶粒间的融合。毛细管力也会导致颜料粒子间紧密聚结，当粉状粒子被液体浸湿或大气中的水气凝结于粉体时，这些液体可聚集在粒子间的缝隙中，从而形成很大的聚集力。

在液体中分散颜料时，毛细管力也会带来困难，如加料过快，成团的颜料外层被润湿，在毛细管力作用下，这一层形成紧密的外壳，封闭了干燥的颜料，使之不能进一步与液体接触，核内的气体也不能排出并成为液体进入核的另一阻力。因此，在分散固体粉末时必须遵守混合时的操作规程，以免产生表面润湿、内部干粉的现象。

2.4.2.2　表面活性剂

表面活性剂是一种具有特殊结构、高度表面活性的物质，在体系中，它可吸附在界面或取位于界面，从而减小扩大这界（表）面所需的能量。表面活性剂是只需很低的浓度（<1%），就能使溶液表面张力显著下降的物质。

表面活性剂具有固定的亲水亲油基团，在溶液的表面能定向排列。所以，其分子结构具有两性：一端为亲水基团，另一端为疏水基团；亲水基团常为极性基团，如羧酸、磺酸、硫酸、氨基或胺基及其盐，羟基、酰胺基、醚键等可作为极性亲水基团；而疏水基团常为非极性烃链，如 8 个碳原子以上烃链。表面活性剂分为离子型表面活性剂（包括阳离子表面活性剂与阴离子表面活性剂）、非离子型表面活性剂和两性表面活性剂等。

HLB 值（亲水亲油平衡值）是用来衡量亲水和亲油部分对表面活性剂性质所做出贡献

的物理量，如式（2-9）所示。每一种表面活性剂都有特定的 *HLB* 值，一般在 1~40。*HLB* 值越高，亲水性越高；*HLB* 值越小，亲油性越高。

$$HLB = 7 + \sum 亲水基常数 - \sum 亲油基常数 \qquad (2-9)$$

HLB 值不同，性质不同，用途不同。

在颜料研磨（会产生新的表面）、水性涂料的乳化、搅拌时泡沫的形成等涂料的生产，以及喷涂时涂料雾化等涂料施工过程中，界（表）面可在瞬间增大到原来的上百倍。如果在体系中加入表面活性剂，可使涂料表面张力变小，从而使生产过程节能、提高生产效率；使涂装过程中，涂膜便于在底材上展布。但是，因为表面活性剂的存在，使得湿膜流平的动力较小，会延长流平时间。所以，在涂料配方设计时，必须正确选用表面活性剂的品种和剂量，兼顾涂料的生产、施工中的各个环节。

2.4.3 涂料中的动力学稳定性与电稳定性

2.4.3.1 涂料的动力学稳定性

涂料分散体系是典型的多分散体系，它是由多种胶体分散体系、粗分散体系和溶液混合构成的复杂体系。涂料体系中含有的主要成膜物质是高分子树脂，在溶剂中，其质点大小正处于胶体尺寸范围，其他的成膜物质如颜料和助剂等，其尺寸通常处于 50nm~1μm，跨越了胶粒尺寸至悬浮颗粒的范围。纳米涂料技术的兴起，使得涂料中高分子复合微粒（如核壳结构树脂）的尺寸、颜填料的尺寸范围进一步向胶体尺寸范围靠拢。

制备胶体体系的一般条件是：分散相在介质中的溶解度极小；必须有稳定剂存在。第一个条件说明溶解度大的物质不容易形成胶体等多分散体系，而易形成真溶液；第二个条件说明胶体等多分散体系是不稳定的。由于一般分散粒子都是带电的，粒子间有相互排斥的作用，减少了相互碰撞而沉淀的概率，因此这类分散体系通常也具有一定的稳定性。但总的来说，多分散体系是热力学不稳定体系，分散相粒子的比表面积很大，体系的表面能极高，粒子间有凝聚长大而减少体系能量的趋势，因此，欲制得稳定的体系必须加入稳定剂。对于胶体体系而言，稳定剂通常可以在胶粒外形成保护层来增加其稳定性。

分散体系中的粒子和溶液中的分子一样，总是处于不停的无秩序的运动之中。从分子运动的角度看，微粒的运动和分子运动并无本质区别，都符合分子运动理论，只是分散体系中的微粒一般比分子大得多，运动强度较小。

A 布朗运动

1827 年，英国植物学家布朗（Brown）在显微镜下观察到花粉在水介质中处于不停的无规则运动之中，悬浮的花粉颗粒不但可以做平移运动，而且还能转动。最初认为这种无序运动是生命运动的象征，可是不久便发现，所有足够小的粒子都有这种运动，而且运动与温度成正比，与粒子质量成反比，与固体粒子的化学组成无关。这种连续不停的无规则的随机运动即称为布朗运动。

布朗运动起因于液体分子对固体粒子的撞击。固体粒子处在液体分子包围之中，而液体分子一直处于不停的、无序的热运动状态，撞击着固体粒子。如果粒子较小，那么在某一瞬间，粒子各个方向所受力不能相互抵消，就会向某一方向移动，在另一瞬间可能又受另一方向的合力而向另一方向移动。这就造成粒子的无规则运动。当粒子直径大于 5μm

时，布朗运动就非常弱了。因为粒子在各瞬间所受的撞击次数随粒子的增大而增加，粒子越大，在周围受到的撞击相互抵消的可能性也越大；粒子越小，则其受力的不平衡性越大。所以大粒子没有布朗运动，而胶体粒子的布朗运动显著。

爱因斯坦（Einstein）从理论上证明，半径为 r 的粒子在黏度为 η 的介质中无规运动时，在 t 时刻其在任意给定轴方向上的平均位移 $\overline{X}$ 为式（2-10）：

$$\overline{X} = \left(\frac{RT}{N_0} \times \frac{t}{3\pi \eta r} \right)^{\frac{1}{2}} \tag{2-10}$$

式中，R 为气体常数；T 为热力学温度；N_0 为阿伏伽德罗常数。

B　扩散现象

和真溶液中小分子一样，当存在浓差时，溶胶中的质点也具有从高浓度区向低浓度区扩散的作用，最终使浓度均匀。从微观现象来看，真溶液的扩散是分子热运动的结果，而溶胶的胶粒扩散是由粒子的布朗运动引起的。

就单个质点而言，它们向各个方向运动的概率相等。而从整个体系来看，由于分散体系中质点浓度并不一定是均匀分布的，存在着局部浓度涨落或局部浓度的梯度。由于质点分布不完全均匀，各处质点数目不均，浓度高的区域中质点被撞出的概率高于质点被撞进的概率；而在低浓度区，则进入多于输出，宏观表现便是扩散现象。扩散的结果就是使体系中各处的质点分布和浓度趋于均匀。

考虑图 2-11 中的 AB 平面，它的左边浓度比右边浓度高，只考虑 x 方向的扩散，若胶粒大小相同，则在 x 方向上的扩散速度应与浓度梯度成正比。设 m 为扩散量，则通过 AB 平面的扩散速度 $\mathrm{d}m/\mathrm{d}t$ 与该处的浓度梯度 $\mathrm{d}C/\mathrm{d}x$ 及 AB 的截面积 A 成正比：

$$\frac{\mathrm{d}m}{\mathrm{d}t} = -D \frac{\mathrm{d}C}{\mathrm{d}x} A \tag{2-11}$$

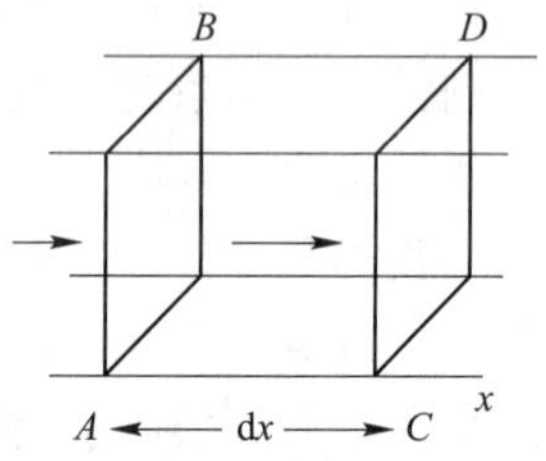

图 2-11　扩散模型示意图

式中，$\mathrm{d}m/\mathrm{d}t$ 表示单位时间通过截面 A 扩散的物质数量；式中的负号是因为扩散方向与浓度梯度方向相反；D 为扩散系数，其物理意义是在单位浓度梯度下，单位时间内通过单位面积的质量，D 越大，质点的扩散能力越大。此即菲克（Fick）第一扩散定律。

根据 Einstein 溶液扩散方程，扩散系数与介质黏度 η、质点半径 r 间关系如式（2-12）所示。

$$D = \frac{RT}{N_0} \times \frac{1}{6\pi \eta r} \tag{2-12}$$

根据式（2-12），可求出扩散系数 D，单位为 m^2/s。

Fick 第一定律只适用于浓度梯度恒定的情况，实际上在扩散过程中，浓度梯度是变化的。

式（2-13）是 Fick 第二定律，这是扩散的普遍公式。在这里假设 D 不随浓度而改变，实际上对于多数体系，特别是线性高分子溶液，D 是浓度的函数，所以式（2-13）仅仅是理想公式，实际上应表示为式（2-14）。

$$\frac{dC}{dt} = \frac{DA\left[\frac{\partial}{\partial x}\left(\frac{\partial C}{\partial x}\right)dx\right]}{Adx} = D\left(\frac{\partial^2 C}{\partial x^2}\right) \tag{2-13}$$

$$\frac{\partial C}{\partial t} = \frac{\partial}{\partial x}\left(D\frac{\partial C}{\partial x}\right) \tag{2-14}$$

通过扩散实验，并运用 Fick 扩散公式，可求得溶胶离子的扩散系数 D，从而就可求得粒子大小和形状。这是扩散现象的最基本用途。

C 沉降

溶胶中粒子的相对密度一般大于液体，在重力场的作用下，胶体粒子会沉降。沉降使得溶胶下部的浓度增加，上部浓度降低，破坏了它的均匀性。这样又引起了扩散作用，下部较浓的粒子将向上迁移，使体系浓度趋于均匀。重力的作用与扩散作用正好相反，可以看作是矛盾的两个方面：重力使微粒下沉即沉降，是溶胶动力学上不稳定性的主要表现；扩散则促进体系中粒子浓度趋于均匀，构成了体系的动力学稳定状态。当这两种作用力相等时，就达到平衡状态，即"沉降平衡"。平衡时，各水平面内粒子浓度保持不变，但从容器底部向上会形成浓度梯度。

一般可以把粒子在介质中的沉降方式分为三种类型（图 2-12）。

（1）分散粒子的自由沉降：在这种沉降方式中，粒子分散程度好，因而沉降过程缓慢；沉降时相互间影响较小，没有位阻和夹带，在容器的底部，大大小小的粒子可形成密实的沉降物，这种沉积越来越致密，最终变得坚硬，很难再加以分散。而容器的上部，一些小的粒子沉降很慢，仍停留在介质中，形成浑浊的液体。显然这种自由沉降型是不希望发生的。

（2）絮凝粒子的沉降：由于粒子没有完全被分散开，絮凝的粒子质量与体积比单个粒子大得多，因而非常容易沉降，沉降速度很快。在此过程中，一些已分散的小粒子被夹带下沉，使容器的上部变得清澈；而沉降到底部的粒子，由于絮凝结构的存在使沉积物变得软而松散，因而很容易再被分散。然而，这种絮凝结构非常脆弱，在轻微的扰动下便可能被破坏，例如，运输时的颠

(a) 分散的粒子沉降(自由沉降)

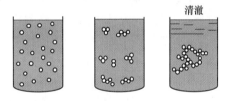

(b) 絮凝粒子的沉降(受阻沉降)

(c) 胶体结构中粒子的沉降(稳定悬浮)

图 2-12　三种沉降方式比较

簸就可能使粒子沉降为密实的状态。而且絮凝结构会导致涂料成膜后颜料遮盖力、耐久力的下降。

（3）胶体结构中粒子的沉降：如果将粒子分散后，使体系具有一定的黏度形成溶胶，例如，在有机溶剂中加入触变剂，在水性体系中加入增稠剂等，就可以使粒子保持其良好的分散状态，沉降变得非常缓慢，接近于理想的分散悬浮体。这种方式显然是最理想的，目前已广泛地用于涂料工业。

多分散体系存在布朗运动、扩散现象和沉降现象等动力学过程，这些过程均与体系中微粒尺寸大小有关。粒子尺寸越大，布朗运动越弱，单位时间内位移越小，扩散越慢，而沉降越快，达到沉降平衡时单位粒子浓度变化的距离越短，体系越不稳定；反之，粒子尺寸越小，布朗运动就越强，单位时间内粒子位移越大，扩散速率越快，而沉降过程越慢，达到沉降平衡时单位粒子浓度变化的距离越长，体系越稳定。这就是多分散体系的动力学稳定性原理，即体系中粒子尺寸越小，体系越稳定。

2.4.3.2　涂料的电稳定性

表面带电是胶体分散体系的普遍现象，也是分散质点的重要特性。质点带电后对分散体系的动力学特性、流变性质等均有影响，尤其是它涉及胶体分散体系中多相间的相互作用关系，从而直接影响胶体的稳定性。大多数分散相粒子与极性介质（例如水）接触时，两相界面上都会带上电荷。分散相表面带电荷时，会使其附近区域的电荷分布发生变化，这对界面乃至整个分散体系性质有显著的影响。一般认为，分散相粒子带电机理可能是由于电离、吸附、溶解或极化等原因。

A　Stern 双电层模型

分散相表面带电荷后，带异号电荷的离子受表面电荷的吸引趋向粒子表面，带同号电荷的离子被表面电荷排斥而远离粒子表面，使表面附近极性介质中的正负离子发生了相互分离的趋势；与此同时，热运动又有使正负离子恢复到均匀混合的趋势。在这两种相反趋势的综合作用下，过剩的反离子将以扩散形式分布在带电表面周围的极性介质中，于是在带电表面处形成了双电层。

Stern 认为，离子中心不可能落在固体表面上，而只能以溶剂化半径的距离落在表面上。同时，考虑到固体表面上的吸附作用，尤其是离子间较强的静电引力、范德华力等作用力会使离子比较牢固地吸附于固体表面。其双电层模型如图 2-13（a）所示，可以分为两层：

（1）吸附层：离子紧密吸附于固体表面而成，也叫 Stern 层；

（2）扩散层：离子背向固体表面而扩散到介质中而成，也叫 Gouy 层。

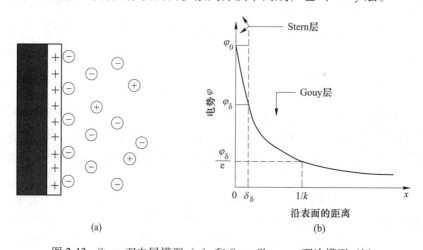

图 2-13　Stern 双电层模型（a）和 Gouy-Chapman 理论模型（b）

在吸附层和扩散层之间的分割平面称为 Stern 平面，它与表面的距离约等于离子的水合半径，因此，它表示离子接近固体表面的最近程度或表示特殊吸附于固体表面上的离子的中心位置。这种特殊的吸附不仅取决于电荷，而且取决于离子本质的吸附，发生特殊吸附的离子一般来说总是脱水的，至少在靠近固体表面那一边没有水化层。

在 Stern 层中，电势由表面电势 φ_0 降至 φ_δ，与平板电容器模型相类似。在扩散区，电势则由 φ_δ 降低到 0，可以运用 Gouy-Chapman 理论，如图 2-13（b）所示。其中，k 为 Boltzmann 常数。

Stern 双电层模型在定性上能较好地解释电动现象，反映更多的实验事实，但理论的定量计算尚有困难。

B　ζ 电势和动电现象

当固体微粒与溶液在力的作用下作相对运动时，双电层中荷电表面与溶液之间也发生相对运动，从而构成了一系列的动电行为。吸附层将随微粒一起移动，而扩散层则相对移动。相对运动时剪切面上的电势通常被称为 ζ 电势，或界面电势。动电行为取决于这一电势的大小。

动电现象是指双电层中带电表面与溶液之间的相对运动而引起的一系列动电行为，其基本特征是带电表面在电场中受力而运动，或反过来，荷电表面的相对运动诱导产生一个电场。动电现象有四种形式：

（1）电泳：在外电场作用下，带电表面及其附着物相对于静止液体运动的现象。

（2）电渗：在外电场作用下，液体相对于静止的带电表面运动的现象。如果外加压力能阻止液体的相对运动，这一压力就成为电渗压。

（3）流动电势：液体相对于静止的带电表面流动而产生的电场，是电渗的反过程。

（4）沉降电势：带电质点相对于静止的液体运动而产生电场的现象，是电泳的反过程。

C　涂料的稳定性

多分散体系，尤其是胶体分散体系，因分散质点很小，强烈的布朗运动和扩散能力使它具有较高的动力学稳定性而不致很快沉降；另外，分散质点又有通过聚集或其他方式以降低分散度的趋势，从而降低体系的能量。分散质点通过聚集而降低分散度的过程称为聚结，聚结后的粒子继续长大最终导致沉淀的过程叫作聚沉。

涂料的稳定性与粒子尺寸有关，尺寸越小稳定性越高，因此，因此涂料的稳定性主要取决于胶体的稳定性。根据 DLVO 理论，胶体质点之间存在范德华引力，而质点在相互接近时又因双电层的重叠而产生排斥作用，胶体的稳定性就取决于质点间吸引与排斥作用的相对大小；胶体粒子都带有电荷，具有相同电荷的粒子之间存在着静电斥力，其大小取决于粒子电荷数目和相互间距离。粒子间的排斥能与粒子间的吸引能相抗衡，使溶胶保持稳定。

2.4.4　成膜固化反应过程

2.4.4.1　物理干燥

传统的热塑性溶剂型涂料，例如氯化聚烯烃、硝基纤维素、丙烯酸树脂、CAB 和聚乙烯醇缩甲醛等成膜物溶解于一定的溶剂体系制备成小于 50% 固体分的涂料，涂装后经溶剂挥发固化成膜。一般认为溶剂蒸发分成两个阶段：

第一阶段，成膜开始时，成膜物大分子对溶剂蒸发影响较小，主要取决于溶剂的蒸气压的相对挥发速率。

第二阶段，随着溶剂蒸发，涂膜黏度增加到一定程度，自由体积减小，溶剂从涂层中扩散至表面受阻，溶剂蒸发由涂层表面挥发控制转变为扩散控制，挥发速率显著变慢。

以单组分热塑型丙烯酸漆、氯化橡胶漆、过氯乙烯漆、高氯化聚乙烯漆等单组分油漆为主要代表。

2.4.4.2　聚合物分散体系的成膜

聚合物分散体系包括以水为分散介质的乳液，以及非水分散的有机溶胶等，聚合物不溶于介质，以微粒状态稳定分散在分散介质中。成膜时分散介质挥发，在毛细管作用力和表面张力推动下，乳液粒子紧密堆集，并且发生形变，粒子壳层破裂，粒子之间界面逐步消失，聚合物分子链相互渗透和缠绕，从而形成连续均一的涂膜。

2.4.4.3　交联固化

成膜物在成膜过程中发生化学反应，分子间交联生成具有三维结构体型大分子的连续涂层称为化学方式成膜。可能发生交联的化学反应几乎包括成膜物中所有化学反应，根据成膜条件和施工工艺的不同要求，既有常温固化、加热固化、紫外光固化型，也有单组分和双组分成膜方式。

涂料加热固化就是将较低分子量的成膜聚合物通过加热，给予足够的能量进行化学反应，交联成为三维结构的不熔的漆膜，使之具有更优良的保护和装饰性。

在加热固化过程中，对已经晾干（溶剂绝大部分已挥发掉）的液态涂料湿膜还有再次的流动，对粉末涂料还有熔融、流动而形成连续膜的历程，因此还涉及漆膜的外观质量。

图 2-14 是交联固化过程的简单描绘，从较小的聚合物分子通过扩链、支化，然后交联而成三维体型结构的、分子量很大的聚合物分子。

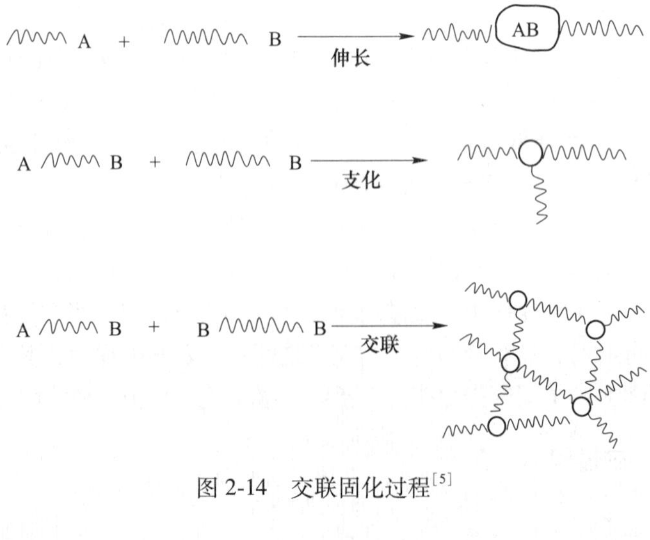

图 2-14　交联固化过程[5]

紫外光固化是利用紫外光的能量引发涂料中的低分子预聚体或齐聚体及作为活性稀释剂的单体分子之间的聚合及交联反应，得到硬化漆膜，实质上是通过形成化学键实现化学干燥。

2.4.5 漆膜的弊病

2.4.5.1 发白

在涂料施工过程中，导致漆膜发白的原因主要有两个：

（1）溶剂挥发速率越快，湿膜表面温度下降越快，一旦湿膜表面温度下降至露点以下，那么，紧靠湿膜表面的空气中的水分就会凝结在湿膜表面上，水分子经过扩散逐渐进入湿膜内，使膜内含有水分，导致溶剂的溶解能力下降，从而引起成膜聚合物的沉淀析出。

（2）涂料体系中不具备良好的溶剂平衡。湿膜形成后，在溶剂挥发过程中，溶解能力强的溶剂先挥发掉了，剩下的溶剂溶解能力不足，从而引起成膜聚合物的沉淀析出。此时涂膜内会出现相分离现象，从而使漆膜出现发白的外观。

防止漆膜发白弊病的发生，主要有以下三种措施：

（1）把施工现场的相对湿度控制在40%以下，这样即使湿膜表面温度降到露点以下，凝结出的水也不会太多。

（2）当发白现象出现时，及时选用溶解能力强的溶剂，在尚未干透的漆膜上薄薄地喷上一层，可使发白消退。本质上是增加湿膜中溶剂的溶解能力。

（3）最根本的措施，是调整涂料配方中各溶剂的比例，保证整个溶剂挥发过程中的溶剂平衡，使溶剂在整个挥发过程中的溶解能力都均衡，不能使任何一种成膜物质单独、提前从溶液中析出。这样不仅防止了漆膜发白弊病的出现，而且对漆膜的光泽度、附着力、耐久性等都会有所改善。这才是治本的措施。

2.4.5.2 爆孔

漆膜在烘烤过程中，因残留在漆膜内的溶剂汽化而冲出，在漆膜上形成的缺陷叫作爆孔。湿膜越厚，爆孔发生的可能性越大，因为湿膜越厚，湿膜底部溶剂残留量就越多。在一定的成膜、晾干和烘烤条件下，湿膜在某一厚度以下（薄到一定的程度以后）爆孔现象就不会发生，这个湿膜厚度就叫作临界爆孔膜厚。

在所有液态涂料中，水性烘漆的爆孔缺陷最为严重，因为水的汽化潜热比有机溶剂的汽化潜热要大得多，还能与成膜物形成较强的氢键键合，所以作为溶剂（分散介质）的水在挥发时需要耗费更多的能量，在相同条件下，它在湿膜中残留的量就会更大，导致水性烘漆的临界爆孔膜厚总是要小于溶剂型涂料。

如果选用挥发速率较慢、溶解能力较强的溶剂，可使湿膜在溶剂挥发过程中，表层黏度增大的速度减缓，从而使漆膜中残留的溶剂减少，这样可提高涂膜的临界爆孔膜厚。

2.4.5.3 橘皮

橘皮也是涂料施工过程中一种常见的漆膜弊病，是指湿膜不能形成平滑的涂膜面，而是呈橘子皮状的凹凸不平的表面。喷涂时，从喷枪喷出的漆雾粒子，并不是同时达到工件表面的，有的运行时间较长，有的较短。运行时间较长的粒子挥发掉的溶剂要比运行时间短得多，粒子中成膜物质的浓度也较大，表面张力也较大。最终当这些粒子都达到湿膜上时，就产生了表面张力，因为表面张力差驱使湿膜流向这些运行时间较长的粒子，从而导致了橘皮状态面的产生。

要减轻或消除橘皮，就必须减小湿膜的表面张力差，一种方法是减小涂料中溶剂的挥发率，使先后到达湿膜的粒子中的成膜物质浓度差减小，从而减小湿膜的表面张力差；另一种方法是在涂料中加入流平剂（如改性硅油、丙烯酸辛酯共聚物等），它们能在湿膜表面快速扩散开来，使整个湿膜表面的表面张力均匀，从根源上消除橘皮弊病。

2.4.5.4　浮色和发花

色漆在施工过程中，在涂膜的纵向上产生颜色差别的现象，叫作浮色；如果颜色差别产生在水平方向上，就叫作发花。

色漆中的颜料粒子很细，而且可能不止一种，粒度较小的、密度较小那部分颜料粒子会随着旋涡流动，直到湿膜在纵向上的流动性丧失为止。随着上下流动的开始，原来分散均匀的颜料粒子不再均匀地存在于涂膜中，当纵向流动性丧失时，这种不均匀的状态就被保留下来，就会在纵向上产生不同的颜色，浮色就产生了。在纵向对流不断进行的同时，湿膜在水平方向的流动也在进行着，纵向对流使粒度较小的、密度较小的那部分颜料粒子到表层后，会向水平方向流动，导致湿膜在水平方向上也会产生颜色差别，这就是发花产生的原因。

要降低或消除浮色和发花，就是要使涂料中颜料分散体系稳定，可以通过降低颜料粒子的流动性、减小不同颜料粒子的可分离程度来解决。具体方法有提高涂料的颜料体积浓度（PVC）、在涂料中添加絮凝剂使各种颜料粒子絮凝成团等。

——————— 本 章 小 结 ———————

本章主要从定义、功能、分类和命名四个方面对涂料进行了简单介绍，并详细论述了涂料的各个组成部分及其作用原理，主要包括颜料、填料、成膜物质、助剂及溶剂。为了制备出性能更加良好、适用性更强的涂料，还需要从涂料化学的角度进行研究，包括涂料的流变性、表面化学、动力学稳定性及电稳定性、成膜固化方法等，最后简述了常见漆膜的几种弊病。

思 考 题

2-1　涂料的定义是什么，涂料有什么功能？

2-2　涂料有哪些分类方法？

2-3　简述涂料的命名方式。

2-4　影响涂料设计的重要因素有哪些？

2-5　涂料的基本组成包括哪几部分，分别有什么作用原理？

2-6　什么是流变性，流体的分类有哪些？

2-7　什么是表面张力？

2-8　什么是润湿作用，润湿作用包括哪几种？

2-9　什么是表面活性剂，简述其分子结构及其分类。

2-10　哪些现象体现了涂料的动力学稳定性？

2-11　电学稳定性怎样影响涂料的稳定？

2-12　涂料的固化成膜方法有哪些？

2-13　常见的漆膜弊病有哪些？

参 考 文 献

［1］鲁刚，徐翠香，宋艳．涂料化学与涂装技术基础［M］.1 版．北京：化学工业出版社，2012.

［2］刘安华．涂料技术导论［M］.1 版．北京：化学工业出版社，2005.

［3］周强，金祝年．涂料化学［M］.1 版．北京：化学工业出版社，2007.

［4］刘引烽．涂料界面原理与应用［M］.1 版．北京：化学工业出版社，2007.

［5］姜英涛．涂料基础［M］.1 版．北京：化学工业出版社，1997.

3 粉煤灰基建筑涂料

本章提要:

(1) 掌握建筑涂料的分类及作用。

(2) 掌握不同粉煤灰基建筑功能涂料的原理、作用及应用等。

3.1 建筑涂料概述

涂料是应用于物体表面、能结成坚韧保护膜的物料的总称。而建筑涂料是涂料中的一个重要类别,它又称墙漆,是指涂装于建筑物表面(一般指内外墙面)或与建筑物有关的其他结构部位及部件的表面,并能与这些表面材料很好地黏结,形成完整的涂膜(层),这层涂膜(层)能够为建筑物表面起到装饰作用、保护作用或特种功能作用的涂料,一般将其用于建筑物内墙、外墙、顶棚及地面。建筑涂料用作建筑物的装饰材料,与其他涂层材料或贴面材料相比,具有简便,经济,基本上不增加建筑物自重、翻新和维修方便等优点,而且涂膜色彩丰富、装饰质感好、施工效率高,并能提供多种功能。建筑涂料目前是建筑内外墙装饰的主体材料[1]。

建筑涂料具有装饰功能、保护功能和居住性改进功能。各种功能所占的比重因使用目的不同而不尽相同。装饰功能是通过建筑物的美化来提高它的外观价值的功能,主要包括平面色彩、图案、光泽及立体花纹的构思设计,但要与建筑物本身的造型和基材本身的大小和形状相配合,才能充分地发挥出来。保护功能是指保护建筑物不受环境影响和破坏的功能。不同种类的被保护体对保护功能要求的内容也各不相同,如室内与室外涂装所要求达到的指标差别就很大,有的建筑物对防水、防霉、防火、保温隔热、耐腐蚀、抗菌等有特殊要求。居住性改进功能主要是对室内涂装而言,就是有助于改进居住环境的功能,如隔音性、吸音性、防结露性。

建筑涂料分为很多种,首先按基料的类别可分为有机、无机、有机-无机复合建筑涂料三大类。其中,有机建筑涂料根据溶剂不同又可分为有机溶剂型涂料和有机水性(包括水乳型和水溶型)涂料两类。生活中常见的建筑涂料一般都是有机涂料。无机建筑涂料是指用无机高分子材料为基料所生产的涂料,包括水溶性硅酸盐系、硅溶胶系、有机硅及无机聚合物系。有机-无机复合建筑涂料有两种复合形式:一种是涂料在生产时采用有机材料和无机材料共同作为基料,形成复合涂料;另一种是有机涂料和无机涂料在装饰施工时相互结合。建筑涂料按分散介质分类可分为溶剂型建筑涂料、水性建筑涂料;按使用功能可分为普通涂料和特种功能性建筑涂料(如隔热保温涂料、防火涂料、防水涂料、抗菌涂料、调湿涂相变涂料)等;按在建筑物上的使用部位分类可分为内墙涂料、外墙涂料等。

在众多建筑涂料中，功能性建筑涂料由于其具有独特的功能而脱颖而出，随着功能性建筑涂料的不断发展，过去一些在其他领域使用的功能性建筑涂料经过性能改进开始扩展应用范围，其功能强大，显著提高了建筑涂料与其他建筑装饰材料的竞争力，增强了建筑涂料的实用性，使得建筑涂料在涂料行业中的地位和影响逐渐增大。在建筑涂料的不断发展过程中，面对其需求量大、材料成本投入高等特点，为降低其成本的同时还可以满足建筑涂料的需求量，人们将目光聚集到了产量大且处理难的固体废弃物上，因此提出了绿色建筑涂料的概念。绿色建筑涂料是指借建筑材料的发展，最大限度地利用一些绿色的固体废弃物，将其制备为内外墙涂料，应用于建筑涂料领域。这些使用绿色废弃物制备的涂料不仅具有节能净化功能，还属于无害装饰，有利于环境保护。在绿色建筑材料的制备过程中，使用煤基固废作为原材料的绿色建筑材料占据了很大的比例，其中粉煤灰就是被广泛使用到绿色建筑涂料的固体废弃物之一。粉煤灰的主要成分是二氧化硅、氧化铝和氧化铁，其胶凝效应可显著改善材料内部的孔隙结构，它具有低导热性，同时粉煤灰的漂珠中空、耐高温，本身也具有多孔球形结构，这些性质均决定了粉煤灰可以作为填料来制备建筑涂料，若在此基础上将其进行改性或者活化，与一些功能性助剂结合，便可以生产出相应的功能性建筑涂料[2,3]，如图3-1所示。本章从涂料在建筑物上的使用部位出发，重点介绍一些利用粉煤灰制备的内墙、外墙及内外墙都适用的绿色建筑功能涂料。

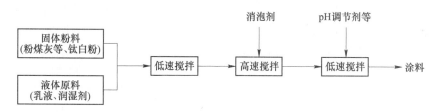

图 3-1   使用煤基固废制备绿色建筑功能涂料流程示意图

3.2　粉煤灰基外墙涂料

外墙涂料的主要功能是装饰和保护建筑物的外墙面，使建筑物外观整洁靓丽，与环境更加协调，从而达到美化城市的目的。随着社会的发展，现在的外墙涂料不仅要起到保护和装饰建筑物的作用，而且还给予基材本身无法具有的特殊功能，使用一些新的基料就可以使涂料获得非常惊人的高性能化、高增值化、高级化的效果，根据设计功能要求不同，对外墙涂料也提出了更高要求：如各种外墙外保温系统涂层应用具有防火、防水等功能的涂料，结合绿色建筑材料的发展，使用绿色废弃物生产具有特殊功能性质的涂料具有重要意义。本节主要介绍外墙功能涂料中的隔热保温涂料、防火和防水涂料。

3.2.1　隔热保温涂料

国外的建筑保温与隔热研究始于20世纪70年代初的世界性能源危机。随着能源的日益紧缺，节能降耗已经成为经济发展中不可回避的话题。如今，为了节约能源，采用绝热材料达到节能目的已成为各国普遍采用的重要手段。建筑能耗在整个能源消耗中所占比例一般在30%～40%，且绝大多数是取暖和降温的能耗。节约能源、降低能耗、提高经济效益是科学研究和技术开发的基本目标之一，涂料也不例外。近年来，隔热保温材料的市场规模随需求不断扩大，在工业、建筑等领域有着广泛的应用。而在众多隔热保温材料中，隔热保温涂料在很多应用场景下也许并非首选，但是不可否认的是，随着技术的进步，隔热保温涂料开始受到广泛的关注，它众多的优点将在未来给下游应用带来更多的可能性。隔热保温涂料是为了满足社会日益紧迫的节能环保需求而研发的一种功能性涂料，这种涂料可以根据不同的环境要求采取不同的复配方案来有效阻止热量传递，从而达到节能降耗、改善工作环境的目的。隔热保温涂料主要是指在原有的装饰、保护等功能的基础上，使涂层具有保温功能，或者也可以在高温管道、容器、设备等表面涂刷，干燥固化后会形成具有一定强度和韧性的涂层，均可有效抑制热量的散失。

外墙建筑用保温隔热涂料是隔热保温涂料中常见的一种形式，它是将涂料的浆体状态与保温隔热材料的隔热保温功能合二为一，是一种针对阻隔辐射传热、减少涂层内外热流密度，从而影响热传导和热对流的涂层，是一种新型的功能涂料。它可以保持室内温度恒定，增大室内外的温差，夏季减少降温能耗，冬季降低取暖费用。外墙建筑用保温隔热涂料主要是通过阻隔、反射、辐射等机理来降低被涂物内部的热量积累，从而达到节能和改善工作环境或安全等目的的一种功能性涂料，主要应用于建筑外墙。

3.2.1.1　隔热保温涂料的原理

关于外墙隔热保温涂料的原理，首先需要了解太阳辐射。太阳的辐射光谱可分为三个波段；近红外区域（780~2500nm）、可见光区域（380~780nm）和紫外光区域（200~380nm）。其中，近红外区域和可见光域占太阳辐射能量的95%。在太阳光的照射下，照射到物体的太阳光可能被反射、透过或者吸收。热传递是通过对流、辐射及分子振动热传导三种途径实现的，即：（1）分子振动热传导主要是通过固体物质进行，固体物质热导率越大，热传导就进行得越充分，所以，隔热涂料选用的材料要有较小的热导率，在保持足够力学强度的前提下，体积密度越小越理想；（2）热对流通过空气的流动来进行，隔热层中不能有较大的能使空气发生对流的空隙，必须将空气对流减弱到极限；（3）热辐射的传递不需要介质，可以通过材料的表面反射、散射和发射来降低热辐射的强度。一种隔热保温效果良好的涂料，往往是多种隔热机理协同作用的结果。外墙保温隔热涂料要想达到隔热保温的效果，主要依据这些能量传递的途径，因此隔热保温涂料的机理主要分为三种，分别为反射型、阻隔型和辐射型。

A　反射型隔热

反射型隔热原理如图3-2所示。反射型隔热主要反射400~2500nm的可见光和红外能量，不让太阳的热量在物体表面进行累积升温。反射型隔热填料的粒径一般较小，并且在涂料中易于分散，不易影响涂层自身的力学性能，涂层和基材具有较高的黏结力，在涂层厚度为几十微米时就有很好的反射隔热效果，因此现在市面上大多数隔热涂料均属于这个类型。由于反射涂料大多以面漆的形式运用在建筑外墙上，长时间使用下会被灰尘等大气中存在的颗粒所沾污，酸雨也可能导致涂层表面被腐蚀。涂层表面被深色颗粒所沾污，以及被酸雨腐蚀导致漆膜不平整，均会影响到涂层的反射隔热效果，因此这类涂料通常需要具有较好的耐候、耐酸碱和耐沾污性能[4]。

B　阻隔型隔热

以空心陶瓷微珠为隔热材料，在被涂物表面形成一层致密的真空层，可有效阻隔太阳

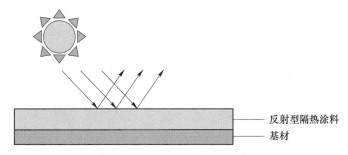

图 3-2　反射隔热原理示意图[4]

光辐射热和空气中热辐射的传导，减少被涂物的内部和外部的热量交换。阻隔型隔热的原理如图 3-3 所示。阻隔型隔热涂料顾名思义就是向涂料中加入导热系数低的物质，被动地阻隔热量的传递而达到隔热的目的。

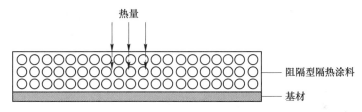

图 3-3　阻隔型隔热原理示意图[4]

C　辐射型隔热

通过辐射隔热把吸收的太阳光线的热量以一定波长的红外线发射到外层空间，而达到良好的隔热降温的效果。辐射型隔热涂料是将涂层和建筑中的热量以一定波长发射到空气中，起到主动制冷效果的一种涂料，其涂层隔热机理如图 3-4 所示。物质会同时吸收和向外以红外光的方式辐射热量，热辐射的能量大小和温度及物体表面性质有关[4]。

多数过渡金属氧化物（如 MnO_2 和 Fe_2O_3 等）具有高辐射率的特点，将其添加到涂料中能使得涂层具备一定的能量辐射能力。辐射从光谱学原理来解释，是物质的分子吸收了光子并转变为能量，让分子能够振动和转动，从而让晶格和键团振动产生碰撞，进而发出电磁辐射将能量向外辐射。但是大气中存在大量的水蒸气和二氧化碳等颗粒，会产生散射和吸收，阻碍热辐射向外扩散，只有在 $8 \sim 13.5 \mu m$ 的波段内，颗粒对热辐射吸收和散射能力较弱，该波段称为"大气窗口"。因此选取在该波段有较强辐射能力的填料制备涂料，能够把热量辐射出去。

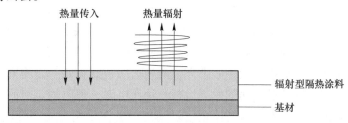

图 3-4　辐射隔热原理示意图[4]

根据阻隔型、反射型和辐射型三种隔热机理，外墙隔热保温涂料也就分为以下四类：（1）阻隔性隔热涂料（厚质保温系统、硅酸盐复合涂料）；（2）反射隔热涂料（金属或金属氧化物、玻璃或陶瓷微珠）；（3）辐射隔热涂料（反型尖晶石结构掺杂型物质）；（4）其他隔热涂料（有真空隔热涂料、纳米孔超级绝热保、透明隔热涂料和相转变隔热涂料等）。

3.2.1.2　隔热保温涂料性能测试

外墙隔热保温涂料制备后，在投入使用之前，需要对其进行性能的测试。由于制备的涂料是隔热保温功能涂料，因此其中最重要的一项性能测试便是隔热性能测试，它可直接反映出涂料的隔热保温效果。表 3-1 列出了隔热涂料的一些基本要求。

表 3-1　隔热涂料的基本性能要求[5]

项　目	指　标	
	普通型（P 型）	弹性型（T 型）
在容器中状态	搅拌后无硬块，呈均匀状态	
低温稳定性（3 次循环）	不变质	
施工性	施涂无障碍	
干燥时间（表干）/h	≤2	
涂膜外观	正常	
耐碱性（48h）	无异常	
耐水性（96h）	无异常	
涂层耐温变性（3 次循环）	无异常	
黏结强度（标准状态下）/MPa	≥0.4	
拉伸强度/MPa	—	≥1.0
断裂伸长率/%	—	≥80
低温柔性	—	0℃，直径 4mm 无裂纹

隔热保温涂料中最常见的是反射型隔热涂料，关于它的其他性能要求（例如导热系数、太阳光反射比、近红外反射比、半球发射率、污染后太阳光反射比变化率与参比黑板的隔热温差等）均参考 GB/T 25261—2018《建筑用反射隔热涂料》中的要求。

隔热保温涂料的隔热性能可以通过设计实验来进行测定。将水泥石棉板表面处理后，使用隔热保温涂料涂刷后在自然环境下放置一周左右。隔热性能的试验装置可使用自制的热箱装置，如图 3-5 所示。热箱内为中空，周边是聚苯乙烯泡沫。试验的具体步骤如下：将两块涂有保温隔热涂料和普通涂料的试板编号后平行放在聚苯乙烯泡沫上方，涂覆涂料的一面朝上，其几何中心应在灯泡中心下方，两板边缘彼此相距一定距离，在聚苯乙烯泡沫左右两边标号，调节灯与板之间的距离后打开稳压电源，每隔固定时间记录两块试板背面的温度，直到温度变化不再明显时停止记录（此时的温度简称为平衡温度），不同涂料的平衡温度可以反映出其隔热保温性能。

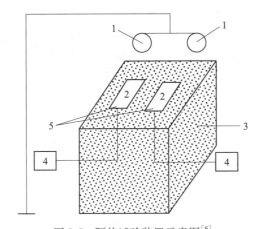

图 3-5　隔热试验装置示意图[6]

1—红外灯；2—试板；3—聚苯乙烯泡沫；4—数据采集仪；5—温度传感器

3.2.1.3　粉煤灰基外墙隔热保温涂料的研究案例

粉煤灰作为常见的煤基固废之一，它可以制备沸石，其多孔结构使之具有较低的导热系数。导热系数是决定其热性能的关键因素，因此使用粉煤灰沸石作为功能填料可以利用其导热系数低的性质，或者在其中引入一定量的空气，这样制备的隔热保温涂料的隔热性能较好。另外，粉煤灰微珠具有隔热性能，利用再生粉煤灰微珠的电沉积热障性可以制备隔热保温涂层。因此，粉煤灰和粉煤灰微珠的热性能使其在高温应用超低导热率绝热材料方面具有很大潜力[7]。

在涂料配方中加入粉煤灰漂珠、硅藻土及沸石分子筛等具有保温隔热性能的功能填料可以制备隔热保温涂料，在适宜温度下（23℃左右），相对湿度保持在45%～70%，考察其添加量对涂料隔热性能的影响。发现不同粉煤灰漂珠添加量及不同粉煤灰沸石添加量对隔热性能影响不同，因为粉煤灰漂珠的导热系数很小，在涂料中掺入粉煤灰漂珠后能显著改善涂层的隔热效果，但是当漂珠添加量达到一定值后，漂珠在涂料内的分散达到极致，继续添加漂珠，涂料将不能均匀分散，进而会降低涂料的隔热效果，因此漂珠的添加量不能过多。不同粉煤灰漂珠添加量对隔热性能的影响如图 3-6 所示。粉煤灰沸石对涂层的隔热也起着非常显著的促进作用，且添加量越大隔热效果越好，原因是沸石内部有空隙，充满了空气，这样沸石的导热系数便很小，隔热性能也越好。但是沸石添加量也需要适宜，因为沸石添加量过高时，结块现象比较严重，会在体系中形成极难分散的状态，隔热效果反而会降低。不同粉煤灰沸石添加量对隔热性能的影响如图 3-7 所示。在太阳光照射下测定温度显示，使用粉煤灰漂珠和沸石为功能填料制备的涂料隔热效果均较好（图 3-8），进一步说明粉煤灰沸石和漂珠的保温效果良好，其中粉煤灰沸石的隔热效果最好。因此，使用粉煤灰漂珠及粉煤灰沸石作为功能填料制备隔热保温绿色建筑涂料，要合理控制其用量，能在体现其绿色环保功能的同时，使隔热保温涂料具有更好的隔热保温性能。此外，粉煤灰与其他物质复合也可制备隔热保温涂料，其中二氧化钛便可与粉煤灰进行包覆反应制备隔热涂料，利用该包覆材料制备的太阳热反射隔热涂料的热反射比高，在不同天气条件下，均具有优异的降温效果，隔热性能良好。

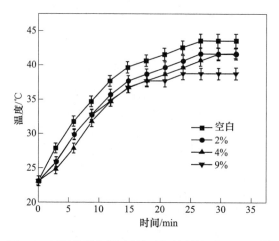

图 3-6　不同粉煤灰漂珠添加量对隔热性能的影响[6]

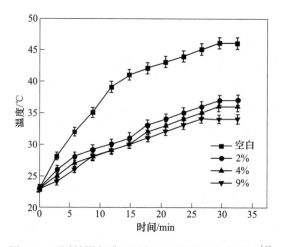

图 3-7　不同粉煤灰沸石添加量对隔热性能的影响[6]

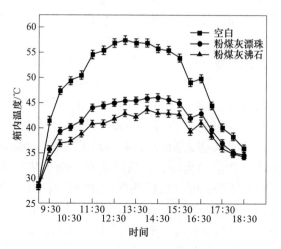

图 3-8　太阳光照射下不同功能涂料涂层箱内的温度变化[6]

3.2.2 防火涂料

火的使用是人类进步、文明的重要体现，给人类的生活带来极大的方便，在人类的工业生产活动中起着很重要的作用。但是，火的使用如果失去控制就会成为火灾，会给人类的财产和生命安全造成极大的危害，而发生于建筑物中的火灾会产生更大的危害。因而，建筑防火极为重要，建筑物设计伊始就应高度重视。建筑防火的方法和措施很多，涂料防火是其中之一，同时也是应用最广泛的一种方法。用于建筑防火的涂料称为建筑防火涂料，通常简称为防火涂料，是功能性建筑涂料的一种。防火涂料通过将涂料刷在易燃材料的表面，能提高材料的耐火能力，减缓火焰蔓延传播速度，或在一定时间内能阻止燃烧，也称阻燃涂料。防火涂料涂覆于可燃基材上，除起到与普通建筑涂料相同的装饰和保护作用外，一是遇到火焰或者热辐射时，防火涂膜能够迅速发生物理、化学变化而隔绝热量，阻止火焰蔓延，起到阻燃作用；二是当涂覆于钢铁等金属构件或者混凝土等非金属构件表面，起到防锈、耐酸碱、耐盐雾和防腐蚀等作用，并且遇火时能够隔绝热量、降低构件表面温度而使构件具有耐火作用，提高被涂材料耐火极限[2]。防火涂料主要用于高层建筑、商店、库房、影剧院、地下工程、船舶等可燃性部位和易燃材料的防火保护，其中包括建筑物的墙、壁、框架、隔板和其他楼板等。用于减少、防止或阻止火焰对燃气贮存装置设备（如燃气管道、贮槽或贮罐等）的破坏作用。

如表3-2所示，防火涂料一般分为两种，一种是膨胀型防火涂料，另一种是非膨胀型防火涂料。膨胀型防火涂料是以高分子聚合物为基料，添加发泡剂、脱水成碳催化剂、碳化剂等防火组分，涂层在火焰和高温下，表面涂层会熔融、起泡、隆起，形成均匀而致密的蜂窝状或海绵状炭质泡沫隔热层，并释放出不燃性气体。这种膨胀的海绵状隔热层厚度，往往是原来涂层厚度的几十倍甚至上百倍，能很好地隔绝氧气和热的传导，而且涂层一般较薄，有利于满足装饰要求。非膨胀型防火涂料由难燃性树脂、阻燃剂、防火填料等配制而成。可用无机盐类制成黏合剂，配合云母、硼化物之类的无机盐，也可由含卤素的热塑性树脂掺入卤化物和锑白粉等加工而成。这种涂料其本身的难燃性或不燃性可达到阻燃目的，燃烧时形成的保护层比较薄，隔热较差，只能抗瞬时的高温和火焰，且涂层较厚。从各个方面看，膨胀型防火涂料应用更加广泛，它的防火效果好，是防火涂料行业发展的趋势，也是国家所提倡的。

表3-2 防火涂料的分类

类型	代号	涂层特性	主要成分
膨胀型	B	通火膨胀，形成多孔碳化层，涂层厚度一般小于7mm	以有机树脂为基料，掺加发泡剂、阻燃剂、成碳剂等
非膨胀型	H	遇火不膨胀，自身有良好的隔热性，涂层厚度8~50mm	以无机绝热材料（如膨胀蛭石，漂珠、矿物纤维）为主，掺加无机黏结剂等

3.2.2.1 防火涂料原理

根据防火涂料的两种类型即膨胀型防火涂料和非膨胀型防火涂料，防火原理也相应从这两种类型进行详细介绍。提到防火原理，就应该先了解什么是燃烧。燃烧是指可燃物与氧化剂作用发生的放热反应，通常伴有火焰、发光和（或）发烟现象。燃烧的发生，通常需要具备三个条件：热源、可燃物和助燃物。因此，要想使燃烧不发生，必须将这三个条件中的至少一个隔离开来。总的来讲，从燃烧的角度来看，防火涂料主要通过以下几类来达到防火目的。（1）防火涂料本身不燃、难燃或燃烧后迅速熄灭，具有非常好的热与氧屏蔽作用，发生火灾时使其下面的基材不与助燃物、热源接触，从而达到防火目的；（2）防火涂料中的某些不燃组分受热分解，释放出 H_2O 和不燃的惰性气体，从而减缓或抑制燃烧；（3）防火涂料遇火膨胀发泡形成热稳定性高、耐氧化性强、导热系数低的高碳含量的碳层或膨胀碳层，此碳层或膨胀碳层相当于建立在基材与助燃物、热源之间的一个保护层，将基材紧紧地封闭起来，其本身不燃，在削弱基材与热源间热传导的同时，也能很好地抑制助燃物的扩散；（4）近代链式反应理论认为，燃烧是自由基引起的链式反应。防火涂料中的某些组分受热分解释放出一些活性自由基团可以捕捉燃烧赖以进行的自由基，减缓或中断燃烧链式反应，从而阻止燃烧的进行。总体来说，防火涂料是其本身具有难燃性或不燃性，使被保护基材不直接与空气接触，延迟物体着火和减少燃烧速度，此外还具有较低的热导率，可以延迟火烧温度向被保护基材传递。防火涂料受热也可以分解出不燃性气体，冲淡被保护物体受热分解出的可燃性气体。含氮的防火涂料受热分解出 NO、NH_3 等基团，与有机游离基化合，中断链反应，降低温度。根据燃烧的机理，总结了膨胀型防火涂料和非膨胀型防火涂料的防火原理。

A　膨胀型防火涂料

膨胀型防火涂料是涂料受热膨胀后会形成碳质泡沫隔热层封闭被保护的物体，延迟热量与基材的传递，燃烧反应的必要条件是燃烧四要素，即燃烧、热源、氧及链式反应，因此可以通过阻止物体着火燃烧或因温度升高而造成的强度下降，以及对燃烧四要素进行控制，来阐述膨胀型防火涂料的防火原理：

（1）形成泡沫碳质层阻隔热源。涂层在高温作用下，成碳剂脱水碳化，发生膨胀反应，形成低导热性的碳质层，阻止基材与热源的热传导，进而抑制燃烧蔓延。泡沫碳质层的形成，分形成气泡核、气泡核的成长和泡体的定型三个阶段，其中形成气泡核阶段决定着泡孔的密度和分布，受热过程中不燃性气体的扩散速度、渗透速度直接影响气泡核的成长。

（2）生成隔绝空气的熔融覆盖层。在高温作用下，催化剂形成黏稠熔融体，覆盖在基材表面且不燃，阻止热源与基材直接接触。同时熔融体也可黏接填料及碳化层，在基材表面形成封闭层，隔绝空气，从而阻止燃烧反应。

（3）发生吸热反应，吸收热量。在高温作用下，阻燃体系发生吸热反应。迅速降低基材表面温度，抵消部分外部热量，在一定时间内抑制热反应和燃烧的发生，为火灾救助赢得宝贵的时间。

（4）生成惰性气体，稀释可燃性气体浓度。脱水剂、发泡剂等在高温作用下，释放大量惰性气体，如 NH_3、CO_2、H_2O 等，稀释了空气中的氧气浓度和反应生成的可燃性气体浓度，控制着燃烧反应中助燃剂的供应，并降低周围温度，抑制燃烧反应的发生及扩大，有效地实现阻燃的目的。

B 非膨胀型防火涂料

非膨胀型防火涂料通常填充大量的比热容大、导热系数低、绝热性能好且升温速率慢的填料，遇火时基本不发生膨胀，形成体积基本无变化的绝热、隔氧、致密的釉状保护层。该保护层在高温下抗氧化能力强、热屏蔽效果好，能很好地将可燃物与外部热源隔离开来，从而避免基材温度的大幅升高。其作用原理主要体现在以下三个方面：

（1）阻燃剂的吸热分解。无机阻燃剂，如氢氧化铝（ATH）、氢氧化镁（MH）、高岭土、黏土等通过吸热分解不仅可以达到防火的效果，还能起到抑烟和减少有毒、有害气体产生的作用；硼基阻燃剂不仅可以起到高温吸热的作用，还能促进成炭，形成玻璃态无机涂层；其他的一些阻燃剂，如磷基阻燃剂、氮基阻燃剂、含硅化合物等都具有吸热降温的作用。

（2）惰性气体的稀释、覆盖作用。阻燃剂受热分解产生的 H_2O 和一些惰性气体（如 CO_2、NH_3、HX 等）可以稀释涂料分解产生的可燃物和外界空气中的氧浓度。此外，卤素和卤-锑协效阻燃剂产生的 HX 气体和 SbX_3 的密度比空气大，可以覆盖在基材上，避免基材与可燃物直接接触。

（3）捕捉燃烧赖以进行的自由基，中断或抑制燃烧链式反应。卤素或卤-锑协效阻燃剂吸热分解产生的 HX 气体和 SbX_3 可捕捉 H·、O·、HO·自由基，SbX_3 分解产生的 X·又能与 H·、CH_3·、HO_2·等自由基结合，O·与 Sb 反应产生的 SbO·和磷系阻燃剂吸热分解产生的 PO·均可以捕捉 HO·和 H·自由基。此外，某些膨胀阻燃剂分解产生的 NH_3 和 NO 也可以捕捉少量的自由基，从而中断或抑制燃烧链式反应。

非膨胀型防火涂料主要用于木材、纤维板等板材质的防火，用在木结构屋架、顶棚、门窗等表面。膨胀型防火涂料有无毒型膨胀防火涂料、乳液型膨胀防火涂料、溶剂型膨胀防火涂料。无毒型膨胀防火涂料可用于保护电缆、聚乙烯管道和绝缘板的防火涂料或防火腻子。乳液型膨胀防火涂料和溶剂型膨胀防火涂料则可用于建筑物、电力、电缆的防火。

3.2.2.2 防火涂料中组成材料的防火作用

防火涂料中除防火助剂外，其他涂料组分在涂料中的作用和在普通涂料中的作用一样，但是在性能和用量上有的可能有特殊要求。表 3-3 是防火涂料的组成材料在涂料中的防火作用。

表 3-3 防火涂料的组成材料及其在涂料中的防火作用

组分	材料类型	品种举例	在涂料中的防火作用及其原理
基料	无机类	硅酸盐（水玻璃）、磷酸盐、硅溶胶等	本身难燃，遇火产生吸热反应；遇火形成无机釉状体，隔绝空气
	有机类	难燃有机聚合物，例如，含氮树脂（改性氨基树脂）、含卤素树脂（氯化橡胶）、过氯乙烯树脂、氯醋、共聚树脂或乳液等	本身难燃（氧指数高）：能够释放不燃性气体或者灭火性气体，或分解放出阻燃的活性基团
		有机聚合物（需要与阻燃剂合用）。例如耐热性好的热塑性树脂（酚醛、环氧等）、水溶性树脂或乳液等	吸热性低，在阻燃剂的催化作用下可碳化形成隔离层

续表3-3

组分	材料类型	品种举例	在涂料中的防火作用及其原理
颜料和填料	无机着色颜体质颜影	钛白粉、粉化硅酸盐纤维、硼化合物、玻璃物等	本身难燃，熔点高，熔融吸热，形成厚膜覆盖层隔绝空气；有的在高温下脱水，分解放出气体冲淡氧浓度
	防火颜料	锑白、硼系、铝系颜料	耐热，与阻燃剂协同产生难燃性气体
	隔热骨料	膨胀珍珠岩、膨胀蛭石、硅藻土、粉煤灰空心微珠、海泡石粉等	质轻、绝热、不燃
阻燃剂	无机类	硼、铵、镁铝系氧化物及氢氧化物	遇热产生吸热效应，形成不挥发覆盖层，分解放出不燃性气体、消烟；分解放出自由基链式反应阻断剂
	有机类	含卤素、磷有机化合物	
膨胀型（三组分组合防火助剂）	发泡剂	含氮化合物（三聚氰胺、双氰胺）、氯化石蜡	在一定温度下分解放出不燃性气体，使涂层发泡
	发泡催化剂	磷酸盐（聚磷酸铵等）硫酸盐（硫酸铵等）	在高温或火焰下分解出酸，使成碳剂失水碳化
	成碳剂	高碳有机物（淀粉、季戊四醇等）	在成碳催化剂作用下失水碳化，在涂膜中形成容纳气体的碳化骨架

3.2.2.3　防火涂料性能测试

防火涂料需要重点测试的项目有：隔热效率偏差、pH 值、耐水性、耐冷热循环性、耐曝热性、耐湿热性、耐冻融循环性、耐酸性、耐碱性、耐盐雾、腐蚀性能、耐紫外线辐照性、耐火性能、隔热效率偏差检测。防火性能级别判定按 GB/T 15442.1 进行。检测的依据有 GB 14907—2018 钢结构防火涂料；GA 98—2005《混凝土结构防火涂料》、JT/T 1308—2020《公路工程 隧道防火涂料》、T/CECS 24—2020《钢结构防火涂料应用技术规程》。根据国家标准 GB 12441—1998 的规定，饰面型防火涂料的防火性能要求如表 3-4 所示。其中，耐燃时间按 GB/T 15442.2 进行，火焰传播比值按 GB/T 15442.3 进行，阻火性按 GB/T 15442.4 进行，防火性能级别判定按 GB/T 15442.1 进行。

表 3-4　饰面型防火涂料的防火性能要求

性　能	指标与级别	
	一级	二级
耐燃时间/min	≥20	≥10
火焰传播比值	≤25	≤75
阻火性		
质量损失/g	≤5.0	≤15
炭化面积/cm³	≤25	≤75

3.2.2.4　粉煤灰基防火涂料的研究案例

利用煤基固废制备防火涂料的研究较多，其中粉煤灰的使用居多。利用粉煤灰漂珠制备了水性环氧超薄型钢结构防火涂料，粉煤灰漂珠在燃烧前后均能保持结构的完整性，燃烧时在基材表面形成无机固体保护层，对提高防火涂料的防火性能有很好的作用。粉煤灰作为隔热填料还可以制备隧道防火涂料，能有效地减少热量的传导，降低构件温度升高的速率，使涂料具有耐火极限高、黏结性高、耐水性好、不产生有毒气体、环保等特点。有研究表明，以苯丙乳液为基料，以磷酸氢二铵、季戊四醇、三聚氰胺、氢氧化铝、碳酸钙为阻燃体系，在其中加入粉煤灰作为阻燃抑烟剂，可以制备粉煤灰含量不同的膨胀型木材防火涂料。通过进行耐火性能及烟密度的测试，发现添加粉煤灰作为抑烟剂，能显著降低烟密度，且在特定比例下提高其耐火性能，如图 3-9 所示，含粉煤灰矿渣试样的烟温峰值会有所下降，但是添加量也要适当，否则烟温峰值会出现反弹。以粉煤灰为主要组分制备地质聚合物型防火涂料，涂层的防火绝缘能力与涂层的厚度密切相关，因为导热系数与厚度成正比，因此需要确定复合涂层中粉煤灰或炉渣的最佳掺量，并控制在合适的厚度，才能使其防火性能达到最佳[8]。

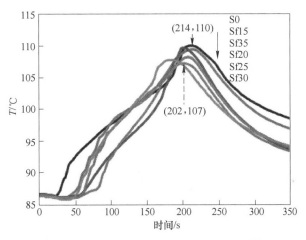

图 3-9　不同粉煤灰添加量燃烧时的烟温[8]

利用偶联剂将粉煤灰进行改性后再加入环氧树脂涂料中，可得到防火涂料，随着改性粉煤灰的加入，该防火材料的耐火性能逐渐提高，如图 3-10 所示；但不是添加量越大性能越好，持续加入改性粉煤灰，耐火性能不再提高，因此虽然改性粉煤灰的加入对涂料的防火性能有较大的提高，但是改性粉煤灰的用量需要控制在适用的范围[9]。

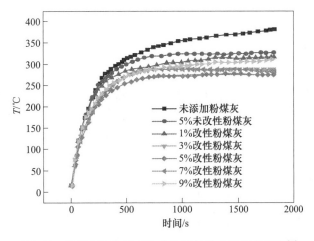

图 3-10　粉煤灰添加量对防火涂料的防火性能的影响[9]

3.2.3　防水涂料

水是无孔不入的，它在重力、风压、对流、冲击、附着、毛细等力量作用下，逐渐渗入到建筑内部，而且在渗透的过程不易从表面发觉。水中常常有来自地下或大气中酸性气体（如 CO_2、SO_2）的无机盐，此外水是大多数无机盐材料的溶剂，起霜就是盐从溶液中析在材料孔隙中结晶的现象，材料中盐溶液虽然看不见，但能引起腐蚀、剥落和破坏。建筑工程的防水是保证建筑物发挥正常功能和使用寿命的一项重要措施，是关系到建筑物、构筑物的寿命、使用环境及卫生条件的一项重要内容。建筑物上使用防水涂料可以达到防潮、防漏及防水的目的。

建筑防水涂料简称防水涂料，是指能够形成防止水通过或渗透的涂膜防水材料，是以防水为主要目的的功能性建筑涂料。防水涂料主要用于建筑物某些可能受到水侵蚀的结构部位或结构构件，例如建筑物防水、屋面防水、地下防潮、管道防腐、渠道防渗、地下防水、房屋的修补漏水处、卫生间防水、水塔、水池、储水罐等结构的防水、防潮和防渗等各类防水工程。同一般功能性建筑涂料所不同的是，在很多种情况下，防水几乎成为其主要功能和目的，其装饰功能甚至可以忽略不计。例如，大部分屋面用的防水涂料对于装饰功能是没有要求的（有小部分要求其具有装饰性，而配制成彩色涂料）；用于卫生间地面防水等许多情况的装饰功能根本就没有意义，这是防水涂料区别于其他功能性建筑涂料的最大的特征。近年来，防水涂料种类的不断丰富，性能愈加强大，施工操作简单，在各类防水工程中也扮演越来越重要的角色[10]。

建筑防水涂料的主要应用场合是建筑物的屋面、卫生间和地下室等，这些结构部位可能是长期处于水中或受到水的作用的环境之下，其对涂膜的耐水和防水性能的要求必然要十分苛刻。此外，这些结构部位温度变化较大，且其基层一般是水泥类材料，因各种原因造成的裂缝更是十分常见，因而对防水涂膜的耐高、低温性能，对结构变化的适应性也和防水性能一样重要。所以防水涂膜一般要求具有很好的低温柔性、延伸率、拉伸强度和对基层具有一定的附着力。从防水涂料的组成来说，防水涂料中使用的颜料（包括填料）的量很小，有些根本不含颜料（例如有些聚氨酯防水涂料），以保证涂膜致密而不透水。

防水涂料可以在常温下呈无固定形状，且黏稠液态高分子合成材料经涂布后，通过溶剂的挥发或水分的蒸发或反应固化后可以在基层面上形成坚韧的防水膜。该涂料涂刷在建筑物需要防水处理的基层表面上，可在常温条件下形成连续整体的、具有一定厚度的涂料防水层。一般情况下，防水材料主要分为四类：沥青类防水材料、橡胶塑料类防水材料、水泥类防水材料和金属类防水材料。沥青类防水材料是以天然沥青、石油沥青和煤沥青为主要原材料，制成的沥青油毡、溶剂型和水乳型沥青类或沥青橡胶类涂料、油膏，具有良好的黏结性、塑性、抗水性、防腐性和耐久性。橡胶塑料类防水材料是以氯丁橡胶、丁基橡胶、三元乙丙橡胶、聚氯乙烯、聚异丁烯和聚氨酯等为原材料，制成弹性防水卷材、防水薄膜、防水涂料、涂膜材料及油膏、胶泥、止水带等密封材料，具有抗拉强度高，弹性和延伸率大，黏结性、抗水性和耐气候性好等特点，可以冷用，使用年限较长。水泥类防水材料则是以酸钠为基料配置的促凝灰浆，可用于地下工程的堵漏防水。金属类防水材料是指薄钢板、镀锌钢板、压型钢板、涂层钢板等可直接作为屋面板，用以防水，薄钢板用于地下室或地下构筑物的金属防水层，薄铜板、薄铝板、不锈钢板可制成建筑物变形缝的止水带。金属防水层的连接处要焊接，并涂刷防锈保护漆。

防水涂料的主要特点有：（1）防水涂料在固化前呈黏稠状液态，因此，施工时不仅能在水平面，而且能在立面、阴阳角及各种复杂表面，形成无接缝的完整的防水膜；（2）使用时无需加热，既减少环境污染，又便于操作，改善了劳动条件；（3）形成的防水层自重小，特别适用于轻型屋面等防水；（4）形成的防水膜有较大的延伸性、耐水性和耐候性，能适应基层裂缝的微小的变化；（5）涂布的防水涂料，既是防水层的主体材料，又是胶黏剂，故黏结质量容易保证，维修也比较简便。尤其是对于基层裂缝、施工缝、雨水斗及贯穿管周围等一些容易造成渗漏的部位，极易进行增强涂刷、贴布等作业的实施。

3.2.3.1　防水涂料的原理

防水涂料是通过高分子涂料在建筑表面形成一个整体的防水涂膜防水层达到防水、密封等效果。从目前已有的防水涂料品种来分析，其防水原理可分为两大类。一类是通过形成完整的涂膜来阻挡水的透过或水分子的渗透来进行防水的；另一类则是通过涂膜本身的憎水作用来防止水分透过，但是有些聚合物分子上也含有的亲水基团，因此聚合物所形成的完整连续的涂膜并不能保证所有的聚合物涂膜均具有良好的防水功能。

3.2.3.2　防水涂料的性能测试

涂料的初始黏度、固含量、表干时间、实干时间、柔韧性、抗冻性、抗渗压力、抗腐蚀介质性（耐酸、耐碱耐盐）、抗冲击性均参照 JC/T 2217—2014《环氧树脂防水涂料》进行测试，柔韧性测试时将浆液涂覆于马口铁板上，厚度为 0.2mm，养护 7 天后将其绕在直径 20mm 圆柱弯曲，检查裂纹。黏接强度：将涂料涂刷在 C30 混凝土试块上，厚度为 0.2mm，养护 7 天后参照 GB/T 5210—2006《色漆和清漆拉开法附着力试验》进行测试。耐水性：将涂料涂刷在 C30 混凝土试块上，厚度为 0.2mm，养护 7 天后将试块浸没水中浸泡 7 天，然后参照 GB/T 5210—2006 进行测试。

3.2.3.3　粉煤灰基防水涂料的研究案例

粉煤灰本身有较大的表面积，且形状规整、微观结构密实及有效的化学组成，为其改性作为防水材料奠定了基础。且粉煤灰的结构、性质与防水材料中某些材料相似，可以替代或部分替代某种原料，来制备防水涂料，使其性能达标又节省成本。

以粉煤灰为原料添加一些化学助剂也可制备水溶性防水涂料。随着粉煤灰掺量的增加，吸水率越来越低，防水性能越来越好；当粉煤灰掺量继续增加，吸水率开始升高，防水性能变差。控制好粉煤灰的添加量，可使防水涂料的综合性能达到良好，且对施工条件要求不高。以粉煤灰、硅灰为载体与活性催化材料复合可以配制水泥基渗透结晶型防水材料活性母料，引入多组分干粉砂浆添加剂可对水泥基渗透结晶型防水材料进行改性研究，通过正交优化试验，可开发出具有良好工作性和渗透结晶效果的水泥基渗透结晶型防水材料，且其浆料凝结时间略长，有较长开放时间及一定的保水性能，同时具有自愈合、永久性防水的特点[11,12]。此外，使用粉煤灰和硅烷偶联剂可以制备出性能良好的防水材料，有机硅烷偶联剂首先可通过溶液中的水分引起水解，然后脱水缩合而形成低聚物，这种低聚物再与无机填料表面的羟基形成氢键，通过加热干燥或硫化发生脱水反应产生部分共价键，从而使无机填料表面被包覆上一层硅烷偶联剂中长碳链部分指向外侧的改性膜，这层改性膜具有强烈的亲油憎水性。因此使粉煤灰基的防水涂料防水性能优异。将粉煤灰用作功能填料也可以制备防水涂料,以丙烯酸类高聚物为主成膜物、以粉煤灰为功能性填料制备的屋面防水涂料,可以在潮湿的基面上施工且在水泥、沥青、各种卷材等的新旧表面上具有良好黏结力及适应性[13]。

将粉煤灰进行激发或者改性后,也可以制备出防水涂料。对粉煤灰进行激发后利用粉煤灰制备了防水涂料,可使防水涂料产品的抗折强度和抗渗压力变优。如图 3-11 所示,随着粉煤灰量的增加,试样的抗压强度越来越低;随着水胶比的增加,试样的抗压强度越来越低;随着沙粒颗粒的增大,试件的强度也随着增大。通过化学方式改性,也可以使原状粉煤灰成为一种新型的具有"刚性"和"柔性"性能的防水材料,采用氢氧化钙与硫酸钠复合的方式来激发粉煤灰,并最终探究了涂料组成对防水性能和抗压强度的影响,发现随着粉煤灰添加量的增加,涂料的反水性能先增强后减弱,因为粉煤灰添加量过量之后,会使得整个体系的体积增大,孔隙率增大,水泥的量相对减水,水化形成的凝胶物质减少,粉煤灰与 Ca^{2+} 和熟料生成的凝胶发生二次火山灰反应进一步生成的凝胶也减少,对孔隙的填塞能力有限,水分进入砂浆体系的通道增加,防水效果变差。有研究显示,将经化学处理后的粉煤灰与丙烯酸类高聚物、化学助剂配置而也可制成水溶性防水涂料,其涂膜具有优良的耐碱性、柔韧性、耐热性、抗冻性、不透水性及耐大气老化性能。该涂料可以在潮湿的基层上直接施工,固化快,无污染,可代替沥青油毡作工业、民用建筑的屋面防水层,又可以作各类屋面防水层的保护涂料和修补材料,用途广泛[14]。

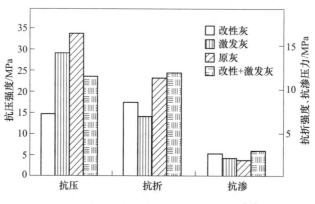

图 3-11　粉煤灰防水涂料的性能对比[13]

3.3　粉煤灰基内墙涂料

内墙漆也叫内墙涂料,包括液态涂料和粉末涂料,内墙涂料就是一般装修用的乳胶漆。乳胶漆即乳液性涂料,按照基材的不同,分为聚醋酸乙烯乳液和丙烯酸乳液两大类。乳胶漆以水为稀释剂,是一种施工方便、安全、耐水洗、透气性好的涂料。它可根据不同的配色方案调配出不同的色泽,主要有水性内墙漆、油性内墙漆、干粉型内墙漆几种类型,属于水性涂料。内墙涂料的主要功能是装饰和保护室内墙面,让人们处于舒适的居住环境之中。然而现如今,建筑内墙涂料的作用远不止是装饰作用,现在的内墙涂料可以被赋予多种功能特性,比如调湿、调温节能及抗菌等性能。结合绿色建筑涂料的发展,本节以内墙调湿涂料、内墙相变涂料和抑菌涂料为主要对象来进行介绍。

3.3.1　调湿涂料

室内湿度与人们的生活息息相关,相对湿度低时会使我们的鼻子、喉咙和支气管中的黏膜变得干燥,进而抵御病毒和细菌的能力减弱,相对湿度高时身体易受湿气侵袭进而出现健康问题,例如细菌与微生物会迅速繁殖,同时家具物品也易被锈蚀、腐烂。因此,调节室内的湿度尤为重要。调湿的方法有很多种,其中将调湿材料添加到内墙涂料中得到内墙调湿涂料是一个有效显著改善室内的湿度的途径。内墙调湿涂料是一类被动式调湿方式,也是应用较广的一种调湿方式。

调湿材料的概念最早由日本学者提出,是指依靠材料自身的性质,不借助其他能源和设备,自动进行调湿反应,从而改变环境中湿度的材料。当湿度高时,这种材料可以依靠物理吸附或者化学吸附实现对空气中水分的捕获,降低空气中水的含量,从而降低湿度;而当湿度较低时,这种材料可以将已经吸附的水分再释放出来,增加空气中水的含量,从而增加湿度。良好的调湿材料可以通过高湿度吸湿、低湿度放湿的调湿性能,将空气中的湿度控制在一定范围之内,且一般情况下不需要能源或设备。当使用调湿材料制备成调湿涂料后,既要使其具有较强的吸水和保水性,又要使其在被涂物表面形成具有保护、装饰、调湿功能的涂膜,更好地发挥其调湿功能[15,16]。

3.3.1.1　调湿涂料的原理

调湿涂料主要靠它所含有的调湿材料发挥作用,当前所使用的调湿材料主要包括无机矿物材料、无机盐类、碳材料、有机高分子材料及复合调湿材料等。这些调湿材料的调湿机理是利用材料中的一些亲水性基团对水的吸附或解吸附或易溶于水形成饱和溶液所具有的蒸气压等对其周围的环境进行湿度调节,调湿材料的调湿过程主要是吸湿过程和放湿过程,实质上则是材料对水分子的吸附和脱附。调湿材料对水分子的吸附主要分为物理吸附和化学吸附两种。调湿材料主要分为无机调湿材料和有机高分子调湿材料。无机调湿材料主要以物理吸附为主,其吸附过程主要发生在固体的整个自由表面,吸附能力取决于极性的相似性,其调湿性能主要由孔结构和水蒸气分子在孔中的扩散情况决定。当空气中的水蒸气分压高于其孔内的水蒸气分压时,调湿材料呈现吸湿现象,反之则呈现放湿现象。有机高分子调湿材料主要以化学吸附为主,一般为单分子层吸附。不同于物理吸附,化学吸附的水分子吸附能力更加稳定,不易产生脱附反应,因此放湿能力一般较差。图 3-12 所示为理想调湿材料的吸放湿曲线。从图中可以看出,当空气湿度超过 φ_2 时,调湿材料吸湿;当空气湿度低于 φ_1 时,调湿材料放湿。整体上呈现高湿度吸湿、低湿度放湿的调湿功效。当调湿材料的平衡含湿量处于 $U_1 \sim U_2$,空气湿度就可以维持在 $\varphi_1 \sim \varphi_2$[16]。复合调湿材料是将不同类型的调湿材料与辅助材料混合反应,从而制备出同时具有高吸湿容量和高吸放湿速度的复合调湿材料。如将无机填料与高吸水性树脂复合,可以制备出具有吸湿容量大、吸湿速度增大,放湿速度也有很大提高的复合调湿材料。

3.3.1.2　调湿涂料的性能测试

调湿涂料的性能测试中最重要的为吸放湿测试,根据规范 JC/T 2002—2009《建筑材料吸放湿性能测试方法》,称量不吸湿的培养皿重量,将制备好的调湿涂料用刮板搅拌均

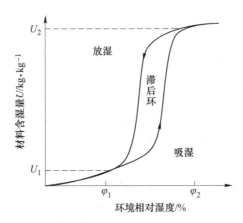

图 3-12　理想调湿材料的吸放湿曲线[15]

匀并在培养皿中均匀涂刷，使用相对湿度不同的干燥器进行测试，最终根据调湿涂料的吸放湿量来衡量调湿涂料的调湿性能[17]。

3.3.1.3　粉煤灰基调湿涂料的研究案例

粉煤灰具有多孔吸附性，因此利用粉煤灰与聚乙烯醇（PVA）可以制备复合调湿材料，粉煤灰/PVA 复合薄膜材料的吸湿行为受相对湿度和薄膜厚度影响，相对湿度较大、薄膜较厚时，该调湿材料的吸湿性能越好。研究还发现，粉煤灰与氯化钠进行共混研磨后也可以得到一种复合材料，并把此材料用作内墙涂料的填料，可以极大程度地降低内墙涂料的成本，同时使用粉煤灰与氯化钠两种便宜的原料制备的内墙涂料具有调湿性能，粉煤灰植被的几种涂层对周围的环境均有一定的调节作用，表现出较好的调湿性能，且粉煤灰涂料的吸放湿性能与水分子在涂层表面的吸附及其在涂层内部的扩散有关。当粉煤灰在涂层中颜料体积浓度（PVC）与临界颜料体积浓度（CPVC）接近时，调湿性能表现最优，且涂层性能可以满足国家标准对内墙涂料的常规要求[15]。

3.3.2　相变涂料

相变涂料是指在涂料中加入一些可以调控温度的物质，使之在环境中利用自身调温物质的性质进行能量的储存与释放，进而达到调温节能的作用的涂料。相变涂料中最重要的就是相变储能的载体，即相变材料（PCM），它是指在某一特定的温度下，能够从一种状态到另一种状态转变的物质，同时伴随着吸热或放热现象，是近 30 年来一类发展迅速的、具有很大应用潜力的智能材料。相变材料可在较窄的温度范围内，储存或释放大量的潜热，且该过程可逆，可应用于建筑外围护结构，提高建筑的热惰性，缓解室内温度波动，削减空调负荷的峰值；又可与传统空调采暖系统相结合，储存廉价或免费的冷热量，从而起到建筑节能的作用。进入 21 世纪以来，相变材料以其高效、清洁、可循环使用等特点吸引了越来越多的关注，相变材料已经在航空航天、节能建材、废热回收、调温服装等领域广泛应用。PCM 较好的热储存能力能够有效控制并减少建筑能耗，这对于全球温室效应的减缓及能源利用效率的提升大有裨益。随着建筑能耗的日益增长，相变材料应用于建筑材料成为一个新的研究热点，对能源节约与人类发展具有重要的意义。

3.3.2.1　相变涂料的原理

图 3-13 所示为智能内墙相变涂料的冷热调温的基本原理。当外界温度高于 20℃时，相变涂料吸收环境中的热量进行储存，使环境温度降低；当外界温度低于 20℃时，相变涂料会把之前储存的热量释放出来，依次循环，维持在一个相对恒温状态。

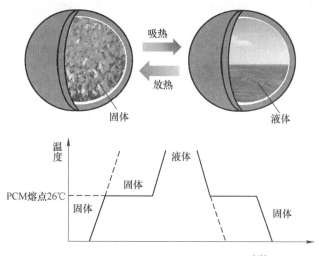

图 3-13　相变储能材料作用机理示意图[13]

3.3.2.2　相变涂料的常见材料

理想的相变储能材料需满足以下条件：合适的相变温度及较大的相变潜热；适合的导热系数；相变时膨胀或收缩性小；相变的可逆性好，不发生过冷现象，性能温度；无毒、无腐蚀性、无异味、无降解；原料易购，价格便宜。

在对相变材料的深入研究中发现，相变材料在实际应用时不易控制，虽然有较高的潜热，却存在过冷、与周围材料界面结合差等及在实际应用中的泄漏、腐蚀和过冷问题。将功能性物质封装在聚合物或无机的壳内是存储能量的一种有效方式，在需要满足相应的应用时，可以阻止相变材料与外部环境反应。因此，多孔骨架载体为相变材料存在的问题提供了良好的解决方法，由聚合物/无机物包覆液体的芯材形成的具有核-壳结构的颗粒，外壳材料可以在固-液相变过程中防止相变材料漏出。它还可以在相变过程中提供大的传热面积及控制储能材料的体积变化。一般而言，当温度达到相变点时，芯材能够发生相变，吸收或放出一定的热量，而且在吸收、放出热量的过程中，温度几乎不发生变化。芯材的选择决定着相变微胶囊的相变温度及储热性能，常见的芯材有石蜡烃类、结晶水和盐、脂肪酸类、酯类等。

目前，相变复合材料绝大部分是以微胶囊化的形式存在。然而，微胶囊化的形式工艺过程繁琐、制作成本高，所采用的相变材料导热、耐热、耐火性都不佳，而且还具有局限性。相对来说，多孔材料吸附法工艺更简单，对于相变材料的局限性小，而且载体材料的选择性广。目前对多孔材料吸附法制备相变复合材料的报道也很多，依然存在一些不足之处。例如，以传统的天然多孔材料为载体制备的相变复合材料吸附能力不佳，导热性能低；对碳质载体制备相变复合材料的研究较少；对人工合成多孔材料制备相变复合材料的报道少等。主要存在的问题就是吸附性能不佳，发生相变时存在相变材料的泄漏等问题。

3.3.2.3　相变涂料的性能测试

相变涂料的一项重要性能测试为其热性能分析（DSC），可以采用差示量热扫描仪对相变涂料进行测试。如果涂料样品发生相变，那么样品与参照物之间会温生一条曲线，且这条曲线会偏离水平线；反之则会产生一条水平线，计算直线和曲线间的面积，就可以得出相变涂料在发生相变时所放出的能量。涂料样品熔化时的吸收热为一条曲线，对峰面积积分，相应可以得到样品的相变潜热。如图 3-14 中的相变材料的 DSC 曲线显示，其相变发生在 15~25.8℃ 之间，其相变潜热值较大，可达到 206J/g[18]。

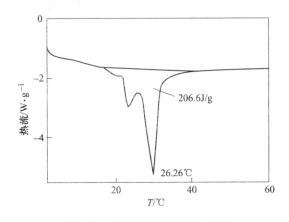

图 3-14　相变微胶囊的 DSC 曲线

3.3.2.4　粉煤灰基相变涂料的研究案例

相变材料是利用潜热吸收，能量存储和相变释放的材料，根据粉煤灰的性质可以将粉煤灰作为主要原料制备出相变涂料。有研究合成介孔沸石制备了粉煤灰基多孔颗粒，并选择合适的有机相变材料组合，通过熔融浸渍法获得适合于建筑材料温度的相变颗粒，然后以有机-无机胶凝机理为基础，选择合适的胶凝材料，使用相变颗粒制备了外墙相变智能涂料。对所制得的沸石相变颗粒的稳定性进行了检测，分别使用三种不同的方法测定其稳定性。（1）热重 0~100℃（5℃/min）；（2）烘箱 105℃ 持续加热 3h；（3）烘箱 50℃ 加热16h；测量沸石相变颗粒-10~100℃ 范围内的 DSC 曲线得到相变温度和相变潜热，最终发现沸石相变颗粒的热稳定性良好。用红外灯照射测试涂有不同相变涂料的水泥石棉板，用温度传感器分别记录保温箱内的温度变化曲线。将空白水泥石棉板作为参照，不同的沸石相变颗粒添加量制备的涂料作为实验组，分别用红外灯光照射一段时间，然后停止加热，用温度计测定保温箱中的温度变化曲线，如图 3-15 和图 3-16 所示。相变涂料相比于空白水泥石棉板的温度变化大，涂料的储能能力强，而且可以将保温箱内的温度较长时间调节到人体舒适的温度 25℃ 左右，充分证明沸石的孔洞内很好地填充了相变物质，使其成为了很好的定形相变材料，用粉煤灰沸石颗粒制备的相变涂料性能优异。有研究显示，使用低导热性的粉煤灰漂珠和真空陶瓷微珠为填料也可以制备一种可用于多种物体表面的水系相变调温隔热涂料，再引入相变材料的可以使涂层具备智能调温功能，通过多种机理协同效应，大大提高了涂料的隔热性能[19]。

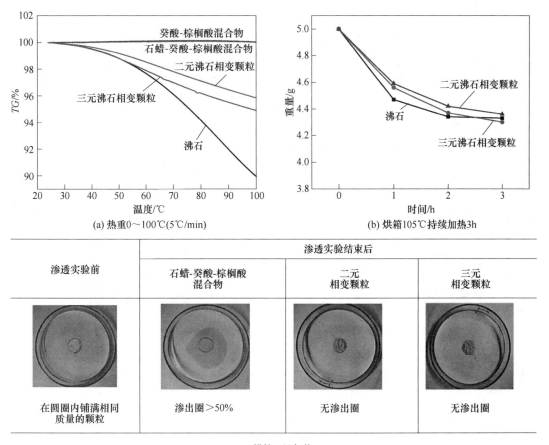

(a) 热重0～100℃(5℃/min)

(b) 烘箱105℃持续加热3h

(c) 烘箱50℃加热16h

图 3-15　二元/三元沸石相变颗粒的稳定性

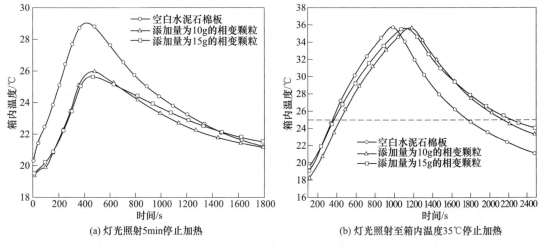

(a) 灯光照射5min停止加热

(b) 灯光照射至箱内温度35℃停止加热

图 3-16　二元体系相变涂料的调温性能测试

3.3.3　抗菌功能涂料

细菌是微生物的一种，而微生物主要是细菌、真菌、病毒及一些小型的原生生物等微小生物的统称。它们个体微小（通常情况下肉眼难以观察到，但比如像真菌类的蘑菇、灵芝等是肉眼可见的）、数量众多、分布极其广泛，与人类的生产生活有着密切的关联。微生物按照其影响可以分为有益类和有害类。绝大部分微生物对人和动物并没有害处，而且其中一些有益菌，如酸奶、酒类、抗生素、疫苗等，现已被人类很好地利用，广泛涉及食品、医药、工农业、环保等诸多领域，在人类的生产生活中，发挥着日益重要的作用。但仍有部分微生物可对人及动物造成危害，会导致生产使用的材料等受到腐蚀，使原料及食品等产生腐败变质，甚至以食物为媒介引起人与动物染病甚至死亡。随着人类生活水平的进步，人们越来越重视环境卫生与身体健康，在享受有益微生物带来福利的同时，也在积极应对有害微生物带来的不便与危害。细菌作为微生物家族的重要一员，因其分布极其广泛，且极易生存繁殖，给人类带来了很多不便。由于细菌存在于人们生活中的各个角落，因此材料在使用过程中不可避免地会与细菌接触。当细菌接触到材料的表面时，就有可能在材料表面进行沉积，并且通过与材料表面的互相作用，细菌便会逐渐黏附、进而定殖在材料表面，继续生长，最终形成细菌生物膜。然而细菌与材料接触、沉积后并不都能完成细菌生物膜的形成过程。细菌的黏附与生长及最终生物膜的形成与材料本身的性质及周围的环境有很大的联系。通常来讲，适宜的温度、相对潮湿的环境、丰富的营养物质等条件比较利于生物膜的形成；相反，过低的温度、十分干燥的环境、营养物质匮乏时一般很难形成生物膜。

随着科技的进步，人们在抗菌的研究上不断进步，为了从源头抑制细菌的滋生，人们开始在建筑墙壁上涂敷抗菌涂料，来达到防止细菌滋生、繁殖和生长的过程。根据抗菌涂料标准规范，抑制细菌、真菌、霉菌等微生物生长繁殖的作用叫抑菌；杀死细菌、真菌、霉菌等微生物营养体和繁殖体的作用叫杀菌。抑菌、杀菌总称为抗菌，具有抗菌作用的涂料为抗菌涂料。抗菌涂料是指通过添加具有抗菌功能并能在涂膜中稳定存在的抑菌剂，经一定工艺加工后制成的具有杀菌和抑菌功能的涂料。而且涂料中添加的抗菌材料有至关重要的作用，因为涂料的成膜物质是由各种天然或合成高分子组成的，大部分含有微生物所需的营养物质，能为微生物的生长发育提供良好的营养条件，所以已经成膜的涂料容易被微生物沉积或定殖，一旦温度、湿度合适，涂料中又没有抑制微生物的物质存在时，微生物会侵袭涂层，容易在涂层表面形成菌斑，导致涂层发生霉变，失去黏附能力，严重影响涂层的保护功能及材料的整洁美观和性能，甚至使涂层破裂、剥落，降低了涂料的使用价值。据报道，世界上每年都有相当数量的涂料损耗在霉变或微生物腐败上，造成了巨大的损失。在涂料生产、储存和应用过程加入抗菌防霉剂可以明显抑制微生物的繁殖，减少涂料在储存和应用的损失。因此，在涂料中添加抗菌材料使涂料具有抗菌功能，不仅可以增强涂料的性能，而且可以达到抑菌杀菌的目的。

与此同时，细菌在材料表面的黏附及后续的增殖繁衍通常会导致生物膜的形成，在人体健康和工业应用中，包括公共卫生设置、手术设备、生物传感器、纺织品、水净化系统及食品包装等，预防及治理生物膜成为一个重要问题。对于医疗植入材料和医疗设备，细菌等微生物的黏附不仅会降低器械的使用寿命，而且可能引发感染，在临床上容易引起并发症，有时甚至导致死亡。对于食品加工和包装材料，微生物的积累对加工效率、生产率和食品质量有很大的影响。对海洋设备、生物膜等微生物污染物为其他海洋物种的附着和增殖提供了平台，从而增加了操作和维护成本。为了解决这些问题，将传统涂料进行抗菌功能化，通过合适的方式涂布于材料表面，使材料表面具有一定的抗菌功能，可以大大降低初始细菌附着的程度，从而防止后续生物膜的形成。因此，近年来对抗菌涂料的需求日益增长，其也被广泛应用于公共场所，可以降低公共场所的细菌数量，降低交叉感染和接触感染的概率，同时也可以用于居家环境，可有效降低家具等物品上的细菌密度，优化人们的居住环境。抑菌功能涂料可以帮助净化空气，消灭因细菌和微生物所引起的墙面霉斑[20]。

3.3.3.1 抗菌功能涂料的原理

目前抗菌涂料是利用抗菌技术在细胞水平上起作用，会不断阻碍微生物的生长和繁殖。它会发动多模式攻击，破坏微生物的蛋白质、细胞膜、DNA 和内部系统。一旦微生物与受保护的表面接触，抗菌技术就会开始起作用。所以抗菌技术的作用机理主要包括破坏细胞结构、阻止有丝分离、影响新陈代谢、形成金属螯合物、阻碍类酯的合成等。抗菌技术在抗菌涂料中的表现为添加一些具有抑制细菌生长繁殖或破坏细菌细胞组织结构作用的金属离子（常用的有银离子、铜离子和锌离子）或者是在材料表面添加可在紫外线作用下杀菌、抗菌的成分，主要包括金属氧化物等。添加不同的抗菌成分，其抗菌原理也不尽相同，具体介绍如下：

（1）Ag^+抑菌原理。迄今为止，Ag^+是抗菌性能最好的金属，即使在浓度很低的情况下，仍能有效抑制细菌的生长和杀死细菌，而且抗菌效果持久。主要抗菌机理是 Ag^+ 与菌体内的疏基酶结合形成硫-银化合物，使其死亡。

（2）Cu^{2+}抑菌原理。铜是人体必需的微量元素之一，对大肠杆菌等多种细菌的杀菌率可以达到90%以上甚至100%，而且失去活性，Cu^{2+}的抗菌机制包含两个方面：1）铜离子与蛋白质结合，使细菌阻止了细菌繁殖；2）铜离子与培养基发生反应，攻击细菌的负电荷细胞膜/壁，形成高活性和可溶性的 Cu 肽复合物，使细菌逐渐被破坏，变成碎片，并伴随着细胞物质的分裂；

（3）Zn^{2+}抑菌原理。Zn 元素对很多细菌的生长行为均具有强烈的抑制作用。植入体表面掺入少量的 Zn 元素，可明显改善抗菌性能。目前，关于锌的抗菌机理主要有两个方面：1）材料中释出的 Zn^{2+}接触微生物，可使微生物蛋白质结构和细胞膜功能破坏，从而造成微生物死亡或产生功能障碍，从而达到抑菌和杀菌的目的；2）锌能起到催化活性中心的作用，吸收环境的能量（如紫外光），激活吸附在材料表面的空气或水中的氧，产生羟基自由基和活性氧离子，氧化或使细菌细胞中的蛋白质、不饱和脂肪酸等发生反应，从而破坏细菌细胞的增殖能力，达到抑制或杀灭细菌的目的。

要赋予涂料的抗菌性，需要考虑如何把抗菌剂（基团）引入到涂料当中。一般在涂料中引入抗菌剂的方式大概分为两种：物理法和化学法。其中物理方法是将抗菌剂以固体、液体或分散液的形态混合到涂料中，抗菌效果除与抗菌剂本身效果有关外，还与颗粒大小、分散程度密切相关。而化学方法是抗菌基团通过化学键固定在涂料的化学链上，成为聚合物的一部分，按键合作用的不同分为复合和涂敷、配位键固定、共价键固定。

3.3.3.2　抗菌功能涂料的性能测试

抗菌功能涂料制备后需要对其性能进行检测，按照 HG/T 3950—2007《抗菌涂料》的规定，抗菌涂料的性能要求分常规涂料性能、有害物质限量和抗菌性能三个方面。常规涂料性能应符合相关涂料产品标准规定的技术要求；抗菌涂料的有害物质限量，对于合成树脂乳液水性内用抗菌涂料，应符合 GB 18582—2020《建筑用墙面涂料中有害物质限量》中技术要求的规定；抗菌涂料的抗菌性能应符合表 3-5。其中抗菌性能的测试需要进行抗菌实验来检测，即使用培养基加入菌液后对菌种进行培养，使用涂敷抗菌涂料和未涂敷抗菌涂料的培养皿进行对比，最后测量各样品的抑菌圈直径，即可比较内墙抗菌涂料的杀菌效果，具体参照 GB/T 21510—2008 纳米无机材料抗菌性能检测方法评价抗菌材料的抗菌效果。

表 3-5　抗菌性能[10]

项目名称	抗细菌率/%	
	I	II
抗细菌性能	≥99	≥90
抗细菌耐久性能	≥95	≥85

3.3.3.3　粉煤灰基抗菌功能涂料的研究案例

有研究[21]显示，根据粉煤灰的基本性质，深入分析粉煤灰的显微结构，着重了解气流粉碎后的粉煤灰性质和特点，发现可以使用粉煤灰作为抗菌载体。因此，经过气流粉碎的粉煤灰处理后可适合于做塑料制品或涂料的功能填料，并对其抗菌效果进行检测，图 3-17 为载银粉煤灰含量 1%时的抗菌效果图。结果显示，经气流粉碎后的粉煤灰在颜色和特性上均能达到作为抗菌填料的基本特性要求，且超细粉煤灰的变色现象使之能更好地适用于塑料制品或涂料的功能填料，此外，使用超细粉煤灰制备载银复合体后其对大肠杆菌和金黄色葡萄球菌的抑菌抗菌效果良好，且可适用于塑料制品或涂料中的抗菌填料。在拓展粉煤灰的应用过程中，人们发现通过酸洗和煅烧将粉煤灰增白后，再通过表面相变包覆氢氧化锌进一步提高粉煤灰白度，增白后的粉煤灰颗粒由于表面负载了氧化锌（ZnO）等功能材料，利用 Zn^{2+} 溶出抗菌、ZnO 光催化抗菌和活性氧抗菌等三方面协同作用，使粉煤灰在抗菌测试中的抗菌率显著提高，大大节约了抗菌材料的成本。

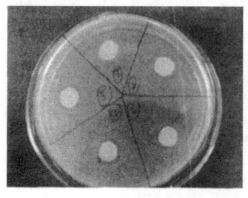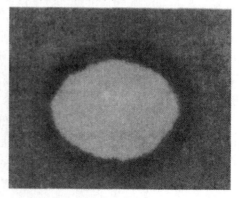

图 3-17　载银粉煤灰含量 1%时的抗菌效果图[22]

3.4 粉煤灰基建筑腻子

3.4.1 建筑腻子介绍

近些年来，随着涂装工艺的发展和涂装要求的提高，腻子在涂饰工程中的应用越来越受到重视。腻子是建筑涂料涂装时用于基层处理的配套产品。腻子的基本作用是填补墙体基层的缺陷，对基层进行找平，弥补底材的缺陷，从而增加基层的平整程度。腻子的特殊功能有抗裂和产生各种装饰造型等。腻子必须与所选用的涂料和涂装要求相适应。通常说的腻子粉是属于水性涂料的，一般能加水搅拌即可使用的一类涂料都叫水性涂料。腻子粉一般在水泥毛坯墙面上是不用添加胶水的，但是特殊的基材还是需要添加胶水以增加附着力，例如板材上脱模基材上，不然会有安全隐患。腻子粉分为水性的和油性的，水性的主要用于乳胶漆，可以加点建筑胶，附着力更强。油性的主要用于油漆工艺。腻子的主要功能有美化功能，即涂装后的墙面要平整且光滑细腻；此外，腻子还需要有抗自裂和克服龟裂缝的作用，来防止涂层的起壳、脱落甚至墙面渗水；腻子最主要的作用是填平作用，这也是腻子的一项基本功能。

腻子有多种分类方法，较普遍的分类方法如下：（1）按包装形式分类可分为单组分腻子和双组分腻子。单组分腻子又分为单组分膏状和单组分粉状两类。（2）按腻子功能分类可分为一般找平腻子、拉毛腻子、弹性腻子、防水腻子等。（3）按照使用位置可以分为内墙腻子和外墙腻子[23]。

腻子中最关键组分是基料，也称黏结剂，主要起黏结作用。腻子最常用的黏结剂是水泥和有机聚合物，有机聚合物又有乳液和乳胶粉之分。但是填料也在其中起着重要的作用，常用的填料有碳酸钙、滑石粉和石英砂等，它们主要起填充作用，在使用的过程中要注意填料细度的搭配使用。在绿色建筑材料发展的同时，使用固体废弃物制备腻子的研究也越来越多，使用固体废弃物制备腻子主要是将其用作填料，然后得到强度与性能均良好的腻子。

3.4.2 粉煤灰基建筑腻子的研究案例

建筑内外墙腻子是涂饰工程的配套材料，在涂饰之前需要先用腻子在基材上进行找平，节约涂料用量，降低成本，同时腻子对墙面的微裂纹具有覆盖作用，具有非常高的经济效益。从建筑内外墙腻子的组成成分来看，主要是由具有胶凝作用的基料和大量的填料，以及少量的助剂组成。基料主要是由水泥和聚合物乳胶粉组成，填料主要由石英砂、重质碳酸钙、轻质碳酸钙、滑石粉等组成，可以将内外墙腻子看成是聚合物改性砂浆或聚合物改性水泥的一个分支产品，腻子中的填料相当于混凝土的集料，聚合物、水泥的作用一样，都起到黏结集料的作用。腻子中水泥和填料占比在90%以上，水泥的生产需要消耗大量能量并且污染环境，填料是不可再生的，通过将矿石粉碎后形成。通过对粉煤灰的研究发现，粉煤灰通过筛选和改性后是可以替代腻子中的部分水泥和填料。粉煤灰是一种火山灰质材料，为了充分发挥水泥基层材料的优点，同时又能有效避免其缺点，有学者在水泥基层材料中掺入一定量的粉煤灰可让粉煤灰替代部分水泥，或者在粉煤灰-水泥胶砂体系中加入一定量的碱激发剂，能有效激发粉煤灰早期活性，使其裂解、水化形成胶凝性物，均可以有效改善腻子的抗开裂性能（表3-6）。使用粉煤灰替代水泥，既可以节约水泥，释放强度，抑制裂缝发生，还可以降低生产成本和工程造价。此外，粉煤灰还可以替代腻子中的填料，因为粉煤灰在形成过程中由于表面张力的作用，大部分呈现球状，表面光滑，可以将低活性粉煤灰中部分满足腻子粒度要求的部分颗粒筛选出来，作为一种非活性填料填充到腻子中，节省成本的同时，使腻子具有良好的性能[24]。

表3-6　粉煤灰取代水泥量对腻子性能的影响[23]

粉煤灰添加量/%	10	20	30	40
稠度/cm	6.3	6.4	6.5	6.2
施工性	较好	好	好	好
黏结强度/MPa	0.59	0.56	0.54	0.52
塑性裂缝指纹/mm	160.17	69.64	223.73	284.43

通过选用水泥、粉煤灰、石英粉等常用建材并掺入适量纤维素醚、可再分散性胶粉及其他助剂可配制出一种高性能单组分新型水泥基可用于外墙的柔性腻子，成本低廉且符合环保要求，不同掺量粉煤灰的腻子，随着龄期的增加，腻子的强度不断增大，如表3-7所示。此外同样利用粉煤灰为活性填料，乳胶粉为黏结基料，制取了一种质优价廉的建筑用干粉外墙腻子，由表3-8可知，随粉煤灰掺量增大，干粉外墙腻子拌和用水量减小，施工性能变好。这是由于粉煤灰中球形的玻璃微珠的"滚珠"作用使腻子体系的流动性提高，降低了拌和用水量，改善了施工性能[25]。

表3-7　不同掺量粉煤灰腻子抗压、抗折强度试验结果[23]

灰砂比	粉煤灰掺量/%	编号	抗压强度/MPa				抗折强度/MPa			
			3d	7d	28d	56d	3d	7d	28d	56d
1:1	5	AF11	25.7	38.7	46.5	55.1	4.5	6.3	7.7	8.1
	10	AF12	24.3	38.4	47.1	56.5	4.7	6.6	7.8	8.0
	20	AF13	25.1	39.7	48.2	59.3	4.4	6.9	7.6	8.7
	30	AF14	24.0	37.6	50.2	60.3	4.5	6.9	8.1	8.9
	40	AF15	23.7	37.9	49.7	597	48	6.1	8.4	9.2
	50	AF16	23.6	38.2	47.5	58.3	4.1	5.9	8.2	8.8
1:2	5	AF21	22.2	28.4	43.4	48.3	4.5	5.8	7.7	8.5
	10	AF22	21.3	26.8	41	45.7	4.2	5.2	7.5	8.7
	20	AF23	17.7	25.9	414	48.1	4.1	5.3	7.8	89
	30	AF24	17.5	24.1	43.6	47.1	3.8	5.3	7.4	9
	40	AF25	13.9	21.5	409	46.2	3	4.6	7.5	8.7
	50	AF26	10.6	18.4	36.9	43.0	2.5	3.9	6.5	8.5

续表 3-7

灰砂比	粉煤灰掺量/%	编号	抗压强度/MPa				抗折强度/MPa			
			3d	7d	28d	56d	3d	7d	28d	56d
1:3	5	AF31	12.7	16.4	28.6	31.3	2.8	3.6	5.8	6
	10	AF32	11.9	17	27.8	30.5	2.5	3.8	5.8	6.6
	20	AF33	11.9	15.3	22.5	30.9	2.3	3.3	63	7
	30	AF34	9.1	13.7	25.4	31.3	1.6	3.5	6.1	6.6
	40	AF35	7.2	12.4	24.7	29.5	1.5	3.4	6.2	6.6
	50	AF36	5.7	11.1	249	27.6	1.3	2.9	6.2	6.5

表 3-8　粉煤灰掺量对腻子性能的影响[25]

项目	粉煤灰掺量/%					
	90	80	70	60	50	40
用水量/mL①	19.4	20.4	20.9	21.9	23.4	24.6
施工性	较好	较好	一般	一般	较差	差
颜色	深灰	深灰	灰	灰	浅灰	灰白

①为 50g 粉料拌和用水量。

　　粉煤灰与其他物质混合也可以制备性能良好的腻子，例如将钢渣与粉煤灰混合一起制备建筑外墙用腻子粉，随着腻子粉中粉煤灰掺量的增加，腻子的黏结强度呈先增加后降低的变化趋势，如图 3-18 所示，这是因为粉煤灰与水泥之间存在协同胶凝作用，这种协同胶凝作用与粉煤灰及水泥之间的配比密切相关。当粉煤灰配比较低时，粉煤灰中的活性硅铝氧化物与水泥水化产生的氢氧化钙碱性物质之间发生火山灰反应生成水化硅铝酸钙胶凝物质，可以增加其黏结强度；当粉煤灰配比较高时，水泥水化产生的氢氧化钙碱性物质不足，生成水化硅铝酸钙胶凝物质减少，因此，需要合理控制粉煤灰和钢渣的占比，才能使制备出的建筑外墙用腻子粉黏结强度和施工性能均呈现良好[26]。

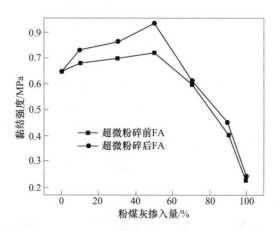

图 3-18　粉煤灰掺量对腻子粉黏结强度的影响[26]

─────── 本 章 小 结 ───────

本章主要从外墙涂料、内墙涂料及内外墙兼用涂料三个方面出发，介绍粉煤灰基功能涂料的制备与发展。通过对粉煤灰基功能涂料的深入研究，进一步了解粉煤灰的应用与发展，也了解内外墙各种功能涂料的原理与作用，同时也深入阐述了绿色建筑涂料的发展意义，为其进一步的发展提供支撑与保障。

思 考 题

3-1　什么是绿色建筑涂料，绿色建筑涂料有什么特点？

3-2　粉煤灰为什么可以制备绿色建筑涂料？

3-3　简述外墙隔热保温涂料的作用与原理。

3-4　简述添加粉煤灰对粉煤灰基外墙隔热保温涂料的影响。

3-5　从太阳辐射的角度来简单叙述保温隔热涂料的原理。

3-6　防火涂料有哪些应用？

3-7　简述内墙调湿涂料的原理及应用。

3-8　相变材料如何选择，相变材料的作用机理？

3-9　内墙抗菌涂料的原理是什么，它可以应用于什么领域？

3-10　腻子的类型有哪些？

3-11　腻子可用于建筑物的什么部位，其组成的关键成分有哪些，分别有什么作用？

参 考 文 献

[1] 徐峰，邹侯招，储健．环保型无机涂料 [M]．1 版．北京：化学工业出版社，2004.

[2] 文健，胡娉．绿色建筑材料对室内空气质量的影响研究 [J]．环境科学与管理，2019，44（9）：100-105.

[3] 朱雪皎．粉煤灰在水性涂料中的应用研究 [D]．淮北：淮北师范大学，2021.

[4] 吴梓轩．水性复合型隔热涂料的制备及性能研究 [D]．广东：华南理工大学，2020.

[5] 中国石油和化学工业联合会．GB/T 25261—2018 建筑用反射隔热涂料 [S]．中华人民共和国国家标准：2019.

[6] 郑楠，宋慧平，薛芳斌，等．建筑外墙隔热保温涂料的实验研究 [J]．山西大学学报（自然科学版），2014，37（3）：461-468.

[7] Arizmendi-Morquecho A，Chávez-Valdez A，Alvarez-Quintana J. High temperature thermal barier coatings from recycled fly ash cenospheres [J]. Appl Therm Eng, 2012, 48 (48)：117-121.

[8] Jadambaa T，Amgalan M，Rickard W，et al. Fly ash based geopolymer thin coatings on metal substrates and its thermal evaluation [J]. J Hazard Mater, 2010, 180：748-752.

[9] 王庆平，王辉，闵凡飞，等．粉煤灰/环氧树脂涂料的制备及防火性能研究 [J]．涂料工业，2015，45（6）：27-30.

[10] 刘登良．涂料工艺上册 [M]．4 版．北京：化学工业出版社，2009.

[11] 王全，唐明．多组分改性水泥基渗透结晶型防水材料的研究 [J]．混凝土，2009（1）：62-66.

[12] 唐明秀，宋慧平，薛芳斌．粉煤灰在涂料中的应用研究进展 [J]．洁净煤技术，2020，26（6）：

23-33.

[13] 傅有为，于国华，李井泉．粉煤灰高聚物防水涂料的研制 [J]．房材与应用，1999（4）：18-19+40.

[14] 唐酞峰．低钙粉煤灰活化制备防水涂料的试验研究 [J]．环境科学与技术，2010，33（12）：133-136.

[15] 万祥龙，王叶，宋风宁，等．改性粉煤灰内墙调湿涂料的制备及其性能 [J]．涂料工业，2015，45（7）：58-62.

[16] 李景润．硅藻页岩内墙涂料调湿及净化甲醛性能研究 [D]．哈尔滨：哈尔滨工业大学，2020.

[17] 王文潜．建筑内墙调湿腻子的制备及其性能研究 [D]．吉林：吉林建筑大学，2020.

[18] 李延华．微胶囊相变材料的制备及其应用研究 [D]．甘肃：兰州理工大学，2012.

[19] 张之秋，刘耀俭．一种水系相变调温隔热涂料及其制备方法 [P]．天津，CN101693807A，2010-04-14.

[20] 张文毓．抗菌剂及抗菌涂料的研究进展 [J]．上海涂料，2017，55（5）：33-36.

[21] 金石．粉煤灰颗粒表面改性负载理论及应用研究 [D]．淮南：安徽理工大学，2019.

[22] 张海军，梁汉东，韦妙．超细粉煤灰在抗菌方面应用研究 [J]．粉煤灰综合利用，2008（2）：48-49.

[23] 丁绪光．高性能单组分外墙腻子的配制与性能研究 [D]．重庆：重庆大学，2009.

[24] 杨兵，梁杨，赵小军，等．粉煤灰在建筑内外墙腻子中的应用概述 [J]．粉煤灰综合利用，2021，35（6）：86-89，130.

[25] 方军良，陆文雄，徐彩宣．用粉煤灰制取建筑用干粉外墙腻子 [J]．新型建筑材料，2003（3）：15-17.

[26] 段德丹，廖洪强，侯昱灼，等．粉煤灰、钢渣基腻子粉的性能对比研究 [J]．粉煤灰综合利用，2020，34（4）：50-54.

4 粉煤灰基粉末涂料

本章提要：

（1）了解粉末涂料的相关概念、优缺点及分类。

（2）熟悉粉末涂料的制备工艺流程。

（3）掌握粉煤灰粉末涂料的制备工艺流程。

4.1 粉末涂料概述

4.1.1 粉末涂料概念及特点

粉末涂料一般是由树脂、固化剂、填料和助剂等组成，其中树脂包括热塑性树脂和热固性树脂两种，助剂包括流平剂、消光剂、增光剂、紫外光吸收剂、防针孔剂和粉末松散剂等，固化剂和填料因原料不同而起到不同的作用。在粉末涂料配制时，往往按需要选择其中的一种或几种。

粉末涂料中100%为固体成分，使用过程中主要以粉末形态进行涂装并在工件上形成保护膜。粉末涂料因具有色彩鲜艳、坚固耐用，涂料利用率高、健康环保、可回收利用等特点，在很多领域广泛应用。另外，相对溶剂型涂料而言，粉末涂料少有或没有挥发性有机物（VOC）的释放，无味，对人体及环境的污染较小，因此，粉末涂料已逐渐成为各类涂料中不可或缺的组成部分。当下，粉末涂料的市场非常广泛，其应用范围涵盖汽车工业、铝型材、金属家具、建筑材料、采暖散热器、管道防腐、电气绝缘、和一般工业等众多领域，受到广泛认同。

4.1.2 粉末涂料的发展

表4-1记录了历经四十年，中国粉末涂料行业从起步、到成长、到快速发展、到产量位居全球第一的发展历程。表中用大量数据和资料介绍了粉末涂料、原材料（聚酯、环氧、助剂和固化剂）、制粉设备等行业的发展情况，以及重要企业和科研机构在其中所发挥的作用，指出促进全球粉末涂料行业的技术进步和发展成为今后的目标。

表4-1　粉末涂料的发展[1]

发展阶段	发展时间	主要事迹	重要意义
起步阶段	20世纪70年代	1973年9月，当时的化工部涂料工业研究所利用引进的法国SAMES公司第一代静电粉末喷涂设备开始了静电粉末涂料的研究，工作重点是以国内既有原材料为基础的环氧粉末涂料和聚酯粉末涂料	粉末涂料在我国涂料行业崭露头角，成为新兴行业，但是仍处于引进进口设备和学习阶段

发展阶段	发展时间	主要事迹	重要意义
蓬勃发展	1984 年	粉末涂料从球磨粉碎工艺改成直接机械粉碎工艺,解决了球磨工艺粉末涂料粒度过细这一瓶颈问题	拉开了我国粉末涂料行业技术引进和国产化的序幕
	1985 年	江苏无锡成立无锡市曼德粉末涂料有限公司,该生产线技术先进,投产当年便取得显著效益	国内第一家引进国外软件技术和硬件生产设备的公司
	20 世纪 90 年代以后	有公司开始在助剂和 TGIC 固化剂供应上崭露头角	粉末涂料助剂国产化出现领头羊
未来展望	进入 21 世纪后	国民经济的快速发展为粉末涂料与涂装行业提供了巨大的增长空间,我国粉末涂料与涂装行业一跃发展成为全球最大的粉末涂料生产国和使用国,我国粉末涂料销售量占全球的 50% 以上	中国在全球粉末涂料行业的重要地位已是毋容置疑,自主创新解决行业发展的关键技术是今后中国粉末涂料行业肩负的世界责任

4.1.3 粉末涂料的优缺点

粉末涂料作为涂料中新崛起的涂料类型,因其环保、节能等优点,被越来越多人重视,与其他类型涂料相比较,粉末涂料具有如下优点:

(1)涂料的利用率高,喷逸的粉末涂料可以回收再用,如果回收设备的回收效率高时,涂料的利用率可达 99%,可以大量节省有限的资源;

(2)绝大多数粉末涂料不含有机溶剂和水,可以避免有机溶剂带来的大气污染和水性涂料的水处理问题,是环境保护型涂料产品;

(3)喷涂施工效率高,一次涂装涂膜厚度较厚,涂膜厚度可以控制,一次涂装可达到 $40 \sim 500 \mu m$ 膜厚,既可以减少涂装道数,提高劳动生产效率,又可以节省能源;

(4)可以避免有机溶剂对人体健康的危害及生产、运输和使用中的火灾危险等问题;

(5)树脂的分量大,涂膜的物理机械性能和耐化学介质性能好;

(6)不需要很熟练的操作技术,容易实施自动化流水线生产。

当然,尽管粉末涂料有许多优点,但是,它也存在今后需要进一步改进和提高的问题。粉末涂料有如下缺点:

(1)不能直接使用溶剂型和水性涂料的制造设备,需要特殊的专用制造设备;

(2)不能直接使用溶剂型和水性涂料的涂装设备,需要特殊的专用涂装设备;

(3)粉末涂料的烘烤温度高,多数为 150℃ 以上,适用于涂装耐热性好的金属等材料的涂装;

(4)粉末涂料适用于厚涂,粉末涂料很难得到小于 $35 \mu m$ 的薄涂层,不适用于薄涂;

(5)在制造过程中,粉末涂料的调色、换色和换涂料品种比较麻烦;在涂装过程中,粉末涂料的换色、换涂料品种也比较麻烦。

4.2 粉末涂料的分类

粉末涂料通常由树脂成膜物、固化剂、填料和助剂等组成,常以固态粉末状态存在,并以粉末状态进行涂装,然后加热熔融流平,固化成膜。

其中,成膜物是粉末涂料的重要组成部分,也是区别于其他涂料的一大重要依据。成膜物又称树脂、黏合剂或基料，它可以将所有涂料组分黏结在一起，形成整体均一的涂层或涂膜，同时对底材或底涂层发生润湿、渗透等相互作用而产生必要的附着力，可以有效提高涂料的光泽度、硬度、防腐性、耐候性、抗冲击性、耐水性及耐酸耐碱性等性能指标。

常见的成膜物主要包括环氧树脂、聚酯、环氧树脂-聚酯混合物、丙烯酸树脂、聚氨酯等。根据不同成膜物的性质，可以将粉末涂料进行简单分类。首先将粉末涂料分为热塑性粉末涂料和热固性粉末涂料两大类，再根据不同的角度，分类结果如图 4-1 所示。

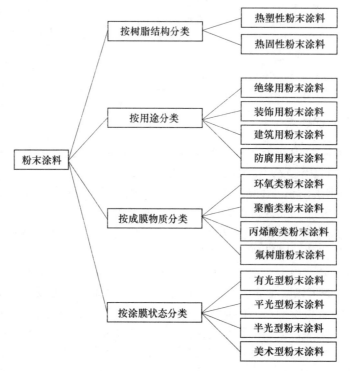

图 4-1 粉末涂料的基本分类

粉末涂料的另一重要组成部分是固化剂，对于不同树脂成膜物的粉末涂料，有不同的固化剂与之对应，且不同的固化剂在涂料中各自起作用，它的使用可使粉末涂料结构转化为三维网状立体结构，形成不熔的高聚物，从而使粉末涂料的机械性能、物理性能、防腐性能和耐化学品性能等更加优良[2]。在使用过程中要求固化剂固化温度低、节省能源，还要求固化剂具有较好的耐水解性、柔韧性、低吸潮性、高渗透性、低黏度和储存稳定等优点。

助剂也是一种粉末涂料的重要组成部分，是改善粉末涂料生产、施工或涂膜等某些性能的一类物质，虽然其添加量和树脂、固化剂及颜填料相比要少得多，但助剂的功能不可忽略。常用到的助剂有流平剂、光亮剂、脱气剂、消光剂、消光固化剂、皱纹剂（精纹剂）、砂纹剂、锤纹剂和花纹剂、润湿剂、松散剂、紫外光吸收剂和防流挂剂等。

不同的粉末涂料填料也有所不同。填料又名填充料，也叫体质颜料，是一类具有一定刚度、强度和遮盖力的无机化合物，多为自然界中的矿物质，最为常见的就是碳酸钙。填料也是粉末涂料配方中的组成一部分，它的主要作用是提高粉末涂层的刚度和强度，也常常因价格低廉，可节约成本而被大量使用。在粉末涂料中，常见的几类填料为硫酸钡、碳酸钙、滑石粉、高岭土、硅微粉、云母粉等。

近年来，煤炭工业产生的粉煤灰、高岭土也作为填料广泛应用于粉末涂料的制备过程。粉煤灰作为煤基固废的一种，对提高涂料的流平性、耐磨性、隔热效果、机械强度等都有一定的效果。因此，将煤基固废作为填料在涂料中的使用具有较强的可行性，不仅可以做到固废的合理回收利用，还对涂料的性能有一定的改善。

根据前文提到的粉末涂料的基本分类，接下来分别对热固性和热塑性粉末中常见的几种含有不同成膜物的粉末涂料进行介绍。

4.2.1 热固性粉末涂料

热固性粉末涂料由热固性树脂、固化剂（或交联树脂）颜料、填料和助剂等组成。热固性树脂固化前具有可溶、可熔和热塑性，通过加热等方法固化时其发生化学反应，转化成不溶、不熔的三维网状结构的固化物，不能再加热塑化和冷却硬化。把各成分经预混合、熔融挤出混合、冷却、破碎、细粉碎和分级过筛等步骤，制成粉末涂料。常见的热固性树脂有环氧树脂、酚醛树脂、氨基树脂、不饱和聚酯等。由于树脂本身的分子量较小，不能成膜，只有在烘烤条件下与固化剂（或交联树脂）起化学反应交联成体型结构后，才成为具有一定物理机械性能和耐化学药品性能的涂膜，因此，每种涂料都有与之对应的固化剂。以下将对部分热固性粉末涂料进行简单描述。

4.2.1.1 环氧树脂粉末涂料

环氧树脂粉末涂料的漆膜附着力、硬度、柔韧性、耐化学药品和导电性能优良，而且还具有优异的反应活性和储存稳定性，非常适于粉末涂料的制备。它有具备各种熔融温度的树脂，易于调节熔融性能；熔融黏度低，易于流平；树脂相对分子质量不高；性质较脆易于粉碎；固化时不产生小分子；体积收缩小；不易产生气泡等优点。它的缺点是室外耐候性差，容易光老化。因此主要用于功能性粉末涂料，即高防腐的粉末涂料，如管道内外壁、汽车零部件、电绝缘涂层、海运集装箱等的涂料。

环氧树脂粉末涂料常用的固化剂包括双氰胺及改性双氰胺固化剂、异氰酸酯类固化剂、酚类固化剂、树脂酚类固化剂、酚醛树脂固化剂、酸酐及酸酐加成物固化剂等。

4.2.1.2 聚酯粉末涂料

聚酯粉末涂料主要是指由端羧基聚酯和交联剂 TGIC 组成的粉末涂料，其反应表示如图 4-2 所示。

由于 TGIC 是一种脂肪族的环氧化合物，因此改善了耐光老化性。为了降低成本，减少 TGIC 的用量，一般采用高相对分子质量的端羧基聚酯。此种涂料所得漆膜光泽高，耐化学药品性、防腐蚀性好，耐候性和保光性都很好，受到广泛关注。

聚酯粉末涂料常用的固化剂包括羟烷基酰胺类固化剂、三聚氰胺树脂固化剂、封闭异氰酸酯固化剂、异氰脲酸三缩水甘油酯固化剂、酸酐类固化剂等。

4.2.1.3 环氧-聚酯粉末涂料

环氧-聚酯粉末涂料是一种以聚酯树脂为固化剂的环氧粉末涂料，也可以说是以环氧

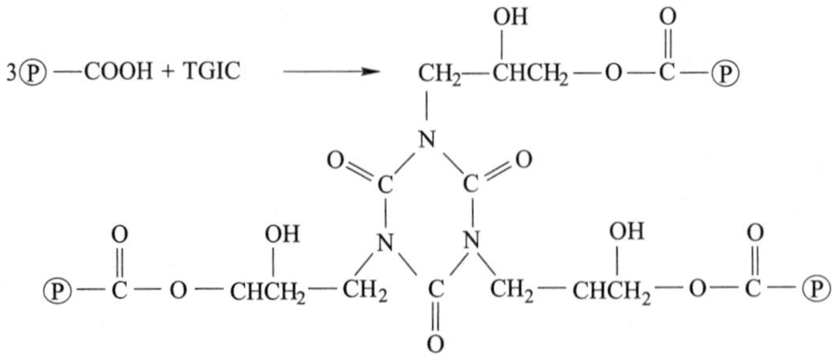

图 4-2　交联剂 TGIC[3]（P 代表聚合物）

树脂为固化剂的聚酯粉末涂料，是现用的产量最大、用途最广的粉末涂料品种。

环氧-聚酯粉末涂料的成膜树脂为双酚 A 环氧树脂和端羧基聚酯的混合物，显示出环氧组分和聚酯组分的综合性能。常用聚酯树脂一般由多元羧酸、酸酐与多元醇缩合和加成制造，常用的多元羧酸和酸酐有苯二甲酸酐、对苯二甲酸、间苯二甲酸、偏苯三酸酐、均苯四酸酐、己二酸、癸二酸等；常用的多元醇有乙二醇、丙二醇、新戊二醇、甘油（丙三醇）、三羟甲基丙烷等。

环氧聚酯粉末涂料在固化过程中，主要是通过提高聚酯树脂中的羧基和环氧树脂中的环氧基的反应活性，同时采用咪唑类、咪唑啉、环脒或叔胺盐等碱性催化剂，这样可以使固化温度降低至 140℃ 或者在 200℃ 短时间固化。常用的固化促进剂有 2-甲基咪唑、三乙基卞基氯化胺、2-苯基咪唑啉等。

环氧-聚酯粉末涂料是一种混合体系涂料，它比环氧粉末防腐性稍差，但是耐候型比环氧型好，比聚酯型耐候性差，但防腐蚀及耐溶剂性好。也是因为它具有较好的物理机械性能、附着力，且喷涂过程不易发黄等特点，它适合在户内使用，例如冰箱、洗衣机、电风扇、机箱机柜、散热器等。

4.2.1.4　聚氨酯粉末涂料

聚氨酯粉末涂料主要指以端羟基聚酯和各种封闭型多异氰酯为成膜组分的粉末涂料，由羟基异胺酯反应生成含甲基结构的聚氨酯交联漆膜。这种粉末涂料有很多的优点，由于封闭型异氰酸都需在高温下解封，因此延缓了粉末涂料的固化，允许在较长的时间进行流平，封闭剂的析出相当于增塑剂可降低熔融黏度，而端羟基树脂一般也都含有一些羧基，可以改善对颜料的润湿性，总之，聚氨酯粉末涂料有突出的流动性。聚氨酯粉末涂料常用的固化剂有异氰酸酯、异佛尔酮二异氰酸酯等。所得漆膜光泽高，耐候性好、机械物理性能和耐化学性能都十分优越，适用于室内外的装饰性薄层涂料及各种工业涂料。

4.2.1.5　丙烯酸粉末涂料

丙烯酸粉末涂料可分为三类：第一类由含丙烯酸缩水甘油酯的丙烯酸共聚树脂和多元酸（固化剂）组成成膜树脂，在高温下由多元酸和缩水甘油基上的环氧基团反应形成交联结构。为了满足粉末涂料制备上的要求，丙烯酸树脂要求有一定脆性。为了保证漆膜的柔韧性，多元酸一般使用长链脂肪族二元酸，如癸二酸、壬二酸等。第二类树脂是由端羟基的丙烯酸树脂和封闭型多异氰酸酯组合。第三类丙烯酸粉末涂料以自交联的丙烯酸树脂为成膜物，自交联基团是通过 N-羟甲基丙烯酰胺，N-（甲氧基甲基）丙烯酰胺、丙烯酰胺、顺丁二酸酐等共聚单体引入共聚物的。

4.2.1.6 丙烯酸-聚酯粉末涂料

丙烯酸-聚酯粉末涂料是近年来才发展起来的新品种，主要成膜物质为缩水甘油基丙烯酸树脂、羟基聚酯和二元羧酸（或封闭型异氰酸酯），通过羧基与环氧基之间的反应交联成膜，可以得到外观平整光滑的涂膜。而且在丙烯酸-聚酯树脂混合体系中，进一步使用封闭型异氰酸酯，可以得到均匀固化涂膜。丙烯酸-聚酯粉末涂料优点有：颜料在树脂中分散性和涂膜的平整性好、涂膜的附着力强，耐冲击性、耐碱性强，对环境污染少等，适用于户外装饰性涂装[4]。

4.2.1.7 丙烯酸-环氧粉末涂料

这种粉末涂料以羧基丙烯酸树脂和双酚 A 型环氧树脂为成膜物质。丙烯酸-环氧粉末涂料与聚酯-环氧粉末涂料比较，涂膜硬度、耐化学药品性能、耐污染性和耐候性等性能都有所改进。在丙烯酸-聚酯粉末涂料中，丙烯酸树脂羧基的官能度较高，其交联密度大，涂膜的硬度高，耐溶剂性能也好。在耐候性方面，虽然丙烯酸树脂也含有芳香族，但是比起聚酯树脂中含有的芳香族含量少，使涂膜的泛黄性和耐光性都有所改进[4]。

4.2.2 热塑性粉末涂料

热塑性粉末涂料是由热塑性树脂、颜料、填料、增塑剂、光稳定剂等组成。热塑性树脂是指能反复加热软化和反复冷却硬化的树脂，该树脂在形态变化时，不发生化学反应。它在软化温度以上时具有可塑性和流动性，冷却至软化温度以下时是固态的。热塑性粉末涂料制备时，将上述组分，经干混合或者熔融挤出混合、冷却、切粒、粉碎，然后分级过筛得到产品。常见的热塑性树脂有聚乙烯、聚丙烯、聚氯乙烯、聚酰胺（尼龙）、氯化聚醚、聚苯硫醚、聚氟乙烯等。下面分别介绍一些主要类型的热塑性粉末涂料。

4.2.2.1 聚乙烯粉末涂料

聚乙烯粉末涂料是最早开发的粉末涂料品种，在热塑性粉末涂料中产量最大，用途也最广。聚乙烯树脂分为高压法生产的低密度聚乙烯和低压法生产的高密度聚乙烯。因为低密度聚乙烯的黏度低，而且涂层的应力开裂小，所以更适合于配制粉末涂料。聚乙烯粉末涂料可用机械粉碎法、溶解沉淀法、乳液聚合法制造，较常用的为机械粉碎法。机械粉碎法是将聚乙烯树脂、颜料、增塑剂、光稳定剂等混合后，经熔融挤出造粒，然后粉碎、分级过筛得到产品。聚乙烯粉末涂料有以下优点：

（1）涂膜的耐水性好，耐矿物酸、耐碱、耐盐和耐化学药品性能优良。

（2）树脂软化温度在 80℃左右，分解温度为 300℃，两者的温度相差大，适用于流化床浸涂和静电粉末涂装法施工。

（3）涂膜的隔热性能和电绝缘性能良好。

（4）涂膜的拉伸强度、柔韧性和耐冲击强度等物理机械性能好。

（5）原材料来源丰富，价格便宜，无毒。

（6）涂膜破损后容易修补。

聚乙烯粉末涂料主要应用于电冰箱食品架、自行车网篮、杂品、电线、不同管径管道内外壁防腐、储槽防腐衬里、玻璃等的涂装。

4.2.2.2　聚丙烯粉末涂料

聚丙烯树脂是结晶形的，没有极性，并具有韧性强、耐化学药品和耐溶剂性能好等特点。聚丙烯树脂的相对密度为0.9，因此用相同质量的树脂涂布一定厚度时，就比其他树脂涂布面积大。

聚丙烯树脂不活泼，几乎不附着在金属或其他底材上面。如果用作保护涂层时必须解决涂膜的附着力问题。如果添加过氧化物或极性强、附着力好的树脂进行特殊改性，可明显改进涂膜的附着力。随着温度的升高，聚丙烯涂膜附着力相应下降。

聚丙烯结晶体熔点为167℃，在190~232℃热熔融附着，用任何涂装法都可以涂装。为了得到最合适的附着力、耐冲击强度、柔韧性和光泽，应在热熔融附着以后迅速冷却，冷却速度对涂膜性能有很大的影响。这是因为聚丙烯树脂是结晶型聚合物，结晶球的大小取决于从熔融状态冷却的速度，冷却速度越快，结晶球越小，表面缺陷小，可以得到细腻而柔韧的涂膜表面。聚丙烯粉末涂料的储存稳定性好，在稍高温度下储存也不发生结块倾向，而且它的耐化学药品性能也比较好，但是不能耐强氧化剂。

聚丙烯粉末涂料主要用于家用电器部件的涂装和化工厂防腐管道和槽的衬里涂装。近年来在制作道路隔离护栏方面应用较多。

4.2.2.3　聚氯乙烯粉末涂料

聚氯乙烯粉末涂料是热塑性粉末涂料中的主要类型之一。这种粉末涂料是用强力干混合法或者经改进以后的强力干混合法制成，然后熔融挤出后常温粉碎或冷冻粉碎，最后过筛分级得到产品。聚氯乙烯粉末涂料有如下的优点。

（1）涂料的颜色配制范围宽，不仅可以配制各种颜色，还可以配制鲜艳的荧光或磷光涂料。

（2）涂膜的耐湿热、耐盐水喷雾、耐酸、耐碱、耐醇类、耐汽油和耐芳烃类的性能好。

（3）涂膜的电绝缘性能很好，最高可耐（4.0~44）×10^4V/mm，即使是浸泡在盐水溶液中也保持其特性。

（4）涂膜耐候性比较好。

（5）涂膜的耐热温度比聚乙烯粉末涂料高，可在71~93℃连续使用，如果调整配方还可以提高，甚至149℃短时间也可以使用。

（6）涂料的原料来源丰富，价格便宜。

4.3　粉末涂料的制备与涂装

粉末涂料的制备方法按照是否有液态溶剂加入大致分为干法制备和湿法制备两种方法。其中，干法制备又包括干混合法和熔融混合法两种，湿法制备包括蒸发法、喷雾干燥法和沉淀法等，另外，近年来，在原有方法基础上，人们又发现了较为理想的超临界流体制备粉末涂料的方法，在目前能实现超临界条件的流体中，超临界二氧化碳具有无毒、不燃烧、可回收、环境友好等特点，由于其超临界条件容易达到，且具有很强的溶剂化能力和良好的传质性能，目前应用较为广泛。下面将对各方法进行详细介绍。

4.3.1　粉末涂料制备方法

由于粉末涂料一般以粉末状态存在，且不含有机溶剂，所以制备过程区别于其他涂料，根据制备过程中有无溶剂加入可以将制备方法分为干法制备和湿法制备。

4.3.1.1　干法制备粉末涂料

粉末涂料的干法制备包括干混合法和熔融混合法两种，其中干混合法是最早采用的最简单的制造方法。由于制造方法过于简单，现已较少使用。按这种方法，先将原料按配方量称量，然后用球磨机等混合设备进行混合和粉碎，最后经过筛分级得到产品。另外，由于干混合法制造的粉末涂料颗粒，都以原料成分各自的状态存在，所以在使用过程中，多采用静电喷涂法，由于各种成分的带静电效应不同，吸附上去的涂料组成与原涂料组成有较大差别，所以很难将涂料回收再用。

熔融混合法是干法制粉末涂料的另一种方法，该制造过程不需要用液态溶剂或者水，只需将固态的聚合物、颜料、助剂等熔融混合后粉碎加工而成，其设备和塑料加工设备相近。熔融混合法的制备工艺流程如图 4-3 所示，包括如下几个步骤：配料、预混合、熔融混合挤出、压片冷却粗粉碎、细粉碎、分级过筛、成品包装。

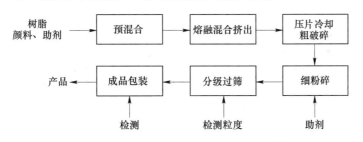

图 4-3　熔融混合法制备粉末涂料流程图[5]

其中熔融混合挤出是最关键的步骤，物料在挤出机内要经受进料、压缩、塑化、混合、分散诸阶段。在挤出机内物料必须得到充分混炼，但不能发生局部的固化反应。

4.3.1.2　湿法制备粉末涂料

相较于干法制备，湿法制备过程中多了配制溶剂型涂料这一步骤，因此，在制备结束后要注意对有机溶剂的去除和回收。湿法制备分为蒸发法、喷雾干燥法[4]和沉淀法三种。其中，蒸发法的基本工艺流程为：配制溶剂型涂料→薄膜蒸发或减压蒸发以除去溶剂得到固体涂料→冷却→破碎（或粗粉碎）→细粉碎→分级过筛→产品。用蒸发法制造的粉末涂料颜料分散性好，但是工艺流程比较长，大量回收来的溶剂需要处理，往往设备投资大、制造成本高、推广应用受限制。这种方法主要用于丙烯酸粉末涂料的制造，大部分有机溶剂靠薄膜蒸发除去，然后用行星螺杆挤出机除去残留的少量溶剂。

喷雾干燥法也是湿法制造粉末涂料的一种，这种方法的基本工艺流程为：配制溶剂型涂料→研磨→调色→喷雾干燥→产品。这种制造方法的优点有：配色比较容易，可以直接使用溶剂型涂料生产设备，而且设备的清洗比较简单，且在生产中如有不合格产品可以重新溶解后进行再加工，生产出来的产品粒度分布窄，球形的多，涂料的输送流动性和静电涂装施工性能好。但是，这种方法也存在一定的缺陷：制备过程中使用了大量溶剂，因此在防火、防爆等安全方面要求极高，涂料的制造成本也高。

沉淀法是湿法制备的另一种方法，它的基本工艺流程为：配制溶剂型涂料→研磨→调色→借助于沉淀剂的作用，使液态涂料沉淀成粒→分级→过滤→干燥→产品。前面三个工序和喷雾干燥法一样，后面的工艺类似于水分散粉末涂料的制造，在沉淀剂中沉淀造粒，然后分级、过滤，最后干燥得到产品。这种方法适用于以溶剂型涂料制造粉末涂料的场合，所得到粉末涂料的粒度分布窄，粒度分布容易控制。

4.3.1.3　超临界二氧化碳法

熔融混合法有不少缺点，如换品种和换色困难，难以生产要求低温固化及细粒径的粉末涂料。利用超临界二氧化碳作为物料介质或溶剂，用于粉末涂料制备有很好的前景，其一般过程如下：先将粉末涂料的各组分加入带搅拌装置的超临界二氧化碳液体的釜中进行分放或溶解，这样可以达到比熔融混合更好的效果。然后经喷雾在分级釜中造粒并使二氧化碳挥发，最后得到成品。图4-4为超临界二氧化碳法制备粉末涂料的一般流程。

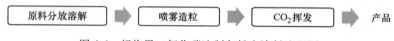

原料分放溶解　➡　喷雾造粒　➡　CO₂挥发　➡　产品

图4-4　超临界二氧化碳法制备粉末涂料流程图

4.3.2　粉末涂料性能

粉末涂料的使用范围较广，为了得到性能优异，而且能满足涂装和应用要求的粉末涂料，在制备过程中要选择合适的成膜树脂和交联剂（固化剂），同时要合理地控制其物理状态和有关物理、化学性质，如玻璃化温度、熔融黏度、反应活性、稳定性、力学性能等，而这些性能的改善又受到制备过程中树脂、固化剂等组成的混合物的苛刻条件的制约。现具体将粉末涂料的性能介绍如下。

4.3.2.1　流变性能

粉末涂料在成膜过程中的流变性质要求与液体涂料不同，为了得到流平性好的漆膜，和液体涂料一样，要求粉末涂料在熔融时要有较低的黏度和较好的流动性。液体涂料可以通过溶剂来调节成膜过程的黏度，但粉末涂料的黏度只能由自身结构和温度来调节。在一定烘烤温度下，为了有较低的黏度，要求粉末涂料的玻璃化温度较低，但是玻璃化温度的降低受到粉末涂料储存稳定性的限制。若玻璃化温度低于55℃，粉末之间容易结块，影响涂布。粉末涂料的流动性好坏常以斜板流动性表示，一般以一定时间、一定温度下的流动距离来表示。在热固性粉末涂料中常加入助流动剂，如聚丙烯酸辛酯和安息香。前者为极性和表面能都低的共聚物，可以在熔融时铺展于表面，帮助流动；安息香可消除针眼和帮助脱气，但作用机理尚不清楚。

4.3.2.2　反应活性

粉末涂料的反应活性必须足够大，以便在烘烤温度下在较短时间内完成反应，形成均匀固化漆膜。反应活性一般以凝胶时间表示，即在一定温度下熔融状态的涂料凝固至不能流动所需时间（一般要求在几分钟到十几分钟之内凝固）。凝胶时间越短反应活性越大。但是粉末涂料的活性又不能太大，否则在制备过程中的混合挤出机中也有可能发生部分反应导致物料黏结，反应活性过高也会影响储存稳定性，反应太快还会影响成膜过程中的流平。

4.3.2.3 粉碎性

粉末涂料在挤出后，需要进行粉碎。要达到较好的粉碎效果，粉末涂料必须要有一定的脆性，但脆性太高，形成漆膜的韧性必然受到影响。脆性的大小和脆折温度及玻璃化温度有关，而脆折温度和玻璃化温度又和相对分子质量大小及结构有关。

4.3.2.4 粒径

粉体的粒径不能太大，因为粒径大小和涂层厚度有关，粒径大，涂层厚。另外，粒径大，粉体的流动性差，特别是用流化床时，粉体不易形成漂浮状；但粒径太小也会引起粉体飞散的问题。一般要求为粉体通过 0.074mm 筛。

4.3.2.5 熔融温度

粉末涂料的熔融成膜必须在熔融温度以上。挤出机温度、被涂物预热温度及烘烤温度的确定都和熔融温度有关。温度太高，树脂可能会热老化使性能变差，可以看到上述的要求都是相互关联的，必须进行全面考虑，才能设计出优良的粉末涂料配方。

4.3.3 粉末涂料涂装方法

粉末涂装的两个要点：一是如何使粉末分散并附着在被涂物表面，二是如何使它成膜。使粉末分散和附在表面的方法很多，下面将做简要介绍。粉末涂料的成膜与液体涂料不同，它在喷涂后固体粒子依靠静电力或熔融附着力，附在被涂物表面，然后要通过烘烤，经热融、润湿流平后固化成膜。

涂装方法主要可分为两大类：粉末熔融涂装法和静电粉末涂装法。根据具体粉末分散的方法不同又可分为喷射法、流化床法及散布法。以下介绍几种典型的涂装方法。

4.3.3.1 静电喷涂法

静电喷涂法是当下应用最广的方法，主要应用于家电产品的表面涂饰，如航空航天、医疗器械、电子元器件、机械设备、建筑施工、零部件生产等领域产品的表面修饰及防腐功能涂层的制备。

静电喷涂的主要原理是：连接着高压静电发生器的喷枪口放电针与接地工件之间形成了一个高压电晕放电电场，粉末涂料在压缩空气的作用下由喷枪口喷出并向工件所处位置飞行，飞行过程中经高压电晕放电区域而带负电荷的粉末涂料在静电力作用下吸附在接地的工件表面，固化后形成涂层。图 4-5 为静电喷涂实际静电吸附过程图。工件初始带正电，图中小圆形即为粉末涂料。第一阶段，带负电荷的粉末在电场作用下飞向工件，粉末均匀吸附在正极工件表面；第二阶段，工件对粉末的静电吸引力大于粉末间的排斥力，粉

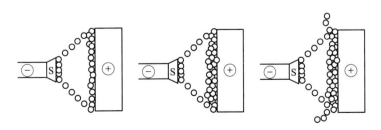

图 4-5 静电喷涂法原理图[6]

末密集堆积，形成一定厚度的涂层；第三阶段，随着粉末沉积层的不断增加，粉层对飞来的粉末排斥力增大，工件不再吸附粉末。

静电喷涂的主要流程包括：表面处理（对待喷涂工件表面进行清洁、除油、除锈等处理操作，提高涂层附着力）→覆盖（对无需喷涂的部位进行覆盖处理）→喷涂（利用喷涂设备进行喷涂）→熔融固化（加热工件，使涂料流平固化）→热处理（淬火或退火处理）→检测（涂层性能检测）→修补（修补缺陷）→清理（取出覆盖物等）。

4.3.3.2　流化床浸涂法

流化床的工作原理是让均匀分布的空气流通过粉末层使粉末微粒翻动呈流态化，气流和粉末建立平衡后保持一定的界面高度，将需涂敷的工件预热后放入粉末流化床中浸涂，得到均匀的涂层，最后加热固化（流平）成膜。

涂装时把预热的待涂物浸入到粉末涂料流化床中，使流化的粉末涂料熔融附着到待涂物上面，然后将待涂物放入烘烤炉进行流平成膜或者流平交联固化成膜。粉末涂料的流化过程，是压缩空气使之通过多孔板，促使粉末涂料处于沸腾流化状态。涂膜的厚度取决于被涂物的预热温度、浸涂时间和被涂物的热容量等因素。

4.3.3.3　流化床静电喷涂法

流化床静电喷涂法是流化床法和静电喷涂法的结合。它的基本原理是在流化床的多孔板下面安装许多电极，当电极上通高压直流电时，流化床中的空气就被电离而带电荷。当带电的空气离子和粉末涂料相碰撞时，发生电荷的转移使粉末涂料带电。这时粉末涂料带负电荷，待涂物接地带正电荷，由于静电吸引力使粉末涂料吸附到被涂物上面。被涂物放入烘烤炉中熔融流平成膜或者流平交联固化成膜。该法在涂装过程中，待涂物不需要预热，可以直接进行涂装，涂装中涂料的损失很少，涂料的利用率很高，涂膜的厚度容易控制，而且涂装设备的投资很少，不需要粉末涂料回收设备，容易实现自动化连续涂装。

4.3.3.4　熔融喷涂法

熔融喷涂法又称作火焰喷涂法，粉末涂料通过高温气体火焰时，被熔融后喷涂到待涂物表面，随后冷却至常温，形成漆膜。此法喷涂过程简单，不要求待涂物必须预热，可用于热塑性涂料的涂装，适用于整件烘烤有困难的大型工件和热容量大的物件涂装。

4.3.4　粉末涂料固化方法

粉末涂料一般以粉末状态存在，想要使其牢固地附着在待涂物上，就需要在涂装过程中，通过各种固化方法，让涂料与待涂物完美结合，以取得最佳涂装效果。粉末涂料的固化方法根据机理不同，可以分为热固化、辐射固化和辐-热双重固化，其中热固化又根据固化温度的高低，分为常规固化和低温固化，辐射固化根据辐射源不同分为紫外光固化和电子束固化。下面将对每一种固化方式进行详细说明。

4.3.4.1　热固化

A　常规固化

常规固化是指在制造粉末涂料的过程中，根据成膜物等不同的涂料类型，向其中加入适当的固化剂（例如环氧粉末涂料常用固化剂为双氰胺类、酚类及异氰酸酯类固化剂等），再调节固化温度为180℃左右进行固化。常规固化按照固化程序不同，可分为一步直接固化法和阶梯温度固化法两种。

B　低温固化

传统热固性粉末涂料须经过 180~210℃/20~5min 高温固化后才能交联形成聚合物网络，使粉末涂料在某些热敏材料上的应用受到限制。不高于 160℃ 的低温固化进行固化的粉末涂料称为低温固化粉末涂料，对于固化温度在 120℃ 以下的粉末涂料通常称为超低温固化粉末涂料。固化过程相当于涂料的成膜反应过程，低温固化即通过降低涂料的反应活化能，使反应在较低温度下，也可以顺利进行。

在研制低温固化粉末涂料时，一般用到的方法如下：

（1）低温交联固化剂：通过向粉末涂料中加入特定的固化剂，使之降低固化温度。常用的固化剂有环氧/咪唑改性酚类固化剂等。

（2）催化剂：特定的催化剂也可降低固化温度，常见的催化剂包括用于与含氧基交联固化的三苯基磷类、盐类等。

（3）特殊树脂：如结晶树脂、光固化树脂等。

4.3.4.2　辐射固化

A　紫外光固化

紫外光固化[7]粉末涂料是一项将传统粉末涂料固化和紫外光固化技术相结合的新技术。紫外光固化克服了传统固化时流平阶段和固化阶段有重合、容易致使涂层不均匀而出现缺陷的问题。紫外光固化粉末涂料的最大特征是工艺上分为两个明显的阶段，涂层在熔融流平阶段不会发生树脂的早期固化，从而为涂层充分流平和驱除气泡操作提供了充裕的时间。

光固化技术主要是将单体混合物转化为三维聚合物网络。紫外光固化作为光固化技术的一种，就是将粉末涂料的多功能单体转化为交联聚合物形成涂层的过程。紫外光照射涂料本身，在反应性光引发剂的作用下，引发一系列连锁反应，从而完成固化。反应机理包括自由基引发的链生长聚合反应和阳离子引发的链生长聚反应两种[8]。紫外光固化具有聚合速率较快，涂层的机械性能、耐热性能、耐溶剂性和耐磨性高等特点。而且，紫外光固化的操作过程不需要较高温度，能耗少，在粉末涂料的固化过程中更具有优势。

B　电子束固化

电子束固化粉末涂料是辐射固化粉末涂料中的一种，它同紫外光固化一样，由含有双键的不饱和聚合物、光引发剂（吸收辐射，引发聚合物交联）及其他助剂组成。但是由于电子束固化费用极高，因此未广泛使用。

4.3.4.3　辐-热双重固化

一方面，热固化操作过程简单，但所需要温度较高；另一方面，辐射固化虽然固化速度快、固化温度低、原材料利用率高，但固化深度受到限制，着色体系应用难度较大，对固化对象形状有一定要求。所以两种固化方式单独存在，都会有一定的不足，辐-热双重固化就是将热引发剂（BPO）引入到辐射固化粉末体系中，使涂层和底层完全固化。双重固化过程中，通常第一步自由基反应为紫外光固化反应，第二步自由基反应既可是紫外光固化，也可以是热固化反应。辐-热双重固化技术对三维物体的涂装极具广阔的前景，如汽车的外装饰、建筑材料装饰等。

4.3.5　粉末涂料涂层性能

根据 GB/T 21776—2008《粉末涂料及其涂层的检测标准指南》，涂料涂层性能主要指的是粉末涂料的耐磨性、附着力、耐化学品力、抗裂能力、角覆盖力、柔韧性、硬度、光泽、抗冲击性、抗阻滞能力、耐湿性、平整度及与底色层和透明涂层的相容性等。下面介绍其中几种重要性能的测试方法。

4.3.5.1　附着力

参照国标 GB/T 9286—2021《色漆和清漆漆膜划格试验》，利用漆膜划格器对涂层附着力进行检测。

具体操作方法是：首先把固化完全的涂层样板固定，将划格器与样板垂直并画出十字样式的划痕，然后透明胶带将其覆盖均匀，最后将透明胶带揭下观察划痕的脱落情况，附着力等级分为 0~5 级，根据评判依据来判断附着力的大小。

4.3.5.2　硬度

根据 GB/T 6739—2006《色漆和清漆铅笔法测定 漆膜硬度》检测涂层硬度性能。

具体操作方法是：在温度（23±2）℃和相对湿度（50±5）%条件下，用特殊的机械笔刀将每支铅笔的一端削去大约 5~6mm 的木头，小心操作，以留下原样的、未划伤的、光滑的圆柱形铅笔笔芯，垂直握住铅笔与砂纸保持 90°角在砂纸上前后移动铅笔把铅笔芯尖端磨平（成直角）。持续移动铅笔直至获得一个平整光滑的圆形横截面，且边缘没有碎屑和缺口，每次使用铅笔前都要重复这个步骤。将涂漆样板放在水平的、稳的表面上，将铅笔插入试验仪器中并用夹子将其固定，使仪器保持水平，铅笔的尖端放在漆膜表面上，当铅笔的尖端刚接触到涂层后立即推动试板以 0.5~1mm/s 的速度朝离开操作者的方向推动至少 7mm 的距离，30s 后以裸视检查涂层表面，看是否存在缺陷。

4.3.5.3　耐冲击性

膜的耐冲击性能指的是抵御外部冲击的能力，是在承受高速率的重力作用下产生快速变形而不呈现开裂或脱落的本领，主要根据 GB/T 1732—1993《漆膜耐冲击测定法》检测涂层耐冲击性能。

具体操作方法是：在（23±2）℃和相对湿度 50%±5% 的条件下，将涂漆试板漆膜朝上平放在铁砧上，试板受冲击部分距边缘不少于 15mm，每个冲击点的边缘相距不得少于 15mm。重锤借控制装置固定在滑筒的某一高度（其高度由产品标准规定或商定）按压控制钮重锤即自由地落于冲头上。提起重锤，取出试板。记录重锤落于试板上的高度。同一试板进行三次冲击试验，用 4 倍放大镜观察判断漆膜有无裂纹、皱纹及剥落等现象。

4.3.5.4　光泽度

根据 GB/T 9754—2007《色漆和清漆不含金属颜料的色漆漆膜之 20°、60° 和 85° 镜面光泽的测定》，采用 60° 光泽度仪测试漆膜光泽。

具体操作方法是：光泽计校准后，对玻璃板上试验漆膜在不同位置，以平行于施涂方向取得 3 个读数，每一系列测试后都以较高光泽的工作参照标准进行校验，以保证校准过程中无漂移。如果各读数之差小于 5 个光泽单位，则记录平均值作为镜面光泽值；否则再读取另 3 个读数，并记录全部 6 个值的平均值和这 6 个值的范围。对于非玻璃底材上漆膜的测量，取 6 个读数（在两个成直角的每一方向各取 3 个），并记录平均值和这些值的范围。在每 3 个读数取得之后都校验较高光泽的工作参照标准的读数，以保证仪器未发生漂移。在涂漆表面上的不同部位，或不同方向（漆膜有方向性纹理的情况如刷痕除外）取 6 个读数。在 3 个读数后校验较高光泽的工作参照标准的读数，以保证仪器未漂移。计算平均值。如果极大值和极小值之间的偏差小于 10 个单位或平均值的 20%，则记录该平均值和这些值的范围。否则，应舍弃该试板。

4.3.5.5 柔韧性

涂层的柔韧性是指涂层在经过一定幅度的弯曲后，不发生破裂的性能，故也叫作涂层的耐弯曲性。如果涂层经过规定的弯曲而不被破坏，就说明这种涂料的柔韧性极好。根据 GB/T 6742—2007《色漆和清漆弯曲试验（圆柱轴）》检测涂层的柔韧性。

具体操作方法是：在温度（23±2）℃和相对湿度（50±5）%条件下，取符合要求的钢板、马口铁或软铝板，涂上待测涂料，将待涂材料放入弯曲试验仪，按照仪器操作要求弯曲试板，注意弯曲时涂层面朝外，将试板放入规定温度测试箱中，测试操作完成后检查试板表面涂层的状态，主要检查因素为涂层是否开裂或从底材上脱落（距试板边缘 10mm 涂层不考虑），以此判断涂层的柔韧性。

4.4 粉煤灰基粉末涂料的研究案例

粉末涂料与涂装是近些年来发展十分迅速的技术与工艺，粉末涂料因为其节能无污染、不含有机溶剂、无 VOC 排放等特点，广泛应用于各行各业。它不以溶剂或者水作为分散剂，而以空气作为分散介质。粉末涂料克服了传统涂料的缺点，涂料以固体形态存在，涂装过程用静电喷枪施工，而且落地的粉末涂料可以回收重新喷涂，理论上基本实现了近 100% 的完全利用。下面将对粉末涂料在各个方面的应用加以举例说明。

4.4.1 粉煤灰基粉末涂料制备方法

4.4.1.1 水分散型粉煤灰粉末涂料

粉末涂料的制备包括熔融混合法、喷雾干燥法、蒸发法等，目前粉末涂料的常用制造方式为熔融混合法，但该法生产粉末涂料时存在机器清洗维修复杂、改换涂料品种与颜色繁琐等缺点。针对以上问题，采用超细环氧树脂粉末与超细粉煤灰为主要原料，水为分散介质，并添加一定量的助剂制备水分散超细粉煤灰基涂料[9]，克服了以上存在的问题。

水分散型粉煤灰粉末涂料的制备工艺为：称取粒径为 $1\sim5\mu m$ 的超细环氧树脂颗粒 50g 置于搅拌容器中，然后依次加入双氰胺、2-甲基咪唑、流平剂、超细粉煤灰及按照水料质量比为（0.8~1）:1 的水，搅拌混合，混合过程中加入涂料体系总质量 1.5% 硅油乳液消泡剂和 0.2g 六偏磷酸钠，充分搅拌后，即得水分散型超细粉煤灰基涂料。

4.4.1.2 干混合法制备粉煤灰粉末涂料

普通的金属合金基体上一般会使用陶瓷涂层，这种涂层在受到机械撞击或者温度发生明显变化时，性能会发生改变，导致界面力学性能变差。而且，这一点还会影响等离子喷涂这种喷涂方法的广泛使用。此外，由于陶瓷涂层与金属热膨胀系数的不一致，还会导致界面处的过渡应力改变[10]、出现断裂脱层等。为了克服这些困难，研制出了粉煤灰预掺入金属铝粉末的等离子喷涂涂层，使得涂层性能明显提高。

所用原材料为粉煤灰和工业级铝粉，用 0.074mm 筛过筛，实验分两组，粉煤灰和铝粉的比例分别为 95：5 和 85：5，充分混合后制成两种不同的复合材料。粉煤灰中 Al_2O_3 含量为 29.33%，SiO_2 含量 58.00%，Fe_2O_3 含量为 5.60%，TiO_2 含量为 1.70%。

4.4.1.3 超临界二氧化碳法制高岭土粉末涂料[11]

利用超临界二氧化碳法制备高岭土基粉末涂料，将单体甲基丙烯酸甲酯（MMA）、单体丙烯酸乙酯（EA）及引发剂偶氮二异丁腈和稳定剂羟基封端聚二甲基硅氧烷（PDMS）先后按照一定的量添加到 15mL 的带磁力搅拌转子的高压反应釜中，搅拌混合均匀后，再将高岭土添加于反应釜内，然后再进行搅拌。向反应釜中分多次定量通入 CO_2，使釜内的氧气排除出来，并控制反应釜的压力在 8~12MPa。在室温条件下不断搅拌，当反应釜内的压力达到稳定时，将其放置在油浴锅中加热。在升温阶段，反应釜中的压力会逐渐升高，当温度达到预设值后，反应釜中的压力也趋于预设值。当反应完成时，将反应釜放入常温水浴锅内，冷却到室温，放出反应釜内的 CO_2，并收集反应产物。

由于我国高岭土资源主要以煤系高岭土为主，大多高岭岩存在于煤层的夹矸或顶底板中，随着煤炭一起被开采出来，以煤矸石山的形式堆存。煤系高岭土白度较高，并具有良好的分散性和耐火性等理化性质，被广泛应用于造纸、陶瓷、涂料和耐火材料等领域。所以将高岭土应用于粉末涂料制备具有较强的可行性。

4.4.2 粉煤灰基粉末涂料的涂装及固化

4.4.2.1 水性涂装粉末涂料

当下最常用的粉末涂料涂装方法主要是静电喷涂法和流化床浸涂法。但是流化床浸涂法浸涂时，工件需要提前预热，预热温度决定了涂层质量；浸塑时还要考虑工件的材质和形状，同时要考虑树脂的熔点和分界点，工人在高温下操作的劳动强度大、工作环境恶劣等。而静电喷涂法易产生法拉第效应，使得涂膜不均匀，对涂料有选择性，使涂着效率不高，高压静电的安全性保障、粉尘使工人工作环境差等[4]。鉴于此，针对常用粉末涂料的涂装缺陷，拟将原粉末涂料与适量的水及微量助剂混合，探索出了一种新的水性涂装工艺制度。

A 涂装

利用水性涂装法对超细粉煤灰涂料进行涂装。先取一定量的混合型粉末涂料，再用烧杯称取一定量水，根据实验总结确定的水粉质量比（0.65~0.75）：1，然后加入体系总质量 1.5%的硅油乳液消泡剂及 0.06%六偏磷酸钠，搅拌配制成混合液。先将部分混合液倒入称好的粉末涂料中，以 400r/min 的转速搅拌，随后在搅拌的涂料中继续缓慢加入剩余混合液。再向水中加入硅油乳液消泡剂、六偏磷酸钠等，搅拌均匀，制成混合液。提前确定水粉比例后，分批将混合液加入粉末涂料中，需要注意的是，混合液加入过程需持续搅拌。金属基片预处理：将尺寸为 100mm×200mm×0.3mm 的待涂装马口铁片用 0.028mm 的水磨砂纸打磨，然后超声清洗 1min；之后用乙醇洗涤，吹干待用。涂膜制板：将预处理好的马口铁片固定在涂膜机上，将涂膜制备器放在涂膜位置上，添加约 4g 已制备好的涂料，调节涂膜机的涂膜速度为 10mm/s，制备涂层。

B　固化

固化方法包括一步直接固化法和阶梯温度固化法。一步直接固化法即将涂层直接放置在鼓风干燥中，180℃高温固化 10~20min，晾至室温，完成固化。阶梯温度固化法将制备的涂层先于 60~90℃环境干燥 3~6min，放置热鼓风干燥箱中，以 10℃/min 升温至 180℃，固化 10~20min 后晾至室温，完成固化待测。

水性涂装后再对涂料进行固化的过程中，当加消泡剂的涂层经一步直接固化时，会因为涂层残留水分瞬间快速蒸发冲出涂层而导致涂层出现大量气孔。因此，通过热重分析来观察涂料在升温过程中水分变化及反应温度区间等情况。根据曲线确立得到阶梯温度固化制度，阶梯温度固化过程的影响因素主要包括蒸发时间、固化温度、固化时间，采用单因素法，研究各因素对涂层性能的影响。

如图 4-6 所示，涂料在 40~90℃的温度区间质量变化较大，因此认为在 40~90℃涂层水分快速蒸发，在 60℃时失质量峰最大，可选择 60℃为蒸发温度点。当温度在 120~200℃区间时，再次存在较大质量变化，从 120℃此温度点开始失质量，表明有低沸点物质挥发出来，在 120~200℃区间选择一个最佳烘烤温度点，烘烤一定时间。

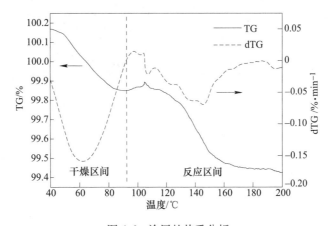

图 4-6　涂层的热重分析

在固化过程中，蒸发时间对涂层性能也有一定的影响。控制其他变量不变的情况下，将涂装好的试板放在温度为 60℃的热鼓风干燥箱，分别蒸发 3min、6min、9min，之后升温至 180℃固化 15min，并与不经过蒸发直接在 180℃固化的涂层作对比，如图 4-7 所示。

由图 4-7 可知，蒸发后再固化的涂层表观较为平整，而无蒸发直接固化的涂层表面有大量气孔，且表面不平整，主要由于短时间内温度升高，水分从涂层内部到表面蒸发出来，造成大量气孔，影响表观。在不影响涂层表观的情况下，考虑到节能及稳定，选择蒸发 3min 为宜。涂层试样板在 60℃蒸发 3min，在蒸发区间上升至 90℃（10℃/min）的过程中相当于还在继续蒸发，经计算，当涂层在 60℃蒸发 3min 再升到 90℃，相当于共蒸发 6min。为了进一步精确蒸发时间范围，选择在蒸发区间不停留，将试样板分别放在 40℃、50℃、60℃、70℃蒸发温度点以 10℃/min 升温速率直接升温至 180℃固化，其对涂层外观的影响如图 4-8 所示。由图 4-8 可知，当蒸发温度为 70℃时，固化后涂层表面有大量清晰气孔且不平整，原因是涂层的水分从室温迅速到 70~90℃环境蒸发，温度骤升导致水分快

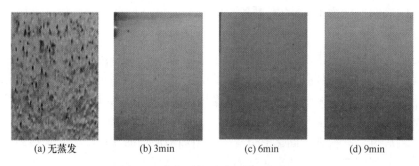

(a) 无蒸发   (b) 3min   (c) 6min   (d) 9min

图 4-7　蒸发时间对涂层外观的影响

速蒸发，造成气孔，最终影响涂层。在蒸发区间，分别从 40℃、50℃、60℃升至 90℃的蒸发时间为 5min、4min、3min，然后升温至反应区间 180℃固化。通过上述实验可确定蒸发时间范围为 3~6min，最后有效蒸发时间选择在 60℃停留 3min。

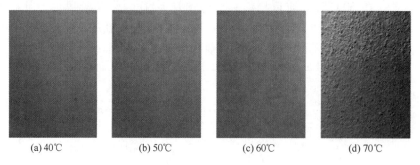

(a) 40℃   (b) 50℃   (c) 60℃   (d) 70℃

图 4-8　蒸发温度对涂层外观的影响

4.4.2.2　等离子喷涂粉末涂料

利用等离子喷涂法进行喷涂。喷涂前，将粉煤灰和工业铝粉充分混合。使用的基材为 3mm 厚、横截面积 50mm×50mm 的不锈钢和铜板，表面粗糙度为 4.0，对其表面进行喷涂。等离子喷涂是用非转移弧等离子炬在 10~20kW 的直流电下，利用不同功率进行的，以氩气作为载气，设置载气流量为 10L/min，粉料进料量为 16g/min，均匀进料喷涂。另外，用 10%N_2 作为等离子体源气，基材与喷涂枪的距离固定在 100mm，进行喷涂。

4.4.2.3　纸张干法涂布粉末涂料

将制备的高岭土基粉末涂料，进行研磨，得到细粉末后用纸张干法进行涂装。图 4-9 为纸张干法涂布技术示意图。

4.4.3　粉煤灰基粉末涂料涂层性能

4.4.3.1　附着力[9]

利用水分散方法制备的粉末涂料，在进行水性涂装的过程中，展示出了一定的优势。如图 4-10 所示，涂层的附着力因为水性涂装明显发生了变化。涂层如果起泡，多是因为局部失去附着力造成的，在水性涂装过程中，消泡剂的种类及其用量对涂层的附着力就有一定影响。在同样的涂料配方中按照涂料体系总质量加入不同用量硅油乳液消泡剂，在阶梯温度制度下固化，系列涂层表观对比如图 4-10 所示。

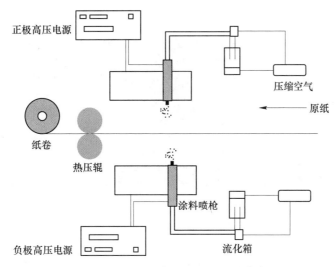

图 4-9　纸张干法涂布技术示意图[12]

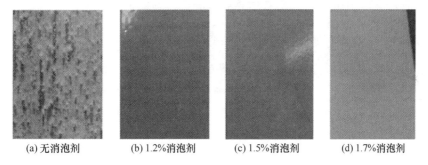

(a) 无消泡剂　　(b) 1.2%消泡剂　　(c) 1.5%消泡剂　　(d) 1.7%消泡剂

图 4-10　不同消泡剂添加量对涂层表观性能的影响

由图 4-10 可知，不加消泡剂的涂层表面存在明显针孔、气泡及划痕，因为无消泡剂的涂料在与水混合过程中混入较多空气形成气泡，这些未破裂的较大气泡在涂膜制备器的推动下产生划痕，涂料内部的细小气泡最终将形成气孔。随着硅油乳液消泡剂的量从 1.2%增加到 1.7%，气泡被消除，涂层表观光滑、平整，均无明显气孔。

消泡剂种类也对涂层的表观性能有一定的影响。实验分别选取硅油乳液消泡剂、磷酸三丁酯、矿物油消泡剂进行对比实验，控制其他实验条件不变，加入量均为 1.5%，研磨搅拌均匀，将所得涂料分别用涂膜机涂装在厚度为 0.3mm 的马口铁板上，在阶梯温度下固化，如图 4-11 所示。

由图 4-11 可知，使用硅油乳液消泡剂的涂层表观平滑、无划痕、无气泡，而使用磷酸三丁酯、矿物油消泡剂的试板表面有气泡拖动造成的明显划痕。这是因为磷酸三丁酯和矿物油消泡剂与水不相容，不能很好地分散在涂料体系中，因此不能完全发挥其消泡效果，所以本章后续实验选择硅油乳液消泡剂。

由图 4-12 可知，从涂层截面（不包括底板）可以看出，超细粉煤灰颗粒被环氧树脂涂膜包裹，表明树脂与填料很好地混合在一起。主要是因为环氧树脂较强的内聚力[13]，并且与固化剂配合，发生良好的交联反应，致使有机超细环氧树脂可以很好地包载无机超细粉煤灰颗粒；也因为有机颗粒与无机颗粒的超细粒径有利于它们更好地混合相容。

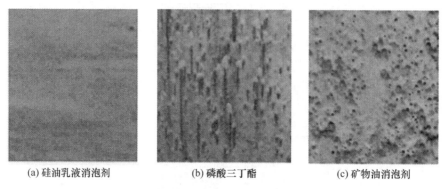

(a) 硅油乳液消泡剂　　　　　　　(b) 磷酸三丁酯　　　　　　　(c) 矿物油消泡剂

图 4-11　不同消泡剂对涂层表观性能的影响

图 4-12　涂层断面 SEM 图

4.4.3.2　热稳定性[11]

利用超临界二氧化碳法制备高岭土粉末涂料，并对所得的粉末涂料进行纸张干法涂布的过程中，发现对粉末涂料的热重有一定的影响。随着温度的逐渐升高，P(MMA-EA) 粉末涂料发生了热失重现象。图 4-13 为在超临界体系中添加不同量高岭土的粉末涂料的热失重曲线图，不论添加高岭土与否，P(MMA-EA) 粉末涂料的热失重曲线变化趋势相似。

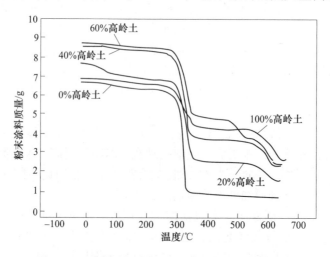

图 4-13　不同高岭土添加量粉末涂料热失重曲线图

随着温度的逐渐升高，P（MMA-EA）粉末涂料的热失重主要分为3个阶段：第一阶段，粉末涂料热降解速度最快，降解量相对较小，主要是部分共聚链段受热降解；第二阶段，这部分的降解量最大，主要是由于粉末涂料中树脂成分的受热降解；第三阶段，主要是添加的高岭土部分受热降解。

图4-14为加入不同量高岭土的粉末涂料的热失重曲线图。可以看出，随着高岭土添加量的增加，粉末涂料达到最大热降解的温度逐渐提高，相比于未添加高岭土的粉末涂料，添加100%（相对于单体）高岭土的粉末涂料中树脂成分的最大热降解的温度提高了8.4%左右，使粉末涂料既具备了良好的成膜性能，又提高了涂料的热稳定性。

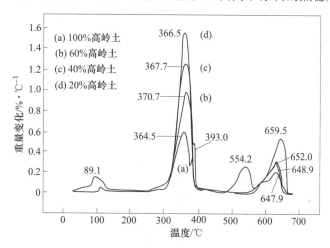

图4-14　不同高岭土添加量粉末涂料差热重量分析图

4.4.3.3　粒径

在上述利用超临界二氧化碳法制备高岭土粉末涂料，并对所得的粉末涂料进行纸张干法涂布的过程时，对有无添加高岭土的两体系的样品进行对比，如图4-15所示。未添加高岭土粉末涂料的平均粒径大小在1μm左右，但粒径分布较宽，且出现了局部颗粒凝聚成团问题而使粉末涂料颗粒变大，而添加高岭土粉末涂料的粒径分布均匀，颗粒的凝聚成

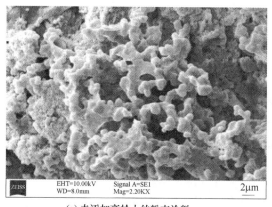

(a)未添加高岭土的粉末涂料

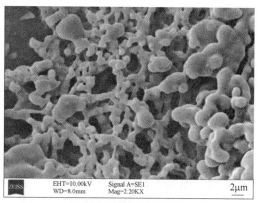

(b)添加高岭土的粉末涂料

图4-15　不同粉末涂料的扫描电子显微镜图[11]

团现象不太严重，这说明高岭土的存在有利于超临界体系中 P（MMA-EA）树脂合成颗粒的均匀分布。

4.4.3.4 光泽度

涂层表面是否光滑无颗粒，即涂层表面的粗糙程度，也是判定涂层光泽度的标准之一。将粉煤灰和工业铝粉用干混合法制成粉末涂料，再利用等离子法喷涂，在此过程中，对涂层的表面粗糙度有一定的影响，如图 4-16 所示。根据等离子喷涂过程中液滴斜向溅射及扩散行为理论，厚涂层喷涂时由于出现了畸形飞溅现象，表面粗糙度相对较高。这是因为在等离子喷涂过程中，厚涂层颗粒未完全熔化，颗粒冲击基体表面时，由于涂层阻力发生了低速运动，表面有大量未熔化的颗粒嵌入片层中，这种低的碰撞速度导致涂料粒子分布；使得粒子没有完全飞溅，造成了重叠覆盖，导致表面粗糙较高。相比之下，薄涂时，具有高动量的熔融粒子沉积在基体表面时，高动量使涂料粒子更均匀地分布，从而减少了碎片内滞留的气体数量，形成了较低的表面粗糙度。

(a) 表面粗糙度高   (b) 表面粗糙度低

图 4-16　粉煤灰沉积涂层的 SEM 图[14]

—————— 本 章 小 结 ——————

本章介绍了一般粉末涂料和粉煤灰粉末涂料，从制备、涂装、固化等各个方面详细阐明，并对各个方法的具体步骤进行了详细说明，在帮助大家学习粉末涂料制备方法的同时，为粉煤灰资源的合理利用提供了新的思路。

思 考 题

4-1　简述粉末涂料的特点及分类。

4-2　列举出粉末涂料的涂装方法及固化过程。

4-3　简要阐明静电喷涂法的原理及过程。

4-4　列表说明不同种类的粉末涂料所使用的固化剂类型。

4-5　阐述静电喷涂的主要原理及原理示意图。

4-6　除了粉煤灰还有哪些固废可作为资源应用于粉末涂料的制备，试查阅资料并列举。

参 考 文 献

［1］ 刘泽曦. 中国粉末涂料 40 年发展历程［J］. 中国涂料，2019，34（2）：12-25.

［2］ 武芸，肖资龙，王丽朋. 粉末涂料固化剂的研究进展［J］. 山东化工，2017，46（1）：46-48.

［3］ 洪啸吟，冯汉保，申亮，等. 涂料化学［M］.3 版. 北京：科学出版社，2019.

［4］ 南仁植. 粉末涂料与涂装技术［M］.3 版. 北京：化学工业出版社，2014.

［5］ 秦瑞，肖蕊丽. 一种重防腐蚀环氧粉末涂料的制备［J］. 材料保护，2019，52（4）：129-133.

［6］ 李文渊. 低温固化环氧粉末涂料及 MDF 粉末静电喷涂工艺研究［D］. 广州：广东工业大学，2015.

［7］ Dominika C J，Barbara P Pitera. Progress in development of UV curable powder coatings［J］. Prog Org Coat，2021，158（9）：106355.

［8］ Jones F N，Nichols M E，Pappas S P. Organic Coatings. Science and Technology［M］. New York：Wiley，2017.

［9］ 解文圣，宋慧平，程芳琴. 水分散型超细粉煤灰基涂料［J］. 涂料工业，2020，50（4）：41-45.

［10］ Mishra S C，Rout K C，Padmanabhan P，et al. Plasma spray coating of fly ash pre-mixed with aluminium powder deposited on metal substrates［J］. J. Mater. Process Tech.，2000，102（1-3）：9-13.

［11］ 杨仁党，程峥，陈国伟，等. P（MMA-EA）/高岭土粉末涂料的制备及表征［J］. 功能材料，2014，45（21）：21103-21106，21111.

［12］ 冯晓静. 纸张干法涂布技术［J］. 中华纸业，2009，30（22）：103.

［13］ 安庆雷. 环氧树脂基粉末涂料配方优化及性能研究［D］. 济南：山东大学，2012.

［14］ Kang C W，Ng H W. Splat morphology and spreading behavior due to oblique impact of droplets onto substrates in plasma spray coating process［J］. Surf Coat Technol，2006，200（18-19）：5426-5477.

5 粉煤灰基防腐涂料

本章提要：
(1) 掌握腐蚀产生的原因和涂料防腐的机理。
(2) 了解粉煤灰作为填料的优点及其所起到的作用。
(3) 掌握防腐涂层的制备流程，及其几种重要的性质和监测方法。

5.1 腐蚀现象及防腐涂料

腐蚀现象是指（包括金属和非金属）在周围介质（水、空气、酸、碱、盐、溶剂等）作用下产生损耗与破坏的过程。腐蚀问题遍及国民经济和国防建设的各个领域，大量的金属构件、装备和设施因大气腐蚀而影响其服役寿命甚至直接失效，给我国经济带来巨大的经济损失与人员伤亡。

5.1.1 腐蚀现象及防治措施

5.1.1.1 混凝土腐蚀现象

混凝土的典型特性是易生产和浇筑；抗冲击、抗压、耐磨性较好；但是由于伸长强度差，需使用钢筋骨架来改善，即钢筋混凝土。混凝土通常需经过 28 天固化后方可达到应具备的物理力学性能。但是钢筋腐蚀破坏造成的直接、间接损失之大远远超出人们的意料，在欧美发达国家已构成严重的财政负担。

钢筋混凝土结构在生产环境中往往存在多种酸、碱、盐等腐蚀性介质，形成了严重腐蚀的隐患。例如，海洋工程中广泛使用的钢筋混凝土结构因腐蚀引起破坏的情况尤其严重。除海洋环境本身属于强腐蚀环境因素外，从设计到施工的监管等诸多环节都有很大的防腐改善空间。尽管国内现行的《工业建筑防腐蚀设计规范》中规定了一系列钢筋混凝土结构设计防护方法及措施，但由于市场经济中投资与回报等因素，往往影响设计与施工单位的意向，防腐蚀形势仍不容乐观，需要投资方、设计、监理、涂料供应商及施工单位通力合作，把防腐蚀工作做好。

影响混凝土结构耐久性的因素可分为内因和外因两个方面。内因即混凝土自身抵抗侵蚀和风化的能力，主要包括混凝土的水灰化、钢筋保护层厚度、最大裂缝宽度、混凝土的搅拌与浇筑工艺及养护质量等；外因即外部环境条件，如空气中各种有害气体含量、湿度及温度等。

物理作用主要是指在没有化学反应发生时，混凝土内的某些成分在环境因素的影响下，进行溶解或膨胀引起混凝土强度降低，导致结构破坏。

环境中的各种腐蚀介质如 CO_2、Cl^-、SO_4^{2-}、Mg^{2+} 等进入混凝土内，与之发生化学反应，造成化学腐蚀。

氯离子的侵蚀、氯盐腐蚀是沿海混凝土建筑物和公路腐蚀破坏最重要的原因之一，氯盐既有可能来自外部的海水、海风、海雾、化冰盐，也有可能来自建筑过程中使用的海砂、早强剂、防冻剂等。它可以和混凝土中的 $Ca(OH)_2 \cdot 3CaO \cdot 2Al_2O_3 \cdot 3H_2O$ 等发生反应，生成易溶的 $CaCl_2$ 和带有大量结晶水、比反应物体积大几倍的固相化合物，引起混凝土的膨胀破坏，反应式如下：

$$2Cl^- + Ca(OH)_2 \longrightarrow CaCl_2 + 2H_2O \tag{5-1}$$

$$2Ca(OH)_2 + 2Cl^- + (n-1)H_2O \longrightarrow CaO \cdot CaCl_2 \cdot nH_2O \tag{5-2}$$

$$3CaCl_2 + (3CaO) \cdot Al_2O_3 \cdot 6H_2O + 25H_2O \longrightarrow 3CaO \cdot Al_2O_3 \cdot 3CaCl_3 \cdot 31H_2O \tag{5-3}$$

更为严重的是氯离子一旦渗入混凝土内部并吸附于钢筋钝化膜处，达到一定浓度（即临界值）时，pH 值迅速降低，局部钝化膜开始受到破坏。由于氯离子破坏钝化膜使钢筋局部表面露出了铁基体，与尚完好的钝化膜区域之间构成电位差，铁基体作为阳极，钝化膜区域作为阴极，混凝土中的水或潮气作为电解质构成了一个腐蚀电池，钢筋开始发生点蚀，由于小阳极对应于大阴极，点蚀会迅速发展，降低结构物的强度和耐久性。研究表明，氯离子浓度为 $1 \times 10^{-2} g/mL$ 时，电位下降时间为 50s 左右，而氯离子浓度为 $1 \times 10^{-5} g/mL$ 时，电位下降时间为 1500s 左右，在没有氯离子存在的情况下，其电位保持稳定不变。这表明随着氯离子浓度增加，其阳极电位下降时间不断缩短，并迅速达到活化态电位，对钢筋表面钝化膜破坏作用的腐蚀性增强。总之，只要有氯离子存在，对混凝土中钢筋钝化膜的破坏就不可避免，而且这种破坏作用是钢筋腐蚀的首要因素。此外，氯离子还具有阳极去极化作用和导电性，提高了腐蚀电池工作效率，加速电化学腐蚀过程。因此，国外很多文献与规范中都提出在使用混凝土添加剂与施工过程中要尽量避免把含氯离子的物质带进混凝土内部[1]。

5.1.1.2 金属腐蚀现象

目前，比较一致认可的金属腐蚀的定义是："金属材料与周围环境相接触，相互间发生了某种反应而逐渐遭到破坏（或变质）的过程称作金属腐蚀"。在大多数情况下，这种反应属于电化学反应类型，有些情况下则仅仅是单纯的化学反应过程或金属物理变化过程，而两种反应类型共生共存的情况也不少见。

金属腐蚀是普遍存在的自然现象。经过多年的运行，有些钢材及其制品表面锈迹斑斑，钢锭表面的氧化皮、生锈的铁链和管道，都是金属腐蚀的结果。然而，现代科学技术发展表明，金属腐蚀不仅是可以认识的，也是可以控制和减轻的。

腐蚀既可指破坏的现象也可指破坏的过程，这包括固体与液体或气体介质的相互作用。金属分两大类，即黑色金属和有色金属。钢铁及其合金称黑色金属，除此之外的所有金属都属于有色金属。黑色金属的腐蚀产物主要是棕黄或棕红色的铁锈（$Fe_2O_3 \cdot H_2O$），因此钢铁及其制品在大气中的腐蚀通常又称为锈蚀。有色金属在高温等环境条件下受大气、水、土壤中各种化学物质作用而遭到破坏的现象也称腐蚀。可见，腐蚀是广义的，对黑色金属和有色金属都适用，而锈蚀更适用于黑色金属在大气中的腐蚀。

腐蚀分为化学腐蚀和电化学腐蚀两类。化学腐蚀是金属和环境介质发生化学作用而引起的腐蚀，在腐蚀过程中无电流产生，金属在非电解质溶液和有机溶剂中的腐蚀即属于这一类腐蚀。电化学腐蚀是金属和介质发生电化学反应而引起的腐蚀，在腐蚀过程中有隔离的阴极区和阳极区，电流可通过金属在一定的距离内流动，例如金属在各种电解质溶液（如海水、土壤、酸、碱、盐溶液等）中的腐蚀。金属的电化学腐蚀如图 5-1 所示。

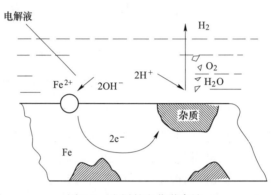

图 5-1　金属的电化学腐蚀

以大气腐蚀中最常见的氧腐蚀为例，其产生腐蚀的微电池可表示为：

$$Fe/O_2（阳极）；H_2O/C（阴极）$$

在阳极，铁原子失去电子，被氧化成 Fe^{2+}，即：

$$Fe - 2e^- \longrightarrow Fe^{2+} \tag{5-4}$$

在阴极，氧原子获得电子，并与水分子结合形成 OH^-，即：

$$O_2 + 2H_2O + 4e^- \longrightarrow 4OH^- \tag{5-5}$$

腐蚀电池的总反应为：

$$4Fe + O_2 + 2H_2O \longrightarrow 2Fe_2(OH)_2 \tag{5-6}$$

$$4Fe(OH)_2 + 2H_2O + O_2 \longrightarrow 4Fe(OH)_3 \tag{5-7}$$

$$2Fe(OH)_3(Fe_2O_3 \cdot H_2O) \longrightarrow Fe_2O_3 + 3H_2O \tag{5-8}$$

$Fe_2O_3 \cdot H_2O$ 及其脱水化合物 Fe_2O_3 是人们常见的红褐色铁锈的主要成分。

从能量变化的观点来看，金属在受到电化学腐蚀之后，把存在于其内部的化学能转变成电能而放出；因此，腐蚀的过程是金属从热力学不稳定的原子态，转变成热力学稳定的离子态，即金属的能量降低的过程。因而这是一个自发发生的过程。可见，要防止钢铁生锈，就必须设法阻止其表面腐蚀电池的电化学反应过程发生，或者用另一种电极电位更低的金属原子（例如锌原子）代替铁原子作为阳极，而铁原子则作为阴极而受到保护[2]。

5.1.1.3　防腐蚀措施

防腐蚀的方法很多，如何选取最佳防腐蚀方案，应充分研究化工设备所处的环境，这些环境大体包括户内户外的大气、冷水、土壤、海水、气体、化学药剂、泥浆等，也就是这些环境成为了腐蚀环境。环境处理的方法就是使环境在不影响工艺的范围内变化从而降低腐蚀性。

在设备表面涂漆是最常见、直观的一种防腐蚀方法，目前使用的防腐漆料大多为油料涂漆，如邻苯二甲酸树脂、酚醛树脂、环氧树脂、聚乙烯醇缩丁醛+磷酸等。为了能达到良好的防腐目的，除了对漆膜的漆刷能力、防锈能力、机械性质、漆膜的老化等有严格要求外，还得对涂漆对象的材质、形状、表面状态、施工环境及使用条件等有充分的了解。

用耐腐蚀性好的金属覆盖结构材料表面。在覆盖这层材料时一般采用塞焊及点焊衬里、带状衬里焊接（将覆盖金属切长方形焊接在母材上）、金属复合法（铸造、压延、爆炸复合、堆焊）。此种方法因其覆盖层防腐性能好且厚，故其有较长的寿命，但对厚度、间距、焊接性能、加工工艺等要求十分严格苛刻，避免由于覆盖层与母材之间的性能差异产生不良现象。用电位比母材低的金属覆盖表面，将其作为牺牲阳极，达到防腐效果。这种方法一般包括均匀镀铅法、喷镀法、热浸镀等。在化工设备中大多因其加工效率低、覆盖层薄及在使用上的局部性且防腐寿命短等缺点而不常使用。

涂料防腐蚀已有很久的历史，因为它可供选择的品种多，能适应多种用途，所以至今仍然是应用最广泛的保护方法。随着石油化学工业的发展，涂料工业已形成以合成树脂和无机材料为主体的精细化工行业，能生产包括各大类千余个涂料品种。在使用条件、耐腐蚀性、涂装工艺和价格成本方面均有适当的品种供选择。

涂装工艺方便，尤其适应面积大、结构造型复杂的设备和工程的保护，有的工件可在工厂的作业线上涂装，有的也可以在设备的使用现场或工程工地进行。涂层的修整、重涂和更新都较容易，可以在设施和工程不停止生产和运行的情况下进行施工。

颜色齐全，能满足不同工程的规范要求，在一些复杂的环境中（如工厂区的供料、供热、供水管线）便于标记、区分和检查。

在一般情况下，涂料防腐蚀不需要贵重的设备仪器，涂料成本和施工费用低于其他防腐蚀措施。但是，由于涂层较薄，机械强度低，在使用中容易被损伤，对高温和强腐蚀介质的耐受性有限，所以在高温、强腐蚀介质及经常磨损和经受外力的场合，涂料防腐蚀受到一定的限制。

由于防腐材料防腐性能较好且经济，故在化工防腐中得到广泛应用。这类有机衬里材料有热塑性树脂如聚氯乙烯树脂（PVC）、聚四氟乙烯等，热固性树脂如酚醛树脂、环氧树脂、呋喃树脂、聚酯、乙烯酯树脂等和不透性石墨。在选择和使用有机衬里时，必须认真考虑其耐药品性、耐热性、耐水蒸气扩散性、附着性、机械性能等。

电防腐蚀是对金属表面的局部腐蚀电池从外部通上直流防腐蚀电流，使局部电池内的腐蚀电流消失而成为防腐状态的方法，换言之，就是借助防腐电流使金属的电位下降到其稳定区域[3]。

5.1.2 防腐涂料基础

5.1.2.1 防腐涂料简介

防腐涂料，一般分为常规防腐涂料和重防腐涂料，是油漆涂料中必不可少的一种涂料。常规防腐涂料是在一般条件下，对金属等起到防腐蚀的作用，保护金属件使用的寿命；重防腐涂料是指相对常规防腐涂料而言，能在相对苛刻腐蚀环境里应用，并具有能达到比常规防腐涂料更长保护期的一类防腐涂料。

目前防腐蚀涂料品种很多，随着技术的不断进步、环保法规的日益强化和工业防腐蚀要求的提高，许多性能差、档次低的品种不断被淘汰，代之以性能更好，甚至于水性化的产品。而涂料性能的优劣主要来自成膜物质性能的优劣。

近年来，我国防腐涂料的产销量和技术性能都有大幅度的提高。低碳经济、节能减排、绿色环保将是防腐涂料发展的方向。如环氧树脂难溶于水，易溶于有机溶剂，而有机溶剂价高、有毒、易挥发，造成资源浪费和环境污染。因而，水性环氧防腐涂料、无溶剂环氧防腐涂料和高固分环氧防腐涂料的研究成为热点；以复合磷酸盐防锈涂料为基础的防腐涂料可代替含红丹等重金属颜料的防腐底漆等，避免使用污染重、含重金属颜料的有毒防腐底漆；开发低表面处理技术、节能减排涂装新工艺、新技术等都是近年来的研究热点。

随着经济的不断发展，重防腐涂料的技术含量、规模、品种等都将得到不断提升，同时，涂料的市场竞争规模也必将扩大。在此背景下，国内涂料行业生产厂家任重道远，应遵循绿色、环保、高效、节能的理念，大规模发展无污染、低成本的防腐涂料。

5.1.2.2 涂料防腐原理

采用涂料防腐蚀，从作用原理上可分成三方面：阳极钝化作用、阴极保护作用和涂层屏蔽作用。下面就各种控制作用作具体论述。

涂料的阳极（钝化、缓蚀）作用：涂层中含有具有缓蚀、钝化的化学型防锈颜料，当有微量水存在时，颜料就会从涂层中解离出具有缓蚀功能的离子，通过各种机理使腐蚀电池的一个电极或两个电极极化，抑制腐蚀的进行。

涂膜的阴极保护作用：如果涂层中含有对被保护金属来说能成为牺牲阳极的金属颜料，且金属颜料的含量很高，使涂层中金属微粒之间，金属微粒与被保护金属之间达到电接触的程度，就能使基体金属免受腐蚀。例如，保护钢铁材料常用的富锌底漆的功能就是这样。

涂膜的屏蔽隔绝作用：涂层的屏蔽作用在于使基体和环境隔离以免被腐蚀。根据电化学腐蚀原理，带涂层保护的金属会发生腐蚀，是因为在涂层和金属的界面存在水、氧、离子等，且存在离子流通（导电）的途径。因此，要防止金属发生腐蚀，就要求涂层具有屏蔽隔绝作用，阻挡水、氧和离子从外界腐蚀环境渗透过涂层而到达金属界面。所以涂层屏蔽隔绝作用的优劣取决于涂层的抗渗透性。当然，任何涂层，不论是有机的或无机的，都有一定程度的渗透性，所以涂层的屏蔽隔绝作用不可能是绝对的[4]。

涂层能够渗透于混凝土孔隙中并将其表面改性为疏水性表面。但这类材料仅在孔隙表面覆盖，不会对孔隙造成封闭，因此它在多种腐蚀环境都存在抗渗透性能不佳的问题。混凝土表面形成一层致密的防腐层，可有效阻挡腐蚀因子在混凝土中渗透，而且还能在混凝土表面形成致密的增强防护层，使混凝土的抗渗透性能、耐腐蚀性能及表面强度明显提高。

5.1.2.3 防腐涂料填料

现阶段防腐涂料中常见的填料包括石英粉、氧化锌、铝粉、云母、高岭土、辉绿岩等物质，由于它们具有一系列特殊的性质，因而提高涂层的防腐蚀能力。石墨烯因其化学稳定性高、抗氧化性能强及独特的化学惰性而受到重视。此外，石墨烯对氧气和水等腐蚀介质还具有极高的抗渗透性，加入到防腐涂层中可以起到较好的物理屏障作用，在防腐涂料中用作防腐添加剂的研究已有一定进展。经过比较，可以直观地发现运用于上述几类防腐涂料的不同类型的填料都有一定的成本与污染性，因此考虑引入煤基固废材料粉煤灰来代替防腐材料中的填料物质。

粉煤灰与传统防腐材料填充剂辉绿岩粉主要化学成分对比如表 5-1 所示。由表 5-1 可知，粉煤灰和辉绿岩共同具有高 SiO_2 和 Al_2O_3 含量。粉煤灰中 SiO_2 和 Al_2O_3 是以硅铝酸盐形式存在的，该物质结构在物理和化学上均具有很高的稳定性，使得以粉煤灰为填料的产品具有较高的稳定性[10]。

表5-1 两种填充剂的成分对比表

名　称	成分/%	
	SiO_2	Al_2O_3
辉绿岩粉	49.5	18.0
粉煤灰	47.7	31.3

粉煤灰本身的性质，如火山灰效应、填充效应，能够改善材料的内部孔隙结构，增加密实度和优化水化产物、增强腐蚀性离子的扩散阻力，提高对腐蚀性离子的物理化学吸附固化能力。此外，粉煤灰中存在耐腐蚀矿相（如莫来石），因而能提高涂层防腐能力，适合作用于防腐蚀涂料[5]。

添加的粉煤灰和水泥的二次水化作用生成的水化凝胶产物在缝隙中，使得涂料孔径减小，结构更细化，阻碍了水分子进入涂料，使得涂层吸水率下降。这是因为粉煤灰的火山灰效应，与水泥接触发生反应生成更为致密的物质，降低了孔隙率，使涂层更加致密，阻碍了氯离子渗透，提高了抗渗性。粉煤灰的加入和涂料中的水泥生成致密的物质水化硅酸钙，阻碍了腐蚀介质水、盐等的进入，粉煤灰的火山灰效应、填充效应及对氯离子的初始固化能力是改善混凝土抗氯离子渗透性能的主要因素[6]。

粉煤灰作为填料和补强剂，使膜的强度得到提高，膜的阻隔性能得到改善。而粉煤灰颗粒作为增强材料，减少了腐蚀条件下涂层的降解。粉煤灰作为填料加强了薄膜的抗应力能力。涂层由于粉煤灰的加入增加了膜的扩散路径，使氧和腐蚀性物质的扩散变得困难，从而提高了膜的耐蚀性。粉煤灰本身含有的 Al_2O_3 和 SiO_2 作为其固有成分，有助于提高其耐腐蚀性。同时，纳米颗粒分散在水泥基涂层中可以起到与传统水泥基涂层相似的效果，并改善其阻隔性能。

5.2 粉煤灰基防腐涂料的制备

在已有研究成果基础上，研究者们采用粉煤灰或者粉煤灰的改性衍生物质作为主要填料，制备出一系列固废基防腐涂料，并对其耐腐蚀性、机械性能等性能做了研究。

5.2.1 粉煤灰基防腐涂料制备流程

防腐涂料的制备流程与之前所述的其他各种涂料的制备流程基本相同，但在本章所述的内容中也会涉及一些粉煤灰的改性或者粉煤灰复合材料的制备，在后文的介绍中都有提及。防腐涂料制备大致流程如图5-2所示。

图5-2 防腐涂料制备流程示意图

5.2.2　粉煤灰基防腐涂料的组成

近几年来，我国防腐涂料的生产制造技术有了很大的进步，低碳经济、绿色环保成为防腐涂料未来的发展方向。目前组成防腐涂料的主要成分有：（1）成膜物质，一般是各种有机树脂和无机材料、植物油、沥青等。在下述固废基防腐涂层制备过程中最常用到的成膜物质是环氧树脂、水玻璃、苯丙乳液；（2）防锈颜料，如锌粉、红丹、铬酸盐类、磷酸盐类等；（3）溶剂，即一些有机溶剂和水；（4）各种助剂等。本章内容主要针对的是固废基的防腐涂料，根据目前的研究现状，以粉煤灰作为涂料中的填料物质。

环氧树脂是指分子中含有两个以上环氧基团的聚合物。结构的可设计性使得基于环氧树脂的多功能材料被广泛研究。环氧树脂通常在液体环境下使用，经过常温固化或加热固化后才能够达到最终的使用要求。固化后的环氧树脂具备尺寸稳定、力学性能良好、电绝缘性能较高及耐受性极强等特性。

苯丙乳液（苯乙烯-丙烯酸酯乳液）是由苯乙烯和丙烯酸酯单体经乳液共聚而得。苯丙乳液是乳液聚合中研究较多的体系，也是当今世界有重要工业应用价值的十大非交联型乳液之一。苯丙乳液附着力好，胶膜透明，耐水、耐油、耐热、耐老化性能良好。

水玻璃，俗称泡花碱，是一种无机物，化学式为 $Na_2O \cdot nSiO_2$，其水溶液俗称水玻璃，是一种矿黏合剂。它是一种可溶性的无机硅酸盐，具有广泛的用途。

无机硅酸钾溶液，无机硅酸钾涂料是无色或微黄色半透明至透明玻璃状物。有吸湿性，有强碱反应，常用于无机涂料的黏结剂。

助剂：防腐涂层中分散剂、消泡剂、流动剂、脱气剂、硬化剂、固化剂、流平剂。

5.2.3　粉煤灰基水泥防腐涂料制备实例

5.2.3.1　环氧树脂防腐涂料

环氧树脂分子结构的特点是大分子链上含有环氧基，全世界每年约有 40% 以上的环氧树脂用于制造环氧涂料，大部分用于防腐领域。环氧树脂涂料是最具代表性的、用量最大的高性能防腐涂料品种。通过极化方法可实现不锈钢颜料与环氧树脂的最优化组合，利用硅酮的耐热性将少量硅酮树脂与环氧树脂混合可制成新的耐热防腐涂料。

A　环氧树脂防腐涂料配方一[7]

配方组成为：吡咯（Acros Organics）、硫酸月桂基钠（SLS）、氯化铁（$FeCl_3$）、空心微珠型粉煤灰粉体（其主要成分为：SiO_2 60%~70%，氧化铝 10%~18%，氧化镁和氧化钾、氧化钠、氧化钙等碱类物质各为 1%~5%）、环氧树脂、流动剂（D-88）、脱气剂、填料（TiO_2 和 $BaSO_4$）。

ppy-粉煤灰复合材料的合成：在 $FeCl_3$ 存在下，对吡咯单体进行化学氧化聚合，合成聚吡咯粉煤灰复合材料。以 10% 的吡咯单体加入粉煤灰作为填料。首先，使用机械搅拌器将飞灰颗粒分散在去离子水中。将 0.05mol/L 十二烷基硫酸钠（SLS）通过连续搅拌添加到上述悬浮液中。其次，缓慢添加 0.1mol/L 吡咯，然后逐滴添加氯化铁溶液（0.2mol/L）。吡咯聚合反应在反应悬浮液中呈现黑色。聚合在室温下进行 4~5h。过滤得到的黑色悬浮液，并用乙醇和水彻底清洗。最后，在 60℃ 的真空下干燥合成的黑色粉末。涂层的原料配比如表5-2所示。

表5-2 原料配比　　　　　　　　　　　　　　　　　（质量分数,%）

编号	ppy-粉煤灰	环氧树脂	流动剂	脱气剂	填料（TiO_2和$BaSO_4$）
1	1	70	2.3	0.7	27
2	2	70	2.3	0.7	27
3	3	70	2.3	0.7	27
4	4	70	2.3	0.7	27

涂层的制备方法：使用实验室球磨机将合成的聚合物复合材料与不同质量分数（1.0%、2.0%、3.0%和4.0%）的环氧粉末涂料配方混合。环氧粉末涂料配方的组成如下：树脂［环氧树脂（双酚A+聚酯）］（70%）、流动剂（D-88）（2.3%）、脱气剂（安息香）（0.7%）、填料（TiO_2和$BaSO_4$）（27%）。使用67.4kV电位下的静电喷枪，将均匀混合的环氧树脂聚合物复合材料涂敷在低碳钢试样上。粉末涂层钢试样在180°C的烘箱中烘烤30min。

B　环氧树脂防腐涂料配方二[8]

配方组成包括：棕榈油、醋酸锌、草酸、丙二醇、二乙醇胺、甲苯、硝酸、硫酸、环氧树脂、3-氨基丙基三乙氧基硅烷（APTMS）、氧化铝。

ZnO-Al_2O_3-粉煤灰复合材料的制备：采用水相沉淀法制备了ZnO-Al_2O_3-粉煤灰复合材料。Al_2O_3和粉煤灰按总批粒度的10%加入。首先在200mL蒸馏水中加入0.05mol二水合物乙酸锌，在磁力搅拌器上保持60℃的温度搅拌，直到得到清澈的溶液。同时，将0.005mol的乙酸锌溶液和0.005mol的二乙醇胺丙二醇溶液搅拌10~15min。5min后，在相同的溶液中加入计算量的Al_2O_3和粉煤灰，在60℃下继续反应。在醋酸锌完全溶解后，反应温度达到60℃时，将0.1mol草酸溶于100mL蒸馏水中，在相同温度下，滴加到醋酸锌溶液中2h。完全加入草酸后，在60℃的磁力搅拌器上继续反应1.5h。反应完成后，将反应混合物冷却，并在60℃的烘箱中干燥，以去除多余的水。干粉在马弗炉中进一步煅烧（600℃）2h。

碳纳米管制备方法：在圆底烧瓶中称取1.0g多壁碳纳米管。加入200mL 68%（质量分数）的硝酸。将混合物与回流装置连接，在室温下搅拌1h，使多壁碳纳米管均匀分散。然后将反应温度提高到70℃，在相同温度下反应24h，在表面生成羧酸基团，合成了羧酸官能团MWCNTs。反应完成后，将反应混合物冷却至室温。将混合物加入蒸馏水中稀释。过滤，分离功能化的多壁碳纳米管，然后用蒸馏水洗涤，去除多余的酸，洗涤至中性。过滤后的残留物在60℃的烘箱中干燥。该涂层的原料配比如表5-3所示。

表5-3 原料配比　　　　　　　　　　　　　　　　　（质量分数,%）

编号	名称	ZnO-Al_2O_3-粉煤灰复合材料	MWCNTs
1	B-1	0	0
2	B-2	5	0
3	B-3	10	0
4	B-4	0	0.25
5	B-5	0	0.5

编号	名称	ZnO-Al$_2$O$_3$-粉煤灰复合材料	MWCNTs
6	B-6	5	0.25
7	B-7	5	0.5
8	B-8	10	0.25
9	B-9	10	0.5

该涂层的具体制备方法：用环氧树脂对合成的聚酯树脂进行固化，确定了聚酯树脂与环氧树脂的配比。测定树脂的酸值为 118mg KOH/g。所使用树脂的环氧当量为 500g/eq。聚酯酰胺树脂首先溶解在二甲基甲酰胺（DMF）溶剂中。将复合材料和功能化碳纳米管添加到树脂中。将混合物超声 0.5h。然后在磁力搅拌器上搅拌 3h，完成 3h 后加入环氧树脂再次搅拌 0.5h。在这一阶段加入适量的溶剂，以达到适合涂在面板上的黏度。氧化锌-Al$_2$O$_3$-粉煤灰复合材料和多壁碳纳米管各批次的变化情况见表，该百分比为黏结剂体系总比例。即 5% 的 ZnO-Al$_2$O$_3$-粉煤灰复合材料，即为聚酯酰胺加环氧树脂的总浓度的 5%。

C   环氧树脂防腐涂料配方三[9]

粉煤灰、氢氧化钠（HPLC）、七水硫酸镁（CDH）、氯化钙（CDH）、二甲苯（Avantor）、环氧树脂和硬化剂。

涂层的具体制备方法：采用磁选法去除未烧炭，用 8mol/L HCl 溶液处理粉煤灰去除铁氧化物。HCl 处理也激活了飞灰的表面。采用传统的碱熔法和水热处理法将粉煤灰转化为 NaY 沸石。将不同比例（2% 和 5%）的沸石颜料在环氧树脂中混合制备该涂料，二甲苯被用作溶剂。

D   环氧树脂防腐涂料配方四[10]

本研究防腐涂料主要原材料组成为：6101 环氧树脂、粉煤灰、溶剂（丙酮）、固化剂（乙二胺）。该涂层的原料配比如表 5-4 所示。

表 5-4   涂料配比

原料	6101 环氧树脂	超细粉煤灰	甲苯	丙酮	乙二胺
用量/g	100	12.75	7.0	适量	6.3

该涂层的具体制备方法：环氧树脂固化剂与环氧树脂发生化学反应，形成网状立体聚合物，其固化反应机理如图 5-3 所示。环氧基与活泼氢金属表面起反应，生成化学键，固化结合力特别强，耐磨性能好。

先将粉煤灰烘干至含水量小于 0.5%，为使所制备涂料易于搅拌均匀，将粉煤灰过 0.63mm 筛，准确称取（精确量 0.5g）100g 环氧树脂置于容器中，加上适量的溶剂，搅拌 10~15min，至环氧树脂全部溶解于溶剂中，添加一定量粉煤灰，继续搅拌 20~30min 直至混合物为均匀物质，制成涂料应密封保存。

在施工前根据用量多少、取上述涂料加入一定量固化剂（乙二胺）搅拌 5~10min，即可进行施工。配料多少主要依施工用量及涂料在固化前能用完为宜。

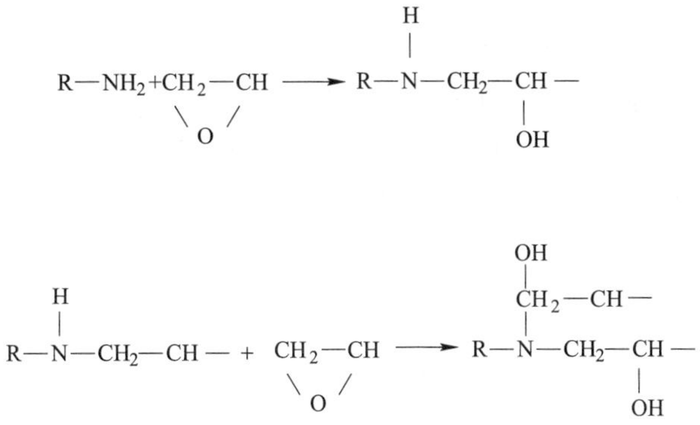

图 5-3　环氧树脂固化反应机理

E　环氧树脂防腐涂料配方五[11]

粉煤灰、乙酸乙酯、硝酸铁和过硫酸铵、苯胺和全氟辛酸、F51 环氧树脂和 905 固化剂（四氢甲基邻苯二酸酐）、Tween 80（由失水山梨醇单油酸酯与环氧乙烷聚合而成，是一种化工原料）。

功能性填料的制备：粉煤灰用高速球磨机球磨 3h，然后在马弗炉中煅烧 6h，过滤干燥备用。2mL 的苯胺在 0.1L 的去离子水中分散 30min。此外，2g 的硝酸铁是在 20mL 去离子水中溶解 30min。在室温下磁力搅拌 6h。然后用吸滤分离制备的杂化物，用去离子水漂洗 3 次。最后，通过冷冻干燥得到聚铁填料。按类似方法可以制备 PANI-S、PANI-Fe-F、FA-PANI-Fe、FA-PANI-S 和 FA-PANI-Fe- F 填料。

涂层的制备：将 PANI-Fe（0.04g）和 Tween 80（0.1mL）加入到乙酸乙酯（20mL）中，超声 15min，得到均匀的溶液。然后加入 F51 环氧树脂（1g）和 905 固化剂（1g）搅拌 30min，用上述溶液喷涂制得涂层。涂层在 120℃ 下固化 12h。然后，喷涂涂层在 180℃ 煅烧 6h 得到 PANI-Fe/EP，简称 PANI-FeC。然后以相似的方法制备可以制备不同填料的环氧涂料，分别命名为 EPC、FAC、PANI-SC、FP-FeC、FPF-SC 和 FPF-FeC。所制备的涂层平均厚度为（90±5）μm。

F　环氧树脂防腐涂料配方六[12]

粉煤灰、环氧树脂、消泡剂、稀释剂、MWCNTS（碳纳米管）、固化促进剂。

涂层的制备：在烧杯中加入所需质量的环氧树脂，再加入 0.8%（质量分数）的消泡剂和 1%（质量分数）的稀释剂，搅拌均匀，加入所需质量分数的粉煤灰和 MWCNTs。机械搅拌 10min 后，加入固化剂（与环氧树脂的比例为 1：1），最后加入 3%（质量分数）的固化促进剂。将混合溶液在 40℃ 水浴中搅拌 30min 后，用线材涂布机均匀地涂布在钢基体表面。通过抽真空去除混合物中的气泡。然后在 120℃ 下固化 2h，最后在室温下固化 20℃ 下固化 12h，得到厚度为（200±3）μm 的环氧树脂复合涂层。

G　环氧树脂防腐涂料配方七[13]

水泥（OPC）、粉煤灰、商用实验室级纳米 CaCO₃ 和纳米 TiO₂、一种自由流动的亚硝酸钠型缓蚀剂、商用的丙烯酸基水泥防水聚合物溶液、金奈 Moon 建筑添加剂。

涂层的制备：在丙烯酸基水泥基防水聚合物溶液中，以 OPC、粉煤灰、纳米材料（1%（质量分数）Nano-TiO$_2$ 和 1%（质量分数）CaCO$_3$ 等比）和纳米缓蚀剂配制了五种不同类型的涂层体系（CPC、CPFC、CPFNC、CPFIC 和 CPFNIC）。聚合物溶液与 OPC/OPC 混合物按制造商推荐的恒定比例混合（聚合物溶液：混合物 = 1：1.5）。先将纳米颗粒混合在聚合物溶液中，然后用超声波充分混合 20~30min，以保证 CPFNC 的适当分散。将水泥和粉煤灰混合物逐步加入混合良好的溶液中，并充分搅拌。然后将缓蚀外加剂加入到 CPFIC 溶液中。纳米颗粒和缓蚀剂与 CPFNIC 涂层中的聚合物溶液相结合。五种涂层的原料比例如表 5-5 所示。

表 5-5 五种涂层的原料配比

编号	涂层名	树脂/mL	水泥/g	粉煤灰/g	纳米颗粒/g	缓蚀剂/mL
1	CPC	50	75	—	—	—
2	CPFC	50	45	30	—	—
3	CPFNC	50	43.5	30	1.5	—
4	CPFIC	50	43.5	30	—	1.5
5	CPFNIC	50	42	30	1.5	1.5

5.2.3.2 无机硅酸盐防腐涂料

无机硅酸盐涂料俗称无机矿物涂料，主要成分是液态硅酸钾和无机氧化金属物。与有机涂料相比，无机硅酸盐涂料具有良好的透气性、抗污染性、耐水、耐碱、耐污染、耐候、绿色环保等综合性能，是符合环保要求的高科技换代产品。无机硅酸盐是最普遍的无机涂料黏合剂。目前无机硅酸盐有较强的黏结力、成膜能力、耐高温、耐老化、且具有原料来源丰富、无污染、成本低廉等优点。涂料中常用的无机硅酸盐成膜物质主要是硅酸钾、硅酸锂、硅酸钠和硅酸铵。

无机硅酸盐防腐涂料配方一[14]：粉煤灰、氢氧化钠、偏硅酸钠（SMS），涂层的原料配比具体如表 5-6 所示。

表 5-6 涂料配比

原料	1 号	2 号	3 号	4 号	5 号
粉煤灰与水之比	4.6	4.8	5.0	5.2	5.4
SMS：NaOH	0.5	1.0	1.5	2.0	2.5

该涂层的制备方法：将粉煤灰与碱水激发剂溶液混合成膏体，制得 5 种组分的地聚合物涂层材料。将水玻璃和氢氧化钠溶于水中（水玻璃：NaOH 的比例为 0.5~2.5），制得碱水激发剂溶液。

无机硅酸盐防腐涂料配方二[15]：粉煤灰、聚丙烯纤维、工业硅钾混合物（质量比：26.4% SiO$_2$，13.1% K$_2$O，60.6% H$_2$O）、硅酸盐水泥（OPC）。该涂层的原料配比：在 SiO$_2$/Al$_2$O$_3$ 摩尔比为 6.0、K$_2$O/SiO$_2$ 摩尔比为 0.20、H$_2$O/K$_2$O/摩尔比为 11.0、液固比为 0.3 的条件下，制备了由 90% FA 和 10% OPC 作为填料的涂层（FA/10OPC）。

涂层的制备方法：将上述各组分在一定条件下搅拌均匀即可。

无机硅酸盐防腐涂料配方三[16]：粉煤灰、硅酸钾水溶液、粒径为 5~10nm 质量分数为 30% 的 AJN-830 纳米二氧化硅胶体溶液、锌粉（平均粒度 5~10mm）、盐酸、氢氧化钠、水合肼。该涂层的原料配比如表 5-7 所示。

表 5-7　涂料配比

样品	锌粉/g	黏合剂/g	Ni-CFA/g	锌的含量/%（质量分数）	Ni-CFA 的含量/%（质量分数）
ZRC	60	7.5	0	88.9	0
Ni-CFA/ZRC	60	7.5	4.8	83.0	6.6

该涂层的制备方法：在粉煤灰（FA）表面涂敷金属镍以提高 FA 粒子的导电性。这样做的主要目的是提高无机硅酸钾的耐蚀性，从而有效降低无机硅酸钾涂层中锌粉的浓度。这种新方法可能为 FA 的改性提供一种新的方法。

将选定的 FA 用盐酸和氢氧化钠交替洗涤三次，然后在 1%（质量分数）HF 溶液中浸泡 10min，以激活 FA 表面。将活化后的 FA 加入液固比为 0.1g/mL 的氨镍溶液中，磁搅拌蒸发得到的混合物。剩余的固体被洗涤，然后在 60℃ 下干燥 24h。得到的样品是 $Ni(OH)_2$ 涂层的 FA。用水合肼在 70℃ 磁场搅拌 1h，将包覆在 FA 上的 $Ni(OH)_2$ 还原，得到的颗粒（Ni-CFA）。

以改性硅酸钾为黏结剂，锌粉和镍-CFA 为防锈填料制备了涂料。将涂层喷涂在钢板上，在 40% 空气湿度的室温下干燥 5min，固化 7 天。涂层厚度为（0.045±0.005）mm。

5.2.3.3　其他类型的粉煤灰防腐涂料

配方一[6]：超细粉煤灰、苯丙乳液、分散剂（六偏磷酸钠）、消泡剂（磷酸三丁酯）。其原料配比如表 5-8 所示。

表 5-8　涂料配比

编号	超细粉煤灰/g	水泥/g	苯丙乳液/g	分散剂/g	消泡剂/g
1	0	100	50	0.02	0.1
2	20	80	50	0.02	0.1
3	40	60	50	0.02	0.1
4	50	50	50	0.02	0.1
5	60	40	50	0.02	0.1

制备方法：按照设定配比定量称取实验原料，首先将苯丙乳液溶于去离子水，加入分散剂、消泡剂以 600r/min 搅拌 10min，再加入粉煤灰（粉煤灰的最佳用量为 20%~60%）和水泥填料，搅拌 20min 后制得涂料，涂刷至混凝土试块或马口铁板表面进行相关性能检测。原涂层的微观结构如图 5-4 所示。

图 5-4   添加 60% 粉煤灰涂层的微观形貌图[6]

5.3   粉煤灰基防腐涂料性能

防腐涂料的技术性能指标主要有四类：

（1）液态的技术指标：涂料未涂刷成膜时的指标，如固体含量、细度、黏度、遮盖力、单位面积使用量等。

（2）涂膜的物理力学性能指标：涂膜的一般基本性能指标，如附着力、柔韧性、硬度、涂膜厚度、光泽、耐磨性等，还有涂膜的耐光性、耐热性及电绝缘性等。

（3）涂膜的耐腐蚀和耐介质指标：防腐蚀涂料的主要指标，评价涂料的防腐蚀性能，如耐酸碱盐的性能、耐水性、耐石油制品和化学品、耐湿热性、耐盐雾性能等。

（4）涂层的耐热性：耐热性，指涂层在受热的条件下仍能保持其优良的物理机械性能的性质，常用材料的最高使用温度来表征，对不同的材料有不同的标准和测试方法。

上述各项技术指标从不同的方面说明了涂料产品的特性。比如固体含量、遮盖力等指标重点表明涂料的经济性；附着力、柔韧性等指标表明涂料产品的基本性能；而耐介质性能指标则说明涂料的防腐蚀性能水平。涂料产品的某些技术指标是相互一致的，比如固体含量越高其黏度越大，涂层厚度越大其耐介质性能越好，硬度越高耐磨性越好等；而另一些则是相互矛盾的，比如柔韧性越好则其硬度可能会下降，涂层越厚其柔韧性下降等。因此，涂料的技术指标在某种程度上代表着诸个矛盾的平衡点[4]。

5.3.1   耐腐蚀性

耐腐蚀性：金属材料抵抗周围介质腐蚀破坏作用的能力称为耐腐蚀性。由材料的成分、化学性能、组织形态等决定。钢中加入可以形成保护膜的铬、镍、铝、钛；改变电极电位的铜及改善晶间腐蚀的钛、铜等，可以提高耐腐蚀性。

混凝土是孔径各异（10~500μm）的多孔体，当其周围介质有压力差时（或是浓度差、温度差、电位差），就会有服从流体力学的介质迁移，即渗透。混凝土的抗渗性是混凝土的基本性能，也是混凝土耐久性的重要特点。混凝土的抗渗性不仅表征混凝土耐水流穿过的能力，也影响到混凝土抗碳化、抗氯离子渗透等性能。

5.3.1.1　粉煤灰在涂层防腐性能中的作用原理

粉煤灰复合材料在控制阳极和阴极腐蚀反应方面发挥了有效作用。在环氧树脂中存在的复合材料作为有效的物理屏障，可防止氯离子的渗透，并保护下面的金属表面。粉煤灰颗粒还能保证涂层的机械完整性。在这方面，它的行为类似于其他传统的涂层，限制离子通过它们的渗透。这是因为粉煤灰的火山灰效应，与水泥接触发生反应生成更为致密的物质，降低了孔隙率使涂层更加致密，阻碍了氯离子的渗透，提高了抗渗性[7]。

粉煤灰颗粒在涂层中作为增强材料，可增强涂层的机械完整性。可以推测，涂层基体中粉煤灰颗粒的存在抑制了电解液向界面的渗透，提高了腐蚀防护效率。粉煤灰作为填料和补强剂，使膜的强度得到提高，膜的阻隔性能得到改善。煤灰固废物质是一种致密的铝硅酸盐化合物，是一种很好的耐酸材料。采用低水含量的混合料和低钙粉煤灰可进一步降低酸蚀，以减少硅酸盐水合物（C—S—H）的形成。高钙粉煤灰在环境温度下的凝结和强度比低钙粉煤灰更为合理[15]。

粉煤灰本身含有 Al_2O_3 和 SiO_2 作为其固有成分，有助于提高其耐腐蚀性。氧化锌的存在进一步提高了金属表面的防腐性能，因为氧化锌在与水和氧接触时在金属表面形成钝化层，从而阻止了电子从阳极区向阴极区流动，抑制了进一步的腐蚀过程。这是由于合成的复合材料所表现出的双重保护机制，固废物质钝化底层金属并抑制腐蚀性离子的扩散，而粉煤灰颗粒作为增强材料，减少了腐蚀条件下涂层的降解。在腐蚀环境下，由于电解液进入界面，破坏了环氧树脂与金属之间的界面结合，导致涂层失效。

5.3.1.2　开路电位法研究涂层的耐腐蚀性

开路电位的变化过程来源于电极从不稳定到稳定的变化过程。不同的电极材料与溶液体系，开路电位随时间的变化是不同的。开路电位法（open circuit potential method，OCP）是在稳定及自然状况的环境下量测无外加电流相通之钢筋的腐蚀微电位与参考电极之间的全面电位差。开路电位法可以很方便地量测并判断钢筋的腐蚀概率，但却无法得知钢筋的腐蚀速率及腐蚀情形。

依照环氧树脂涂层配方一中的方法制备出 ppy-粉煤灰复合涂料，按照 ppy 粉煤灰不同的添加量制备出 4 种涂料（PF1：1%、PF2：2%、PF3：3% 和 PF4：4%），将它们涂覆于金属表面。结果如图 5-5 所示，室温下，3.5% NaCl 溶液中，PF1、PF2、PF3 试样的 OCP 先负向偏移，后正向偏移，直至浸泡时间结束。由于表面涂层具有良好的腐蚀防护能力，OCP 的正移基本表现为底层金属的钝化状态。而当 ppy-粉煤灰添加量为 4% 时，浸泡76min 后，环氧树脂涂层的 OCP 变化趋势急剧向负电位偏移。这表明氯离子通过涂层迅速扩散到金属表面。PF1、PF2 和 PF3 试样的 OCP 稳态值分别为 360mV、280mV 和 350mV。说明 ppy 粉煤灰添加量为 1% 时可达最佳。

依照环氧树脂涂层配方七中的方法制备 5 种复合涂料，图 5-6 为未涂层钢筋和 5 种不同涂层钢筋在 3.5%NaCl 下的 OCP 值。所有腐蚀电位值的大小被发现是负的。与未涂层钢筋相反，可以看到，对于涂层钢筋，无论涂层类型，电位都向被动侧转移。如果腐蚀电位值对 Ag/AgCl 大于 $-255mV$，则钢筋处于活性状态。未涂层钢筋对 Ag/AgCl 电极的腐蚀电位为 $-669mV$，表明其活性较大与未涂层钢筋相比，CPC 涂层钢筋相对于 Ag/AgCl 表现出更高的正电位值 $-458mV$，仍处于活性状态。在 CPFC 涂层钢筋中，粉煤灰的加入使潜在

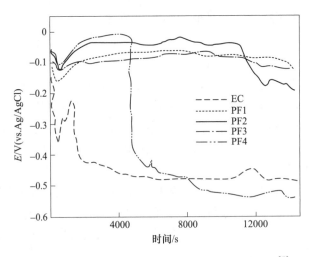

图 5-5   ppy-粉煤灰复合涂层的 OCP 随时间变化图[7]

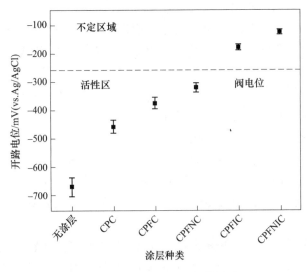

图 5-6   5 种复合涂层的开路电位结果

值相对于 Ag/AgCl 增加到-376mV，表明其腐蚀性有所降低。加入纳米颗粒以后 CPFIC 和 CPFNIC 涂层钢筋的负腐蚀电位值较低，小于-255mV。处于被动状态。CPFIC 涂层钢筋对 Ag/AgCl 的潜在值为-181mV，CPFNIC 涂层钢筋对 Ag/AgCl 的潜在值为-127mV。因此，这两种涂层的腐蚀效果大大提高。

5.3.1.3 电化学阻抗谱用于腐蚀研究

电化学阻抗谱（electrochemical impedance spectroscopy，EIS）：给电化学系统施加一个频率不同的小振幅的交流信号，测量交流信号电压与电流的比值（此比值即为系统的阻抗）随正弦波频率 ω 的变化，或者是阻抗的相位角中随 ω 的变化。进而分析电极过程动力学、双电层和扩散等，研究电极材料、固体电解质、导电高分子及腐蚀防护等机理。

按照环氧树脂涂层配方一中的方法制备出 ppy-粉煤灰复合涂料，按照 ppy 粉煤灰不同的添加量制备出4种涂料（PF1：1%、PF2：2%、PF3：3%和PF4：4%）室温下，样品在3.5% NaCl溶液中，OCP条件下保存1h进行阻抗分析。当ppy-粉煤灰复合材料加载量为1.0%和2.0%时，环氧涂层的涂层电容较低，这是由于表面涂层吸收的电解质较低。然而，随着复合材料在环氧体系中添加量进一步增加，复合材料的碳当量增加，防腐蚀效果变差。因此，ppy-粉煤灰复合材料的增加导致了较高的电解质吸收，并对涂层的屏障性能产生了不利影响。

PF1和PF2试件的伯德图在高频区变化不明显，在低频区域|Z|的值相对较高。PF3和PF4试样的|Z|值较低，表明涂层具有低孔阻和易吸电解质的倾向。结果表明，以1.0%和2.0%掺量的ppy-粉煤灰复合材料制备的环氧涂料结构致密，在3.5% NaCl溶液中具有良好的耐蚀性。

由环氧树脂防腐涂层中配方二的制备方法，通过添加不同数量的粉煤灰和碳纳米管体系制备出不同类型的$ZnO-Al_2O_3$粉煤灰复合材料-MWCNTS涂层。其腐蚀性能通过阻抗测试表征如下。由EIS得到的伯德如图5-7所示，分别为浸渍0h和浸渍120h后涂层的伯德图。在这两种情况下，涂有5% $ZnO-Al_2O_3$粉煤灰复合材料-0.25%MWCNTS涂层的阻抗值较大，表明该配方不仅开始表现出最佳的防腐性能，而且在较长时间内保持其性能。普通聚酯酰胺-环氧体系与盐雾体系表现出相同的趋势，且在浸泡0h和120h时阻抗值相差最大[8]。

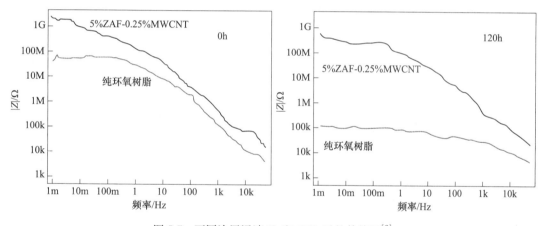

图5-7　不同涂层浸渍0h和120h后的伯德图[8]

由环氧树脂防腐涂层中配方六的制备方法，不同填料含量的MWCNTs-FACs/ER复合涂层在模拟海水浸泡0天、10天、20天和30天的电化学阻抗谱如图5-8所示。从图5-8（a）可知，浸初期的伯德图显示了一个斜坡，表明涂层没有腐蚀，基质具有良好的保护作用，能有效防止腐蚀。涂层试样在模拟海水中浸泡10天后，随着浸泡时间的增加，环氧树脂复合涂层|Z|的阻抗值逐渐减小（图5-8（b）~（d）），说明腐蚀介质已进入涂层，涂层的保护性能降低。所有涂层的阻抗都随着时间的推移而不断减小。其原因可以归结为随着浸泡时间的延长，腐蚀介质不断进入涂层内部孔隙，涂层的阻隔性能进一步降低。FACs（粉煤灰）的加入减缓了阻抗随时间的下降，延长了涂层保护的时间。这是因为FACs的中空结构具有很强的阻隔性能。此外，FACs具有良好的分散性，可均匀分布在涂层中，提高了涂层的耐蚀性。随着含量的增加，阻抗值先增大后减小。含10% FACs的环

氧树脂复合涂层的阻抗值最大。这是由于填料的分散性有限，当含量超过最佳含量时，会发生聚集，造成局部应力集中，形成微裂纹，增加腐蚀介质传播路径。

涂层试样在模拟海水中浸泡 10 天后，涂层电阻值显著降低。浸泡 20 天和 30 天后，环氧树脂复合涂层的电阻值下降趋势减缓。这是因为腐蚀介质穿透涂层，到达钢基体的界面，然后发生腐蚀反应，在涂层与钢基体的界面形成致密的钝化膜。钝化膜的形成可以在一定程度上起到保护作用，减缓涂层失效的过程[12]。

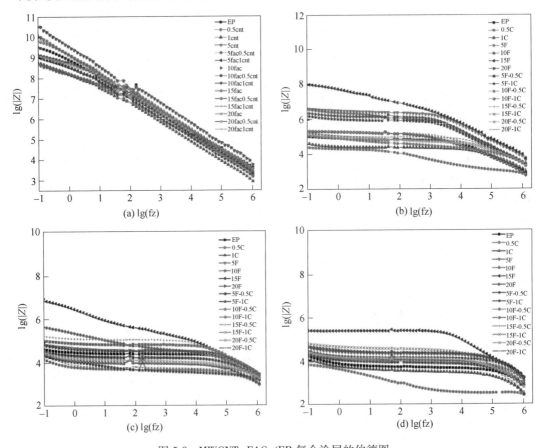

图 5-8　MWCNTs-FACs/ER 复合涂层的伯德图

5.3.1.4　电通量测试

现在混凝土材料和结构的设计方法正处在由强度设计向耐久性设计过渡的阶段。混凝土耐久性根本上取决于混凝土的渗透性，由于传统渗水压法（GBJ 82—85《普通混凝土长期性能和耐久性能试验方法》）不能适应现代特别是高强高性能混凝土渗透性的评价，因此，对混凝土渗透性的评价方法，特别是快速评价方法的研究是十分重要的。其中，电测评价方法是发展最快的，而电通量检测方法是混凝土电测评价方法的一种，也是目前广为人知的电测方法。

如图 5-9 所示，依照 5.2.3.3 节的方法制备出一种用于混凝土涂层材料空白混凝土块的 6h 电通量是 3503.2C，分别在混凝土表面涂敷不同粉煤灰添加量（粉煤灰添加量 0、20%、40%、50%、60%）的涂层，6h 后混凝土块的电通量分别是 2215.7C、2171.3C、

1326.7C、1037.2C、629.8C，表明采用防腐涂层保护后，混凝土电通量明显下降，渗透性提高了 1~2 个等级。对比空白的混凝土块，当涂料中不加粉煤灰时，电通量降低了37%，说明涂层对氯离子的渗透起一定的阻隔作用。为了能达到更好的效果，在涂料中掺入粉煤灰，随着添加量的增加，电通量分别降低了 38%、62%、70%、82%。对于所制备的涂层，粉煤灰添加量为 60% 时的涂层保护效果最好，其等级为"很低"，对提高混凝土耐氯离子渗透性有很大的作用[6]。

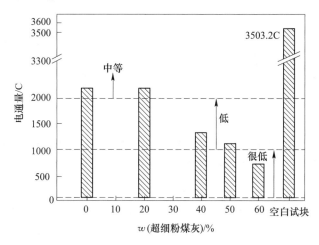

图 5-9　粉煤灰的添加量与电通量之间的关系[6]

由 5.2.3.2 节中配方二制备出的涂层（FA/10 OPC）根据渗透性测试通过电荷测定对氯离子的渗透性，未涂覆的混凝土试件比涂覆后的混凝土试件表现出更高的腐蚀度。FA/10OPC 涂层的电荷值最低（在 1000C 以下），表明该涂层的氯离子渗透性"非常低"[15]。

5.3.1.5　涂层的抗盐雾试验

盐雾测试是一种主要利用盐雾试验设备所创造的人工模拟盐雾环境条件来考核产品或金属材料耐腐蚀性能的环境试验。它分为两大类：一类为天然环境暴露试验，另一类为人工加速模拟盐雾环境试验。人工模拟盐雾环境试验是利用一种具有一定容积空间的试验设备——盐雾试验箱，在其容积空间内用人工的方法，造成盐雾环境来对产品的耐盐雾腐蚀性能质量进行考核。它与天然环境相比，其盐雾环境的氯化物的盐浓度，可以是一般天然环境盐雾含量的几倍或几十倍，使腐蚀速度大大提高，对产品进行盐雾试验，得出结果的时间也大大缩短。如在天然暴露环境下对某产品样品进行试验，待其腐蚀可能要 1 年，而在人工模拟盐雾环境条件下试验，只要 24h，即可得到相似的结果。

如图 5-10 所示，依照 5.2.3.3 节其他类型的粉煤灰防腐涂料配方制备的涂料试验后的涂层表面未出现生锈、起泡、开裂等现象，对其

(a) 涂层试验前　　　　(b) 涂层试验后

图 5-10　盐雾实验前后涂层宏观形貌[6]

表面进行摩擦无掉落现象，按照 GB/T 1771—2007《混凝土防腐涂料耐盐雾实验标准》，该涂层的耐盐雾性能合格[6]。

将 ppy-粉煤灰复合环氧涂层用于钢板上暴露于盐雾 150 天后发现，涂有环氧树脂涂层的低碳钢板沿划线处出现严重的锈蚀和起泡现象。锈蚀的出现清楚地表明，长期暴露于盐雾中，环氧涂层与基材的黏附性丧失。环氧涂料表面还可见几个针孔，这是由于腐蚀性离子通过刻痕渗透到金属表面。从图 5-10 中可以明显看出，ppy-粉煤灰提高了钢的耐腐蚀性能。

与仅涂有环氧涂层低碳钢相比，添加 1.0%（质量分数）的 ppy-粉煤灰的涂层中试件沿划线处的延伸腐蚀较小。当环氧树脂中添加 2.0%（质量分数）的 ppy-粉煤灰时，防腐效果变得更好，腐蚀的量可以忽略不计。结果表明，ppy-粉煤灰复合材料具有较好的耐蚀性能。该复合材料可能促进了环氧涂层与金属基板的附着力，提高了其在加速试验条件下的耐蚀性。然而，当 ppy-粉煤灰的载荷增加到 2.0%（质量分数）以上时，腐蚀沿着划线处蔓延。因此，粉煤灰掺量 2.0%（质量分数）可作为环氧体系的加载阈值。这是由于合成的复合材料所表现出的双重保护机制。聚吡咯钝化底层金属并抑制腐蚀性离子的扩散，而粉煤灰颗粒作为增强材料，减少了腐蚀条件下涂层的降解[7]。

对于上述环氧涂层配方二所制备出的 $ZnO\text{-}Al_2O_3$ 粉煤灰复合材料-MWCNTS 涂层的盐雾试验结果如图 5-11 所示。与普通聚酯酰胺环氧体系涂层相比，所有其他掺杂了粉煤灰复合材料的配方的性能都更好。普通聚酯酰胺环氧树脂体系涂层的腐蚀最严重，而 5% $ZnO\text{-}Al_2O_3$-粉煤灰复合材料-0.25%多壁碳纳米管在横截面上没有任何腐蚀扩展的迹象。在测量腐蚀扩展面积的同时，还检查了涂层与面板的附着力。结果表明，经盐雾暴露后，所有配方均顺利通过了附着力测试。这说明暴露在盐溶液中不影响涂层的附着力。盐雾试验结果表明，$ZnO\text{-}Al_2O_3$-粉煤灰复合材料与多壁碳纳米管相结合有利于提高材料的耐蚀性能[8]。

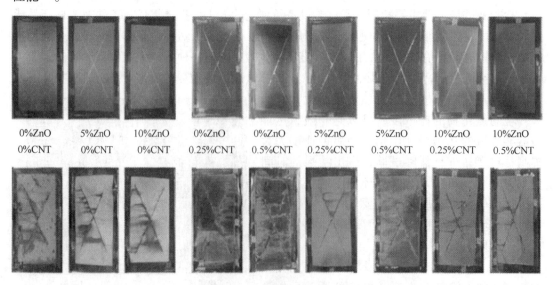

图 5-11　$ZnO\text{-}Al_2O_3$ 粉煤灰复合材料-MWCNTS 涂层耐盐雾测试结果[8]

（CNT：碳纳米管）

5.3.1.6 涂层耐酸碱测试

对于用来防止酸碱腐蚀，或使用于经常出现酸碱侵蚀的环境的涂料产品，须作耐酸碱腐蚀性试验。方法是先制成漆膜样板，封边、干透后，按规定浸入指定的品种和浓度的酸或碱溶液中，在规定温度下，经过一定时间后，从溶液中取出，用水冲洗，然后检查漆膜的完整和破坏程度。

5.2.3.1 节中依照配方二制备出的 $ZnO-Al_2O_3$ 粉煤灰复合材料-MWCNTS 涂层耐化学性的结果如表 5-9 所示。所有配方均通过耐酸、耐碱测试，并表现出优异的耐溶剂性能。由于适当的固化，膜中具有优良的交联密度，以及表现出优良耐化学性的聚酯酰胺树脂和环氧树脂的存在，是表现出优良耐酸碱特性的关键因素。涂层与金属表面的附着力较好，也有助于显示良好的耐化学性。$ZnO-Al_2O_3$-粉煤灰复合材料和多壁碳纳米管的加入提高了薄膜的增强性能，同时也提高了薄膜的阻隔性能。

表 5-9　涂层耐酸碱测试结果

项目	B-1	B-2	B-3	B-4	B-5	B-6	B-7	B-8	B-9
酸溶液	A	A	A	A	A	A	A	A	A
碱溶液	A	A	A	A	A	A	A	A	A
NaCl 溶液	A	A	A	A	A	A	A	A	A

注：A 表示很好（涂层性质没有明显变化）。

依照配方四配制的环氧树脂防腐涂层，把制得涂片样品分别没入浓度为 $10\%\,H_2SO_4$、$10\%\,NaOH$、$10\%\,NaCl$ 溶液中，置于三个烧杯中，室温静置，定期观察涂片表面变化情况，共试验 30 天，取出后自然风干，能观察到涂层表面光滑、不变色、不起泡、不腐蚀、不脱落[10]，表明所制备出的涂层有很好的耐酸碱性。

5.3.2 机械性能及力学性质

涂料的机械性能是指当受外力时涂料表现出来的各种力学性能。涂料的力学性能是指材料在不同环境（温度、介质、湿度）下，承受各种外加载荷（拉伸、压缩、弯曲、扭转、冲击、交变应力等）时所表现出的力学特征。

5.3.2.1 粉煤灰在涂层机械性能中的作用原理

硅酸钠作为矿黏合剂，促进了 NaOH 对粉煤灰中 Al^{3+} 和 Si^{4+} 的萃取，这导致了更多聚合物凝胶的形成和它与低碳钢基体的结合[17]。

粉煤灰的加入增加了涂层的硬度和刚度，对涂层也起到了增强作用，从而进一步提高了涂层的硬度和抗划痕性。粉煤灰中的氧化锌和氧化铝可增加硬度，粉煤灰作为填料加强薄膜的抗应力能力。粉煤灰复合材料和碳纳米管的功能化有助于其在涂层配方中的分散，从而有助于提高涂层的性能。粉煤灰复合材料使涂层更加致密，提供额外的强度，提高其应力承载能力[8]。

混杂煤基固废涂层形成的 C—A—S—H 凝胶与胶凝体形成的 C—S—H 凝胶相似，但在结构中包含了 Al，这使得基体（OPC 混凝土）与砂浆之间的界面区域更加均匀，实现了两种材料之间的强界面。由于 Ca^{2+} 平衡效应，OPC 基质中的氢氧化钙可能会与煤基固废中的 Al 和 Si 元素发生反应，这些反应产物数量的增加改善了涂层和混凝土基板之间的界面区域。因此，煤基固废聚合物涂层可以表现出对水泥基材的强附着力[15]。

5.3.2.2 黏附强度

采用黏附测试仪测试涂层材料组合物与基体的黏附强度。由于黏附在基底表面的涂层相对较薄，目前没有太好的办法来直接检测涂层与基底之间的黏附力，且大部分涂层固化时间相对较短，也增加了测试难度。为此，通常通过测量以涂层溶液为黏结剂黏结的样品之间的拉伸剪切强度来表示涂层黏附力大小。

依照 5.2.3.3 节中制备出的防腐涂层，由表 5-10 可以看出，随着粉煤灰添加量的增加，配方一涂层性能变好，这是因为粉煤灰的粒径小，使得填料颗粒的粒径变小，提高了涂层间的黏结性，当添加量在 30%~60%时，涂层的柔韧性和耐冲击性能达到 JT/T 821—2011《混凝土桥梁结构表面用防腐涂料》标准要求。但添加量过大时，因为粉煤灰中含有不规则的玻璃体和内部残碳，影响涂层的性能和外观[6]。

表 5-10　不同涂层耐酸碱测试结果

项目	w(粉煤灰)/%								
	0	10	20	30	40	50	60	70	80
柔韧性/mm	7.5	5.0	5.0	2.5	2.5	2.0	2.0	2.0	2.5
耐冲击性/cm	40	30	40	50	50	50	50	40	30

利用由 60%粉煤灰、27%水玻璃和 13% 10mol/L NaOH 溶液组成的地聚合物膏体的混合比例，开发出一种用于水泥管的防腐涂料，交叉水泥砂浆棱柱与黏结地聚合物砂浆的黏结强度有所提高。固化龄期为 30 天和 90 天时，黏结强度分别为 201kPa 和 187kPa。该结果满足砌块与砂浆接缝的最小黏结强度——140kPa[17]。

依照 5.2.3.2 节配方二的方法，利用硅溶胶作为固化剂。涂层黏附性实验在FA/10OPC涂层应用后 7 天进行，在使用 5 天后，其剪切黏附强度约为 16MPa。基质（混凝土）的黏结强度随硅酸盐水泥含量和氢氧化钠浓度的增加而增加。与 MK/10OPC 涂层（高岭土）相比，FA/10OPC 涂层表现出更大的孔隙率，MK/10OPC 涂层看起来更致密，孔隙更小[15]。

5.3.2.3 抗划痕性能

抗划痕性能指金属卷材涂装后，表面具有的耐金属划伤的能力。这主要取决于涂膜的硬度、颜料使用、黏合能力及涂料表面情况等因素。在不同的应用领域，对涂层材料性能的要求不同，但涂层的整体性能都依赖于它与基体之间的结合强度。不同的结合力测量方法有各自的局限性，应用领域也不同。对于气相沉积制备的薄涂层，划痕法和压入法最常用，也是少数能简单而快速评价表面涂层结合强度的方法。不过，由于非界面因素（如涂层厚度、基体硬度、涂层内应力等）对划痕的失效形式及临界载荷具有较大影响，单独利用声信号、摩擦力信号评估涂层结合强度具有一定局限性，需结合划痕失效形貌图和划痕实验的各种信号进行综合评估。

依照 5.2.3.1 节中配方一的方法，利用环氧树脂作为固化剂所制备出的复合涂层，添加 ZnO-Al$_2$O$_3$-粉煤灰复合材料和多壁碳纳米管可提高涂层的铅笔硬度和抗划痕性能。ZnO-

Al₂O₃-粉煤灰复合材料与多壁碳纳米管之间存在协同作用，有利于提高材料的硬度和抗划痕性能。并且经过测试之后，5%ZnO-Al₂O₃-粉煤灰复合材料-0.25%MWCNT 具有最佳的铅笔硬度和抗划伤性能。碳纳米管还有助于提高薄膜与金属表面的附着力，并具有良好的抗应力和抗疲劳性能，从而有助于进一步提高性能。粉煤灰是一种增强材料，因此提高了膜的强度[8]。

5.3.2.4 抗压强度

抗压强度指外力施加压力时的强度极限。在宏观层面，涂层是一种混合物。其强度取决于黏合剂的机械性能、孔隙结构及黏合剂与颜料之间的总结合面积。水和溶剂通过改变黏结剂的机械性能或减弱颜料与黏结剂之间的结合改变涂层的结构。在微观层面，涂层是由颜料-黏结剂-颜料组成的。颜料与黏结剂结合处的强度取决于黏结剂的机械性能及黏结剂、颜料的表面化学性能。

大部分有关涂层强度的研究考虑了颜料和黏结剂对抗压强度的影响。涂层的强度取决于涂料中所用颜料类型及黏结剂的用量。由于胶乳的成本比无机颜料高很多，通常胶乳的用量要尽可能地少。因此，对影响涂层强度性能的因素而言，如颜料颗粒的形状、胶乳的玻璃化温度及涂层的多孔性等变得更为重要。

依照 5.2.3.2 节中配方二的涂层，对涂层的抗压强度进行了测试（图 5-12）。掺杂了粉煤灰（FA）的涂层（FA/10OPC）砂浆抗压强度值达到 10MPa，其强度随着时间的推移而持续变化的，固化后 28 天，FA/10OPC 砂浆抗压强度达到 43MPa。与掺杂了高岭土（MK）的涂层相比效果一般。值得注意的是，即使从机械角度来看，涂层的要求并不高，涂层的强度发展是其附着力的间接指标，在结构修复过程中可能是一种技术优势[15]。

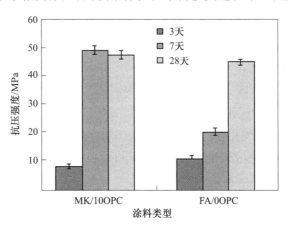

图 5-12 涂层的抗压强度

5.3.3 耐水性

耐水性是指材料抵抗水破坏的能力，通常用软化系数来表示材料的耐水性，耐水性强的材料的力学性能不易降低。

5.3.3.1 粉煤灰在涂层耐水性中的作用

聚合物涂层与水泥的结合主要是通过聚合物与水泥水化产物间离子键的化学键合。添加粉煤灰后的二次水化作用生成的水化凝胶产物在缝隙中使得涂料孔径减小，结构更细化，阻碍了水分子进入涂料中，使得涂层吸水率下降；添加量达到一定比例后，粉煤灰的增加使得整个体系的体积增大，孔隙率增大，水泥的量相对减少，水化形成的凝胶物质减少，粉煤灰火山灰效应再生成的凝胶也减少，对孔隙的封堵不足，水分进入增多，防水效果变差[6]。

5.3.3.2 涂层吸水水性测试

先将待测试样置于烘箱中 24h 烘干取出，在蒸馏水中浸泡一定时间后取出，擦干表面的水分，称量试件浸水前后的质量，按式（5-9）计算吸水率。

$$P = \frac{m_2 - m_1}{m_1} \times 100\% \qquad (5-9)$$

式中，m_1 为试件浸水前质量；m_2 为试件浸水后质量。

对于所制备的涂料，随着粉煤灰添加量的增加，5.2.3.3 节中配方一的涂层吸水率下降，耐水性提高，添加量为 60% 时出现最佳值；当粉煤灰添加量继续增加，吸水率开始升高，耐水性能变差[6]。

5.3.4 耐热性

耐热性是指涂层在受热的条件下仍能保持其优良的物理机械性能的性质，常用材料的最高使用温度来表征。不同的材料有不同的标准和测试方法。如塑料一般用马丁耐热温度来表示。涂料工业采用鼓风恒温烘箱或高温炉，在其达到规定的温度和时间后，对漆膜表面状况进行检查、测试，或者进行其他性能如冲击、弯曲、浸水、盐雾试验等，然后以前后测试数据表示。凡使用在温度较高场合的涂料，必须以耐热性作为涂膜的重要技术指标。

5.3.4.1 粉煤灰在涂层耐热性中的作用

涂层的热稳定性可以归因于煤基固废复合物中的 Al—O—Fe 和 Si—O—Fe 键的增加。

5.3.4.2 热重量分析

热重量分析是在程序控制温度下，测量物质的质量与温度或时间的关系的方法。通过分析热重曲线，可以知道样品及其可能产生的中间产物的组成、热稳定性、热分解情况及生成的产物等与质量相联系的信息。

从热重量分析可以派生出微商热重量分析，也称导数热重量分析，它是记录 TG 曲线对温度或时间的一阶导数的一种技术。实验得到的结果是微商热重曲线，即 DTG 曲线，以质量变化率为纵坐标，自上而下表示减少；横坐标为温度或时间，从左往右表示增加。

热重量分析的主要特点是定量性强，能准确地测量物质的质量变化及变化的速率。根据这一特点，可以说，只要物质受热时发生质量变化，都可以用热重量分析来研究。可用热重量分析来检测物理变化和化学变化过程。这些物理变化和化学变化都存在着质量变化，如升华、汽化、吸附、解吸、吸收和气固反应等。

制备了 5.2.3.1 节中的 ppy-粉煤灰复合涂层，对于环氧树脂涂层，在达到 347℃ 之前几乎没有失重现象。然而，超过了这个温度则观察到突然失重，表明环氧树脂产生了热降解。这主要是由于在此温度下环氧树脂交联发生物理开裂。然而，在环氧树脂中分别加入

2.0%、3.0%和4.0%质量比的 ppy-粉煤灰复合材料，三者的热降解温度分别为371℃、382℃和393℃。热降解温度的显著变化表明 ppy-粉煤灰复合材料增强了环氧树脂的热稳定性[7]。

环氧树脂涂层中配方二（5.2.3.1节）的涂层的 TGA 分析如图5-13所示。研究表明，5%ZnO-Al$_2$O$_3$ 粉煤灰复合材料-0.25%MWCNTS 的性能最好，因此将该配方与普通配方的热性能进行了比较。从图5-13中可以看出，5% ZnO-Al$_2$O$_3$ 粉煤灰-0.25%多壁碳纳米管基涂层降解的起始温度为357℃，而普通配方的起始温度为348℃。说明粉煤灰的加入提高了涂层的耐热性[8]。

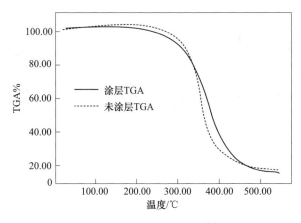

图 5-13 涂层的 TGA 图[8]

5.3.5 疏水性

提高材料表面疏水性有利于降低其与水分等腐蚀性介质的相互作用，从而增强材料的耐腐蚀性。材料表面的浸润性主要取决于表面化学性质及表面微观结构。

5.3.5.1 粉煤灰在涂层疏水性上的作用

粉煤灰具有疏水性。在环氧树脂基体中添加粉煤灰可有效提高涂层的疏水性。添加粉煤灰可以增加环氧树脂复合涂层的表面粗糙度，使涂层表面具有微/纳米级的表面纹理组合，也在一定程度上提高了水接触角（CA）[12]。

5.3.5.2 接触角测量器

一般在研究中采用接触角测量仪对涂层的疏水性质进行测定。接触角测量仪，主要用于测量液体对固体的接触角，即液体对固体的浸润性，该仪器能测量各种液体对各种材料的接触角。该仪器对石油、印染、医药、喷涂、选矿等行业的科研生产有非常重要的作用。

测试环氧树脂涂层配方五所制备的几种不同功能型填料的疏水性。在初始状态，FA、PANI-Fe、FA-PANI-Fe 和 FA-PANI-Fe 的 CA 值分别为0°、60.69°、84.23°和95.05°。通过对 FA-PANI-Fe-f 的疏水性测试，CA 值达到95.05°，填料为疏水填料，这直接证实了 PFOA 成功掺杂到 FA-PANI-Fe 表面，疏水性能得到改善。值得注意，FA-PANI-Fe-F 的 CA 值呈现出减速下降的趋势。上述结果表明，由全氟基团的富集，该双功能平台的疏水性能比其他三种填料更强[11]。

纯环氧树脂涂料在不同表面纹理网格下的水接触角如图 5-14 所示。随着网孔数的增加，纯环氧树脂的水接触角也随之增大。在 10%FACs-0.5%MWCNTs（质量分数）环氧树脂复合涂层中引入表面织构，与纯树脂涂层相比，表面织构的 FACs-MWCNTs/ ER 复合涂层具有更高的接触角。其中，6.5μm（2000 目）10%FACs-0.5%MWCNTs（质量分数）的环氧树脂复合涂层的水接触角达到 138.41°。在海水中浸泡 30 天后，涂层的接触角有明显的下降趋势（图 5-15）。由于没有填料保护，纯 ER 涂层被腐蚀性介质严重破坏[12]。

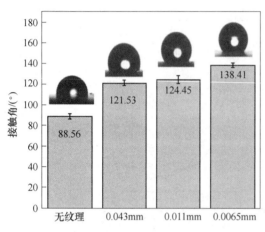

图 5-14　涂层润湿角与粗糙度的关系

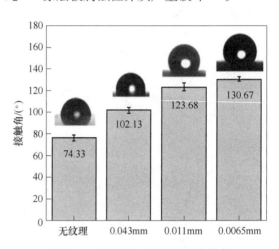

图 5-15　涂层浸泡 30 天后的接触角

5.4　粉煤灰基防腐涂料用于不同基体中的研究

5.4.1　粉煤灰基防腐涂料用于水泥基体

水泥管道因其高性价比而被广泛应用于生活污水和工业废水的输送。然而，这些水泥管道不耐酸性，因为水泥体系中的钙化物会在酸性环境中溶解，导致孔隙度增加和劣化。针对污水处理中混凝土的降解问题，采用了一种涂层来控制其腐蚀。

原料中水玻璃与氢氧化钠溶液质量比为 2，粉煤灰与砂质量比为 2。按 60%粉煤灰、27%水玻璃和 13% 10mol/L NaOH 的比例先将粉煤灰与沙子充分混合，得到均匀的起始材料，然后加入碱激发剂（NaOH 溶液和水玻璃），用搅拌机搅拌 1min，得到地聚合物砂浆涂层。

选用水灰比为 0.55、砂灰比为 2 的水泥砂浆作为基材。标本直径 15mm，高度 100mm。另外，制备 20mm 水泥砂浆棱柱进行黏结强度试验。1 天脱模后，水中固化至 28 天，风干 24h 后，进行黏结强度测试。涂层与水泥管界面图如图 5-16 所示。

涂有涂层的水泥管在酸性环境下，用立体显微镜在制备的酸溶液浸泡试样的截面上测量酸穿透深度。酸浸 30 天和 90 天的结果如图 5-17 所示。30 天和 90 天酸浸深度分别为 1.7mm 和 2.9mm。制备出的涂层材料延长了酸到达水泥管的时间。此外，与水泥砂浆相比，地聚合物涂层的劣化程度相对较小，从而增加了材料的稳定性，同时还检测到该材料

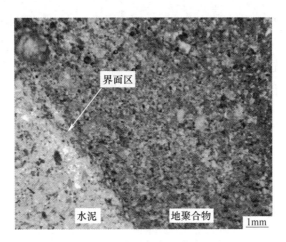

图 5-16 涂层与水泥管界面

的低钙渗滤液。此外，复合材料的渗透性对酸蚀溶出和稳定性也有影响。地聚合物是一种致密的铝硅酸盐化合物，一种很好的耐酸材料。采用低水含量的混合料和低钙粉煤灰可进一步降低酸蚀，以减少硅酸盐水合物（C—S—H）的形成。高钙粉煤灰在环境温度下的凝结和强度比低钙粉煤灰更为合理。地聚合物-水泥砂浆界面无明显的缝隙，界面致密，表明两种材料结合良好。

地聚合物覆盖材料的应用可以保护水泥基材料免受腐蚀溶液的侵蚀。在低酸浓度（0.005% H_2SO_4，pH=3）和去离子水（pH=6.1）中浸出少量的 Ca^{2+}。然而，在高酸浓度（3% H_2SO_4，pH=0.3）的浸泡条件下，地聚物覆盖材料受到了冲击，导致了 Ca^{2+} 的高浸出。浸泡 30 天后，试样表面仍保持完好，表面坚硬。浸泡 90 天后，地聚合物表面硬度降低。酸电离产生的 H^+ 攻击铝硅酸盐网络，导致 Al—O—Si 键断裂[17]。

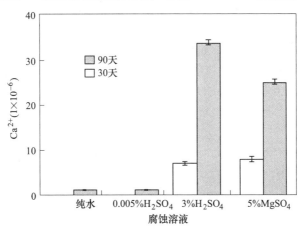

图 5-17 浸泡 30 天和 90 天后 Ca^{2+} 浓度

5.4.2 粉煤灰基防腐涂料用于金属基体

涂层主要成分有普通硅酸盐水泥（OPC），F 级粉煤灰（硅质型）作为部分水泥替代材料，其配方如表 5-11 所示。在整个研究中，采用直径为 8mm 的高屈服强度变形钢筋（HYSD），砂浆试件的制备采用人造砂，通过 4.75mm 的筛网。纳米 SiO_2 和 ZrO_2 粉体的平均粒径分别为 15nm 和 20nm，使用球磨机对商用级纳米 $CaCO_3$ 进行细粉化，使其粒径减小到 20~70nm。首先称取纳米颗粒，混合在聚合物溶液中，然后超声 10~15min，以确保适当的分散。在此溶液中逐渐加入水泥和粉煤灰，搅拌均匀，便得到涂层。

表 5-11　涂料配方

名称	聚合物溶液/g	水泥/g	粉煤灰/g	纳米 ZrO_2/g	纳米 SiO_2/g	纳米 $CaCO_3$/g
CC	50	75	—	—	—	—
CF	50	45	30	—	—	—
CFZ	50	43.5	30	1.5	—	—
CFS	50	43.5	30	—	1.5	—
CFC	50	43.5	30	—	—	1.5

利用 OPC（硅酸盐水泥）、粉煤灰和纳米材料（ZrO_2、$CaCO_3$、SiO_2）设计制备了多种类型的涂层。第一种涂层标记为 CC，由 100% OPC 混合在聚合物溶液中，聚合物溶液与水泥比例为 1:1.5。第二类涂料是以 40%（质量分数）重量的粉煤灰取代 CC 涂层中的 OPC，标记为 CF；此外，还有一类涂料是在 CF 配方基础上添加 2%（质量分数）的纳米粒子，如添加 Nano-ZrO_2 粒子的涂料标记为 CFZ，添加 Nano-$CaCO_3$ 粒子的涂料标记为 CFC，添加 Nano-SiO_2 粒子的涂料标记为 CFS。

试件在 3.5% NaCl 溶液中放置 2 天，然后在室温下风干 5 天，加速腐蚀过程。试件仅部分浸入溶液中，以确保氯离子的进入最初是通过毛细管吸收发生的。试样在 3.5% NaCl 中部分浸泡半周期后，在室温条件下干燥，通过失重测量计算出其腐蚀速率如表 5-12 所示。由腐蚀速率计算得到的涂层缓蚀率也在同表中给出。可以观察到，带有涂层钢筋的腐蚀速率比未涂层钢筋的腐蚀速率要低得多。由此可以得出结论纳米涂层钢筋的腐蚀速率比未涂层钢筋低 76%~89%。

这清楚地表明了涂层对氯离子通过砂浆覆盖层进入的腐蚀保护作用。在不同的涂层中，纳米 ZrO_2 和纳米 SiO_2 的涂层比传统的 CC 涂层表现出更高的抑制效率。这些数值比 CC 涂层钢筋低 19%~63%。涂层的腐蚀抑制效率系统遵循的顺序表现为 CFS>CFZ>CF>CC。

表 5-12　涂层的耐腐蚀性

样　品	腐蚀率/mm·a^{-1}	抑制效果/%
无涂覆样品	0.2197	—
CC	0.0627	71.46
CF	0.04727	78.48
CFZ	0.0368	83.24
CFC	0.05086	76.85
CFS	0.02284	89.60

暴露于 3.5%NaCl 溶液在室温下干燥半周期，无涂层和有涂层钢筋的腐蚀速率如表 5-12 所示。将 3 份 CFZ 涂层和未涂层钢筋放置在盐雾室内用 5%的 NaCl 溶液，pH 值在

6.5~7.2，温度在 35℃ 4 个星期。暴露后用水冲洗，再用酸洗溶液清洗，去除锈蚀和涂层，直接观察锈蚀造成的损伤。随后，称量这些试样，以评估由于腐蚀造成的质量损失的百分比。结果表明，CFZ 涂层在所有水泥基涂层中表现出较好的耐腐蚀性。未涂层的钢筋被严重腐蚀，而 CFZ 涂层的钢筋表面只有少量的锈斑。

对 CFZ 涂层钢筋及未涂覆的钢筋进行耐化学性测试，分别浸泡 3mol/L 氯化钙和 3mol/L 氢氧化钠溶液 60 天。图 5-18 表明，未涂覆的钢筋暴露 60 天后出现了一些小锈斑，而涂覆 CFZ 的钢筋在 3mol/L NaOH 中浸泡后仍完好无损，未出现锈斑。在饱和 Ca(OH)$_2$ 介质中，未涂覆钢筋上出现了几处大面积锈蚀，而涂覆 CFZ 钢筋上的锈蚀只出现在破损部位。

涂层系统在耐化学性测试中的性能如表 5-13 所示。

图 5-18　盐暴露和耐化学测试结果[18]

表 5-13　涂层系统在耐化学性测试中的性能

样品	3mol/L NaOH		3mol/L CaCl$_2$		饱和 Ca(OH)$_2$	
	30 天	60 天	30 天	60 天	30 天	60 天
无涂覆	小锈斑	几个锈斑	浸没区均匀生锈，蒸汽区有锈斑	锈蚀严重	浸没区产生腐蚀，蒸汽区腐蚀开始生成	浸没区腐蚀进一步扩散，蒸汽区产生腐蚀
CFZ	无锈蚀	无锈蚀	在浸没区有锈斑	锈斑处产生严重锈蚀	在浸没区有锈斑	蒸汽区进一步腐蚀

盐雾和耐化学性测试结果表明，CFZ 涂层在苛刻的氯离子条件下的耐久性有所提高。盐雾暴露测试试验后，CFZ 涂层钢筋的减重率比未涂层钢筋低 70%，其耐腐蚀原理如图 5-19 所示。

在钢筋上覆盖水泥聚合物涂层的情况下，尽管形成了一层厚层，但钢筋周围的涂层中也存在微孔。但在粉煤灰基 CF 涂层体系中，由于粉煤灰的平均粒径小于水泥的平均粒径，往往会填充较大水泥颗粒之间的空隙，只留下纳米级空隙未被填充。最后在纳米颗粒掺入粉煤灰基胶凝剂后，纳米颗粒的填孔效应与粉煤灰的火山灰效应相结合，使纳米颗粒的填孔具有增强的阻隔效应。由于纳米 ZrO$_2$ 颗粒的分散性较好，填充了更多的纳米空隙，阻

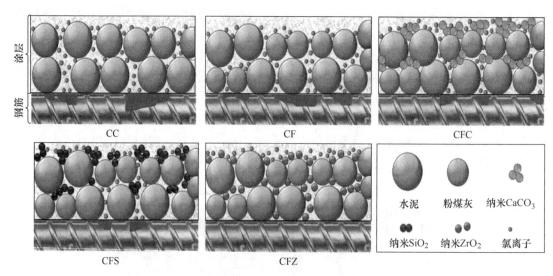

图 5-19　涂层耐腐蚀性原理[18]

止了有害腐蚀剂的进入，有助于 CFZ 体系对钢筋表现出更好的耐蚀性。因此，在钢筋上使用纳米相改性粉煤灰基水泥基涂层可以大大提高钢筋混凝土结构的耐腐蚀性能[18]。

5.4.3　粉煤灰防腐涂料用于烟囱内壁

烟囱的主要作用是拔火拔烟，排走烟气，改善燃烧条件。生活中常见的烟囱防腐涂料主要具有以下特点：（1）长效防腐。极好的耐蚀性，抗烟气中 H_2S 等介质腐蚀。（2）超强的附着力。涂层与基体结合力极强，涂料组合物中含有的金属氧化物纳米材料和稀土氧化物超微粉体，帮助涂层形成一个致密的界面过渡层，使其综合热力学性质与基体相匹配。（3）耐高温。基料和填料均由耐高温的无机物组成，耐热 600℃。（4）耐磨。多种组分组成的陶瓷功能填料，相互协同，赋予了涂层优异的耐磨、防腐性能。（5）涂料使用寿命长。涂层使用寿命长，烟囱防腐耐久性好，损坏的涂层可以方便地进行修补。在制备、涂装和形成涂层过程中对环境无污染。

粉煤灰中含有较多的玻璃相，它不仅能提高热稳定性，其玻璃相结构具有优异的耐蚀性和膜层的屏蔽性。以粉煤灰为填充料，与硅环氧树脂、煤焦油沥青为成膜物质，配制成涂料。在应用时与胺类交联配制成的防腐涂料涂膜具有优异的物理机械性能，如耐热性、耐水性及耐化学药品性。

利用环氧树脂、硅氧烷和催化剂制备出一种用于烟囱内壁的防腐涂层。其制备方法如下。

（1）将硅氧烷、环氧树脂和催化剂混合体投入反应釜，升温至 130~140℃，聚缩合反应 5h，得到 1 号树脂。

（2）先将环氧树脂投入反应釜，升温至 130~140℃时开始滴加聚硅氧烷和催化剂，3h 滴加完，保温 2h，得到 2 号树脂。

（3）将环氧树脂聚硅氧烷先投入反应釜，升温至 130~140℃，滴加催化剂，2h 滴加完，保温 3h，得到 3 号树脂。

试验结果表明，1号、2号树脂有浑浊现象，成膜透明稍差；而3号树脂采用环氧树脂和聚硅氧烷先投入反应釜在温度条件下分散均匀，慢速滴加催化剂，使树脂分子量均匀分布缩合反应，进而得到均匀、透明清澈的树脂。

烟囱内壁防腐涂料性能的好坏虽然主要取决于树脂的性能，但填料对耐热性和耐化学药品性能十分重要，如果选择不当会造成严重质量问题因此必须通过试验遴选合适的填料。烟囱内壁防腐涂层常见填料如表5-14所示。

表5-14 烟囱内壁防腐涂层常见填料

项 目	滑石粉	硫酸钡粉	高岭土粉	低钙粉煤灰	高钙粉煤灰
耐热性（200℃ 48h）	无开裂	20%开裂	30%开裂	无开裂	无开裂
10%硫酸	无变化	无变化	尚耐热	无变化	无变化
5%盐酸	无变化	无变化	尚耐热	无变化	无变化

低钙灰和高钙灰经过1450~1500℃煅烧后，具有较好的耐热性、粉料收缩小、涂料涂膜不易开裂，并具有一定的耐蚀性，用它配制烟囱内壁防腐涂料安全可靠。

粉煤灰烟囱内壁防腐涂料配方如下。甲组分：基料58.5%、填料35.0%、助剂3.50%、稀释剂3.0%；乙组分：固化剂10%。其性能检测结果如表5-15所示。

表5-15 烟囱内壁防腐涂层性能检测

检测项目	检测结果
柔韧性/mm	1
耐冲击/cm	50（不破裂）
附着力/级（画圈法）	2
附着力/%（画圈法）	100
耐热性（200℃ 48h）	不起泡，不开裂，不脱落
10%硫酸（常温浸泡48h）	不起泡，不开裂，不脱落
5%盐酸（常温浸泡48h）	不起泡，不开裂，不脱落
30%氢氧化钠（常温浸泡48h）	不起泡，不开裂，不脱落

5.4.4 粉煤灰防腐耐酸胶泥

胶泥可广泛用于石油、化工、冶金、电力、农药、食品、发酵、水解、酸洗等工业部门的反应釜，储罐、塔池、地坪、地沟、电解槽等防腐蚀工程中。以粉煤灰为主要填充料，与硅酸钠、水性多元醇系环氧树脂为胶结剂，氟硅酸钠为固化剂配制成的耐酸胶泥，具有耐热性收缩性小、抗化学药品性稳定等特点。

粉煤灰为填充料配制成的耐酸胶泥应用于混凝土烟囱内壁的防腐。作为砌筑耐酸耐火砖的胶结料，不仅具有优异的物理机械性能和耐化学介质性，更重要的是明显降低了造价。经试制成功的粉煤灰耐酸胶泥于1998年10月至1999年3月进行了批量生产，合计为1500t左右，用于我国电厂大型混凝土内壁的防腐蚀，获得了较好的使用效果。该产品技术性能指标与国内外比较，具有一定的先进性。经科技成果检索证明，粉煤灰耐酸胶泥填补了国内空白，达到了国际先进水平。由于该产品与国内同类产品比较，其原材料成本价格降低了17%~20%，因此具有强劲的市场竞争力。粉煤灰耐酸胶泥的研制成功，对开拓粉煤灰综合利用扩大到防腐蚀领域、提高粉煤灰的经济价值及扩大推动我国电力业废渣的应用领域，具有十分重要的意义。

粉煤灰耐酸胶泥配合比：胶结剂38.31%；固化剂5.60%；填料56.09%。粉煤灰对耐酸胶泥物理性能影响如表5-16所示。

表5-16　粉煤灰对耐酸胶泥物理性能影响

项　目	耐酸粉料		
	低钙粉煤灰	8.16粉+粉煤灰	8.16耐酸粉
抗压强度/MPa	26.7	26.4	23.6
抗折强度/MPa	5.6	5.1	4.5
黏结强度/MPa	2.04	1.95	1.90

据分析，粉碎后的煤粉经过1450~1500℃煅烧形成的粉煤灰，密度和细度较小，其中玻璃相多，吸油量小对提高耐酸胶泥物理机械性能具有一定的作用。粉煤灰耐酸胶泥主要性能指标如表5-17所示。

表5-17　粉煤灰耐酸胶泥主要性能指标

项　目	检测结果
抗压强度/MPa	26.7
抗折强度/MPa	5.6
黏结强度/MPa	2.04（耐火砖破坏）
耐热性（250℃）	无变化
吸油率/%	5.92
10%硫酸（48h）	无异常
5%盐酸（48h）	无异常

粉煤灰耐酸胶泥主要用于大型混凝土烟囱内壁、砌筑耐酸砖胶结料、粘贴砌筑防腐蚀花岗石块材及板材、花岗石材料的嵌缝。粉煤灰耐酸胶泥按规定配合比混合搅拌均匀，需在60min前用完；被胶结物体应干燥，雨天不能施工；气温30℃以上可适当减少固化剂用量，施工前应进行试拌，确定可用时间，一般不超过60min[19]。

5.4.5　粉煤灰防腐环氧沥青

环氧沥青是一种由环氧树脂、固化剂与基质沥青经复杂的化学改性所得的混合物。已在南京长江二桥、润扬长江公路大桥等桥梁上得到应用，效果良好。环氧沥青延展性、收缩性与钢板接近，当钢板热胀冷缩时，环氧沥青路面可与钢板"共进退"，因而很少发生病害。另外，环氧沥青强度高，一般是普通沥青的3~4倍。但环氧沥青养护期较长，成本较高。它必须在现场边生产边摊铺，让其在现场发生一系列化学反应，最后固化。从生产到施工必须在1h内完成，否则只能废弃。施工的环境温度以30~40℃最理想，施工一定要避开雨天。

以粉煤灰为填料，低、中分子量环氧树脂、煤沥青为成膜物质配制成涂料。该涂料臭味小、毒性低，低温成膜性好；其涂膜具有优异的物理机械性能，如耐磨性抗划性及耐化学药品性；粉煤灰作为填充料进一步提高改善了涂料的施工涂装性。

（1）环氧树脂的加工。先将中分子量环氧树脂和混合溶剂投入反应釜内，升温至120℃全部溶解后再加入低分子量环氧树脂充分搅拌均匀降温至45℃出料，得到透明清澈环氧树脂。

（2）通过烟囱内壁防腐涂料中的填充料选择，已证明粉煤灰可作为中等以下防腐蚀原材料，由于低钙灰游离钙和水泥矿物质少，对耐酸性介质较有利。所以，采用低钙灰配制地下埋设防腐涂料更安全可靠。

（3）粉煤灰环氧沥青防腐涂料配方的确定。甲组分：基料63.4%、填料34%、助剂20%；乙组分：固化剂10%。

（4）粉煤灰环氧沥青防腐涂料性能指标如表5-18所示。

表 5-18　粉煤灰环氧沥青防腐涂料性能指标

项　目	检测结果
柔韧性/mm	1
耐冲击/cm	50（不破裂）
附着力/级（画圈法）	1
电击穿性/kW·mm^{-1}	14.2
10%硫酸（常温浸泡48h）	不起泡，不开裂，不脱落
5%盐酸（常温浸泡48h）	不起泡，不开裂，不脱落
30%氢氧化钠（常温浸泡48h）	不起泡，不开裂，不脱落

煤灰环氧沥青防腐涂料：可用于城市煤气和自来水地下管线外壁防腐、港口、码头、钻井等钢结构防腐污水池、酸池、碱池中和池及地沟等的防腐。

钢铁表面应去除锈、除油、无浮灰水渍等，甲、乙组分混合搅拌均匀，熟化30min使用；被涂物体应干燥，雨、雾、气温5℃以下不宜施工；涂装方法，采用刷涂、混涂或喷涂方法进行，涂刷道数34道，必要时加无碱玻璃布加强[19]。

本 章 小 结

本章介绍了防腐涂层的发展状况，从填料的角度论述了粉煤灰在涂层中作为填料方面的应用。列举了现阶段研究人员制作出的粉煤灰基防腐涂层，并从其耐蚀性、机械力学性质、耐水耐热性和疏水性几个方面进行介绍，并对其应用方面的研究进行简单的说明。

思 考 题

5-1 简述混凝土腐蚀和金属腐蚀的产生的原因。

5-2 粉煤灰为什么能作为防腐涂层的填料，与常规填料相比，它具有什么优点？

5-3 粉煤灰在涂料耐腐蚀性质中起到的作用是什么？

5-4 简述防腐涂料为什么能防腐，它主要有哪几种成分组成？

参 考 文 献

［1］刘登良．涂料工艺［M］．4 版．北京：化学工业出版社，2009．

［2］徐峰，邹侯招，储健．环保型无机涂料［M］．北京：化学工业出版社，2004．

［3］王敏．化工设备防腐方法浅析［J］．化工设备与管道，2002（3）：49-50．

［4］刘栋，张玉龙．防腐涂料配方设计与制造技术［M］．北京：中国石化出版社，2008．

［5］唐明秀，宋慧平，薛芳斌．粉煤灰在涂料中的应用研究进展［J］．洁净煤技术，2020，26（6）：23-33．

［6］雷旭，宋慧平，薛芳斌，等．粉煤灰基混凝土防腐涂料的制备及其性能研究［J］．涂料工业，2019，49（1）：22-26．

［7］Ruhi G, Bhandar H, Dhawan S K. Corrosion resistant polypyrrole/fly ash composite coatings designed for mild steel substrate［J］. AJPST, 2015, 5（1A）：18-27.

［8］More A P, Mhaske S T. Anticorrosive coating of polyesteramide resin by functionalized ZnO-Al$_2$O$_3$-fly ash composite and functionalized multiwalled carbon nanotubes［J］. Prog. Org. Coat. , 2016, 99：20-250.

［9］Shaw R, Tiwari S. Fly ash based zeolitic pigments forapplication in anticorrosive paints［C］. National Conference on Thermophysical Properties. AIP Publishing LLC, 2016, 1724（1）：020087.

［10］余子炎．粉煤灰在火电厂防腐涂料填充剂的应用［J］．全面腐蚀控制，2020，34（7）：85-89．

［11］Wang Z H, Wang C J, Fan W H, et al. A novel fly ash bifunctional filler for epoxy coating with long-termanti-corrosion performance under harsh conditions［J］. Chem. Eng. J. , 2022, 430：133164.

［12］Li J C, Chen L P, Wang Y, et al. Corrosion resistance of surface texturing epoxy resin coatings reinforced with fly ash cenospheres and multiwalled carbon nanotubes［J］. Prog. Org. Coat. , 2021, 158：106338.

［13］Harila M, George R P, Shaju K, et al. A new ternary composite steel rebar coating for enhanced corrosion resistance in chloride environment［J］. Constr. Build. Mater. , 2022, 320：126307.

［14］Deshmukh K, Parsai R, Anshul A, et al. Studies on fly ash based geopolymeric material for coating on mild steel bypaint brush technique［J］. Int. J. Adhes. , 2017, 75：139-144.

［15］Aguirre-Guerrero A M, Robayo-Salazar R A, Gutiérre R M. A novel geopolymer application：Coatings to protect reinforced concrete against corrosion［J］. Appl. Clay Sci. , 2017, 135：437-446.

［16］Cheng L H, Luo Y, Ma S H, et al. Corrosion resistance of inorganic zinc-rich coating reinforced by Ni-coated coal fly ash［J］. J. Alloy. Compound, 2019, 786：791-797.

［17］Chindaprasirt P, Rattanasak U. Improvement of durability of cement pipe with high calcium fly ash geopolymer covering［J］. Constr. Build. Mater. , 2016, 112：956-961.

［18］Rooby D R, Kumar T N, Harilal M, et al. Enhanced corrosion protection of reinforcement steel with nanomaterial incorporated fly ash based cementitious coating［J］. Constr. Build. Mater. , 2021, 275：122130.

［19］陈安仁，田小妹．粉煤灰在防腐蚀材料中的应用研究［J］．粉煤灰，2000（3）：22-24．

6 粉煤灰基密封涂料

◆◆

本章提要:
(1) 了解粉煤灰在密封涂料中的应用。
(2) 掌握粉煤灰基密封涂料的制备流程。
(3) 掌握密封涂料的性能测试方法及涂料的固化过程。

◆◆

6.1 密封涂料的基础知识

6.1.1 密封涂料现状

随着我国经济快速发展,各方面需求(如煤矿巷道、沼气池等工程的建设量)大量增加,火灾风险发生概率也随之增加,一旦发生,抢修较难,而且还会造成大量经济损失。因此,煤矿巷道、沼气池等工程密封防火成为研究的重要课题。通过采用密封防火涂料解决此类问题,密封材料涂覆或填充在被涂物表面固化后,不仅可以防止渗漏、隔绝氧气,还因其特殊的阻燃功能可以起到阻燃作用,从而阻止火势进一步蔓延。

从 20 世纪 70 年代起,人们就开始采用多种施工方式对沼气池墙体进行密封阻燃,如采用沥青乳胶类、水玻璃、石蜡等材料。但经实际应用证明这些涂层因其寿命短、密封差等原因被谨慎使用。经科研人员多年研究,得到新型沼气池密封材料,目前使用的主要有直接使用型和水泥掺入型两种:直接使用型密封涂料,不需要添加其他材料,直接进行涂刷;而水泥掺入型密封涂料,在使用前需按配方比例将涂料与水泥混匀后进行施工,其以涂料为成膜物质,水泥为填料。目前,以水泥掺入型为主。

煤炭作为全球一次能源的比例在今后将略有下降。煤炭资源是中国能源组合中非常重要的一部分,并且在未来几十年内仍将如此。由于煤矿自然条件差、开采强度大,我国煤矿井下经常发生瓦斯爆炸,考虑到煤矿安全,使用瓦斯封堵材料是防止煤矿瓦斯爆炸的有效策略。煤矿巷道密封涂层是在巷道墙面填充或喷涂气密的、防水防火功能性材料。

首先,对于煤矿巷道密封材料,无机矿物类材料研究较多,此类封堵材料以水泥、粉煤灰和耐火隔热材料为主要成分进行填充,起到密闭防火作用,优点是原料易得、成本低、强度较高、寿命长,但因其以水进行输送,而涂层水分蒸发后,封堵材料易断裂漏风,导致应用效果不佳。其次为泡沫类,该种材料通过形成泡沫隔热层来保护物体,延缓热量的传递,密封阻燃效果良好,主要包括聚氨酯泡沫类、无机矿用泡沫类、凝胶泡沫和罗克休泡沫材料,但都因不同程度的不足导致无法大量使用,如聚氨酯泡沫虽可立即形成封堵涂层,隔绝火区,但因这些材料含有甲醛等有机类有害物质,会污染地下水,又凝固过快而不能进行输送，成本高；尽管无机类泡沫材料安全无毒、成本低，但无机材料具有弹性差、黏结力低和易开裂等问题。最后为聚合物水泥类，它是一种主要由聚合物乳液、水泥等无机填料组成的双组分水性涂料，如聚丙烯酸酯水泥、聚氨酯水泥、环氧聚氨酯水泥等类型。由于其不仅具有聚合物膜的柔韧性，又拥有良好的密封性等特点，被应用于各种防水、混凝土防护、结构密封等多项工程，在聚合物水泥涂料基础上添加不同种类及不同用量阻燃成分，还可实现较好的阻燃效果。

随着涂料工业的发展，为实现节能环保的要求，涂料设计向着低 VOC（有机挥发物）方向发展，聚合物水泥涂料不仅拥有良好的密封阻燃效果，同时兼具水性涂料安全无毒、节约环保等特点，已成为主流产品。

6.1.2 巷道密封涂料性能机理

取定量的乳液和水充分混合，加入定量粉煤灰、水泥、阻燃剂和分散剂等粉料，充分混合后使其静置陈化，最终得到粉液均匀物质并将其注入模具中，待固化之后，即可得到涂层试件。其制备流程如图 6-1 所示。

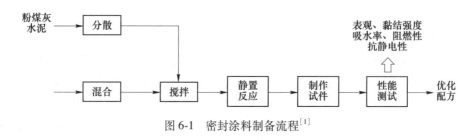

图 6-1   密封涂料制备流程[1]

由于煤矿井下具有巷道阴暗潮湿、巷道壁面坑坑洼洼参差不齐及瓦斯等易燃易爆气体散发严重等恶劣环境条件的特殊性，因此需要严格要求粉煤灰基聚合物水泥类巷道喷涂材料具有良好黏结强度、防水、阻燃、抗静电等技术性能。

6.1.2.1 聚合物水泥改性机理

在水泥类巷道喷涂材料中添加聚合物乳液后，其黏结强度、耐水性、拉伸强度等性质发生了一连串的变化。一方面，聚合物与水泥及其水化产物发生化学反应，其中的部分聚合物活性基团可以与水泥及其水化产物中的 Al^{3+}、Ca^{2+} 等发生反应，导致喷涂材料中构造形态发生变化，从而使得水泥砂浆组织结构发生变化，降低材料缝隙率，提高材料的致密性及黏结强度；另一方面，聚合物对制品具有一定松散能力，会降低水泥的水化并固结的速度，这样制品中均匀松散的聚合物本身和乳液的非亲水性会减少制品制作的用水量。另外，乳液的保水性质也能省去长期养护的必要。

6.1.2.2 防水性机理

聚合物水泥巷道喷涂材料防水主要依靠材料致密的表面涂层来阻挡水分子的渗透，并且其防水效果要强于单纯水泥类材料。原因在于，一方面有机成分水溶性差，另一方面聚合物中填料颗粒可填充材料内部的孔隙，使得材料内部的结构更加密实，材料结构的缝隙变少，以此达到防水的目的。

6.1.2.3 阻燃性机理

聚合物水泥类喷涂材料混有有机燃烧成分，要达到防火阻燃目的，往往要在材料中添加混入阻燃剂。具体表现在：无机阻燃剂利用其较大的热容值和低导热性使得材料提高了隔热性能，不易升温；水合氧化铝等在高温下热分解吸收大量的热，在一定程度上缓解了材料的燃烧作用；含碳酸盐、氮化合物、含卤有机物和金属氢氧化物等受热容易分解出大量不易燃烧气体；硼酸盐等受热后释放出重质蒸气，一定程度上隔绝了氧气与材料的接触，达到阻燃目的；氯化石蜡可以分解出能阻断自由链基反应的活性气体化合物，一定程度上阻碍了火焰的形成。另外多种阻燃剂按比率配合使用往往能起到阻燃的协同作用，既能提高材料燃点，又能通过缓解升温或隔绝氧气而使得阻燃效果更加明显。

6.1.2.4 抗静电机理

目前各研究单位研究防静电涂料主要采取碳系作为填加材料。喷涂材料固化干燥后，石墨聚团体在特殊作用力的改变下变为黏结性粒子，它们在不大于100nm距离内相互接触形成网状结构，电子在网状结构上移动发生导电现象，最终使得形成电流。

6.2 用于密封涂料的粉煤灰研究

从20世纪80年代开始，世界各国开始关注、研究超细粉体。我国在20世纪60年代就已经开始研究超细粉体，80年代后期，我国正式开始系统研究超细粉体材料。超细粉体粒度细、粒径分布窄，所以具有比表面积大、表面活性高等优异性能，从而被广泛用于很多行业。

循环流化床锅炉采用低等级煤和煤矸石为原料实行火力发电，是短时间内迅速崛起的一种效率高、污染小的清洁烧煤技术。国际上对该技术的商业应用已经非常成熟与广泛，国内也在快速进行关于这个领域的应用研究。循环流化床技术大量的应用使得粉煤灰产量增加，给当地自然环境带来了很大的污染。另外，粉煤灰制品安全性不稳定，假凝、开裂等问题导致其被利用还存在很多困难，因此目前粉煤灰的处理大多处于堆积处理和实验研究阶段。粉煤灰的大量工业应用不仅可降低土地资源消耗量，缓解粉煤灰的污染状况，还可以使企业获得显著的经济效益。

我国火力发电厂煤燃烧一般比较充分，产生的粉煤灰中未燃残炭含量较低（3%～5%），但由于受煤种的影响和运行条件的限制，部分锅炉仍存在煤不能充分燃烧的现象，煤炭燃烧不充分致使粉煤灰中残炭含量高达10%～30%，粉煤灰作为开发的二次资源，含炭量越低，则资源化程度越高。同时，未处理的粉煤灰其粒径不均，形态效应和火山灰效应等特性不显著。因此，为解决因含炭量高和粒径不均的问题，通常需对粉煤灰进行脱炭和超细化的预处理，从而提高粉煤灰的利用程度。

本节主要对比了添加高炭粉煤灰和脱炭粉煤灰下涂层的表观形貌；针对超细粉煤灰的性能优势，以"无机有机"相耦合为技术理念，采用超细粉煤灰作为主要粉料填料，并与有机聚合物乳液相耦合，对制备的瓦斯封堵材料及性能展开研究，主要进行了表观、力学、气密的测定实验。同时通过深入分析超细粉煤灰添加量对材料综合瓦斯封堵性能的影响，优选出最佳的超细粉煤灰添加量，制备出具有良好力学性能、气密性能及符合煤矿安全使用标准的新型瓦斯封堵材料。

6.2.1　脱炭粉煤灰

6.2.1.1　脱炭目的

高炭粉煤灰的排放不仅导致煤炭资源的浪费，而且还制约了粉煤灰在众多领域的应用。例如，当粉煤灰用于水泥、涂料和混凝土制品时，其中未燃尽的炭会使制品吸水量增加和强度降低，故用于矿物掺合料的粉煤灰烧失量越低越好。因此，粉煤灰脱炭是节约资源、降低污染、提高粉煤灰综合利用效率的必要环节。

6.2.1.2　粉煤灰脱炭方法

粉煤灰脱炭方法可以分为两大类[2]：一是湿法脱炭，如浮选法；二是干法脱炭，如燃烧法、摩擦静电分选法、滚筒式电选法、流态化分选方法、磁选法等。

A　流态化分选法

流态化技术又被称为固体流态化或假液化，即利用一定速度的气流自下而上地通过粉状或粒状固体层，固体被气流或液流夹带而形成两相悬浮体，获得类似流体运动状态的现象，利用这种流体与固体间的接触方式实现生产过程的操作。山西太原钢铁集团发电厂和陕西西安西郊热电厂均采用过这种方法，并取得良好的经济效益。但该技术对厂址要求比较严格，必须在电厂发电机组附近，而且不适用于粒度分布较窄的粉煤灰。

B　燃烧法

利用燃烧法除掉粉煤灰中的残炭是将电厂等燃煤企业排放出来的高炭粉煤灰再次置于燃烧装置中进行燃烧，来降低粉煤灰的残炭量，而高炭粉煤灰燃烧产生的热量又可再次被利用。

C　电选法

电选法是利用粉煤灰在高压电场作用下灰与炭导电性的不同，进行分离。粉煤灰属于非导体，而炭粒是导体物料，在电晕电场中，当粉煤灰获得电荷后，炭粒因导电性能好，很快将电荷通过圆筒带走，在重力和离心力作用下脱离圆筒表面，而剩余的灰所获电荷在表面释放速度较慢，在电场力作用下吸收在圆筒表面上，从而达到灰炭分离。电选法缺点是设备复杂，选炭效率较低，流程较复杂，尾灰炭含量较高。

D　浮选法

浮选法是根据残炭表面疏水、而灰表面亲水的物理化学性质差异，在捕收剂作用下使炭和其他颗粒分离的一种方法。浮选是在固、液、气三相界面上互相作用下进行的，所以浮选是一个比较复杂的物理化学及流体力学的过程，在这个过程中起主要作用的是炭与灰润湿性差异，粉煤灰中炭粒的性质与煤相似，接触角为 60° ~ 70°，而其他颗粒只有 10° 左右。虽然粉煤灰中残炭与煤粒性质相似，但其经过高温燃烧及水的冷却，表面性质已变得较为复杂，氧化较严重，给浮选带来一定的困难。因此，在浮选法对粉煤灰脱炭时，必须结合残炭和其他颗粒的性质来优选合适的浮选药剂，强化及改善浮选过程。

6.2.1.3　高炭与脱炭粉煤灰涂层性能比较

对比高炭粉煤灰（烧失量 20%）与脱炭粉煤灰（烧失量 10%）制备的涂层表观状况

可以看出（图6-2）：高炭粉煤灰涂层需水量逐渐增大，黏度也逐渐升高，这是由于高炭粉煤灰多孔性残炭含量高，粒径偏大，导致高炭粉煤灰吸水量高于脱炭粉煤灰。表干与实干时间也相应延长，这与配方中加水量逐渐增大、实干固化所需蒸发的水更多有关。高炭粉煤灰添加量为20%~30%时就已出现较明显的裂缝，而脱炭粉煤灰添加量在0~50%范围内表观状况都优于高炭粉煤灰，且都未出现明显的裂隙，上述充分证明高炭粉煤灰无法在涂料中大量使用，而且对涂层的表观状况影响很大，必须先经过脱炭处理才能作为填料应用于煤矿井下巷道喷涂材料。

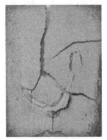

(a) 脱炭粉煤灰表观形貌　　(b) 高炭粉煤灰表观形貌

图 6-2　涂层表观形貌对比图

6.2.2　超细粉煤灰

6.2.2.1　超细粉煤灰制备方法及目的

粉煤灰常见的超细方法主要有蒸汽动能磨和球磨等。

蒸汽动能磨[3]是由西南科技大学与四川省绵阳流能粉体设备有限公司联合研发的一种超细粉体加工设备，其工作原理为：利用过热蒸汽为动力和粉碎介质，带动物料相互摩擦碰撞而粉碎，被粉碎至要求粒径的物料即可在负压条件下被分级机分离，从而被除尘器收集，粒径较大的物料则需继续粉碎至要求粒径[4, 5]。蒸汽动能磨设备操作简单，生产成本低，可以实现成品的规模化、超细化生产，不仅可以粉磨含水率高达50%的湿物料，还可以干式、高纯粉磨各种物料；同时成品粒径随时可调，粒度分布可按要求调整。

球磨机是一种在工业生产中被广泛使用的粉磨设备，其工作原理为：球磨机转动时，在离心力的作用下，物料和钢球会随着筒体提升至一定的高度，然后呈抛物线落下，撞击在衬板上，在物料降落的过程中高速运动的钢球会相互碰撞，将夹在中间的物料击碎，同时，钢球、物料和衬板相互之间又会产生摩擦，从而使物料得以反复研磨。

超细粉煤灰与普通粉煤灰相比，其"火山灰效应""微集料效应"和"形态效应"等特性更加优异，将其应用在涂料、水泥混凝土行业中，可以更好地改善体系的工作性能，提高力学性能和耐久性。将超细粉煤灰引入聚合物水泥类的密封阻燃涂料，对于涂料体系来说，粉煤灰不仅可以悬浮于涂料液料中，改善乳液的摇溶性，同时超细粉煤灰颗粒还可以形成良好级配，均匀地填充于材料各个空隙当中。此外，由于超细粉煤灰颗粒具有较大的比表面积，这将更加有利于产生和发挥"火山灰效应"，固化后涂层更为致密，提高密封效率，并且可取得较为显著的技术和经济效果。

6.2.2.2　超细粉煤灰特征分析

选用超细粉煤灰的烧失量为7.92%，符合国家标准 GB 1596—2005《用于水泥和混凝土中规定的粉煤灰》规定的Ⅱ级标准（烧失量不大于8.0%），可以直接作为瓦斯封堵材料的主要粉料填料。在这项研究中使用的超细粉煤灰平均粒径为2.2μm，且粒径分布较窄，有超过80%的颗粒在3μm范围内。超细粉煤灰粉体的外观最均匀的颗粒呈现圆形，且表面光滑。因此，超细粉煤灰超细化的粒径和良好的分散性可以与其他粉料颗粒形成良好的级配，从而提高黏结材料的流动性，有助于涂层材料中孔隙的填充和细化。

6.2.2.3　不同超细粉煤灰添加量下涂料的表观性能

在相同乳液量（50g）、粉料添加量（超细粉煤灰和水泥总量为80g，氯化石蜡5g、氢氧化铝3g、硼酸锌4g、三氧化二锑3g、石墨3g、导电炭黑2g）的条件下，调节超细粉煤灰和水泥的比例，根据搅拌状态调节加水量。

随超细粉煤灰的增加，涂料所需的水量更多，涂料的黏度也逐渐增加。超细粉煤灰的加入会使填料颗粒变小、表面积增加，从而大大增加混合物的黏度。当超细粉煤灰的比例在20%~60%的范围内，涂层表现出良好的表观性能。超细粉煤灰掺量超过70%时，涂层对水的需求量增加。涂层固化后，出现明显的裂纹，且变得更加脆性。以上结果表明虽然超细粉煤灰内部残炭和不规则玻璃体含量较少，但当其添加量过大时，仍会对涂层表观性能产生不利影响。因此，从涂层的表观性能说明超细粉煤灰适合添加范围为20%~60%。

6.3　粉煤灰基密封涂料的性能

6.3.1　分散稳定性

6.3.1.1　分散剂稳定机理

分散体系稳定机理通常有以下几种[6]。

A　DLVO扩散双电层机理

DLVO扩散双电层机理又称静电稳定机理，分散体系中颜料粒子表面带有电荷或者吸附有离子，产生扩散双电层，颜料粒子接近时，双电层发生重叠，产生静电斥力，实现颗粒的稳定分散，调节pH值或加入电解质可以使颗粒表面产生一定量的表面电荷，增大双电层厚度和颗粒表面的Zeta电位值，使颗粒间产生较大的排斥力。

扩展DLVO理论用于解释悬浮液系统的稳定性。根据这一理论，总势能（U_T）决定了粒子间的凝聚或弥散。当$U_T>0$时，总的相互作用能是排斥的，粒子发生排斥和分散。与此相反，当$U_T<0$时，总的相互作用能是吸引的，粒子发生吸引和凝聚。U_T计算如式（6-1）所示。

$$U_T = U_W + U_E + U_H + U_S \tag{6-1}$$

式中，U_W是粒子间的范德华相互作用能；U_E是粒子间静电引力的能量；U_H是粒子间疏水相互作用的能量；U_S是位阻效应的能量。

B　空间位阻稳定机理

该机理是指不带电的高分子化合物吸附在颜料粒子表面形成较厚的空间位阻层，使颗粒间产生空间排斥力，从而达到分散稳定的目的。分散剂在两个颗粒上的吸附层相互排斥。这种两个表面之间的排斥称为空间排斥。球形固体粉末的空间位阻效应可以表示为式（6-2）。

$$U_S = \frac{4\pi\alpha^2\left(\delta - \dfrac{H}{2}\right)}{Z(\alpha + \delta)}kT\ln\left(\frac{2\delta}{H}\right) \tag{6-2}$$

式中，k 是玻耳兹曼常数（$1.381 \times 10^{-23} J/K$）；$T$ 为绝对温度（293K）；Z 为颗粒表面大分子的吸收面积，m^2，其中给定值为 $190nm^2$；δ 为表面吸附分散剂后吸附层的厚度，m。

C 静电空间稳定机理

该机理是指在颜料粒子的分散体系中加入一定的高分子聚电解质，使其吸附在粒子表面，聚电解质既可通过所带电荷排斥周围粒子，又可通过空间位阻效应阻止颜料粒子的团聚，从而使颜料粒子稳定分散。

6.3.1.2 典型填料的分散性[7]

粉煤灰基填充粉在涂布过程中，由于分散稳定性的不同，常常出现团聚和沉淀现象。这些现象最终会影响气体密封的性能。然而，迄今为止，还没有对密封涂料用填充粉料的分散稳定性进行详尽的研究。因此，在实际应用中，提高填料的分散稳定性是后续研究涂料流变性能的关键，同时也是提高涂层性能建立起良好基础。

分散剂是油漆中常用的添加剂，可以吸附在填料颗粒表面，防止颗粒间的沉降和聚集，使粉末颗粒在介质中均匀分散。因此，在气封涂层中添加合适的表面活性剂是提高涂层中填充粉稳定性的有效途径。对于液体体系中的细小颗粒而言，六偏磷酸钠（SHMP）是一种常见的分散剂。根据分散稳定机制可知，六偏磷酸根离子的存在增加了粒子表面的负电荷，因此，强负电荷粒子之间的相互排斥作用可以使这些粒子保持在分散体系中。

为了研究六偏磷酸钠对各粉末分散行为的影响，测定了不同六偏磷酸钠剂量下各粉末的 ZETA 电位。随着六偏磷酸钠用量的增加，各粉体 ZETA 电位的绝对值也随之增大，呈现出不同的稳定性状态。当六偏磷酸钠浓度为 0.1g/L 时，硼酸锌和氢氧化铝的 ZETA 电位绝对值均大于 60mV，表明其稳定性良好。当六偏磷酸钠浓度增加到 0.2g/L 时，石墨和炭黑的 ZETA 绝对电位保持在 40~60mV，表现出良好的稳定性。因此在 pH 值为 12 条件下，0.2g/L 的六偏磷酸钠溶液均达到了良好的稳定性。

值得注意的是，确定六偏磷酸钠的最佳用量是很重要的。当被限制在一个小空间中内，两个表面相互靠近时，吸附层的熵会降低。两个表面都被六偏磷酸钠很好地覆盖，并且彼此靠近，没有任何桥接。因此，加入适当浓度的六偏磷酸钠，可实现分散体系良好稳定性，达到良好的稳态。而添加过多的六偏磷酸钠会通过桥接引起凝结。

随着稳定时间的增加，体系的稳定性均有所降低。对于粉煤灰而言，ZETA 电位的绝对值随时间的延长降低显著。但总的来说，所有分散体系的 ZETA 电位的绝对值大于45mV，表明在稳定的 3 天内，浓度为 0.2g/L 所有六偏磷酸钠体系均处于稳定状态。

为进一步研究这三种典型填料，用光学显微镜观察了三种典型分散系统的稳定性。图 6-3 所示为未加入六偏磷酸钠和加入六偏磷酸钠的三种分散系统的分散稳定情况。值得注意的是，在没有六偏磷酸钠的情况下，稳定 10min 后，粉煤灰、石墨和炭黑分散体系中，各体系粒子均产生不同程度的凝聚，形成许多不同粒径的聚集体，体系非常不稳定。然而加入六偏磷酸钠后，体系发生了显著的变化，聚集的团聚体由于分散剂的作用分散开来，稳定 1 天后没有形成大团聚体，各体系均具有良好的稳定性。尤其是炭黑体系，在没有六偏磷酸钠的情况下，炭黑分散体系在 10min 后出现严重团聚现象，加入六偏磷酸钠后，炭黑分散体系在稳定 1 天后也处于良好的稳定状态。

6.3.1.3 粒子间的相互作用能

由于粉煤灰是亲水性材料，颗粒之间的相互作用能符合经典 DLVO 理论。粉煤灰之间

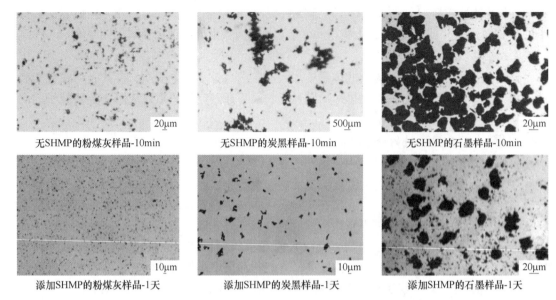

图 6-3　三种不同颗粒分散体系光学显微镜照片

的总相互作用能（U_T）由范德华相互作用能（U_W）和静电能（U_E）之和确定。而对于疏水性颗粒，疏水力在颗粒表面起着至关重要的作用，必须考虑疏水相互作用（U_H）。因此，U_T 由 $U_W+U_E+U_H$ 决定。当添加六偏磷酸钠后，发生空间位阻效应（U_S），从而增强静电排斥能量。因此，粉煤灰的总相互作用能量变为 $U_W+U_E+U_S$，石墨和炭黑的总相互作用能量变为 $U_W+U_E+U_H+U_S$。

对于粉煤灰体系来说，不含六偏磷酸钠的粉煤灰颗粒之间的总相互作用能为正，这表明这些颗粒之间存在相互排斥。加入六偏磷酸钠后，粉煤灰颗粒之间的总相互作用能变得更正，互斥增加。

对于石墨和炭黑两个体系，在没有添加六偏磷酸钠的石墨和炭黑的总相互作用能为负，这表明粒子之间的相互作用是有吸引力的，从而促进粒子聚集。此外，减小粒子之间的距离会导致更强的吸引力。因此，疏水作用是影响颗粒团聚行为的重要因素之一。

加入六偏磷酸钠后，石墨和炭黑的总相互作用能也变为正，并且粒子之间发生互斥。斥力增加的原因主要包括以下两点：首先，石墨和炭黑体系在加入六偏磷酸钠后，由于静电相互作用能的增加，在一定的距离间出现了一个小的势垒。其次，存在空间位阻效应，六偏磷酸钠分子附着在粒子表面并形成一层吸附层，从而产生排斥力，这种力将一个粒子与另一个粒子分离，从而实现空间分散的稳定。因此，总的相互作用能从引力势能变为排斥势能，有效地提高了系统的稳定性。这与前面图 6-3 描述的光学显微镜实验结果一致。

6.3.1.4　粉煤灰、石墨和炭黑的分散性分析

为了进一步解释粉煤灰、石墨和炭黑分散体系的沉降现象，研究了沉降规律。第一步是对系统中的分散颗粒进行力分析。分散在液相中的固体颗粒在沉降和颗粒间相互作用力上，会受到重力、浮力和流体阻力。在这些力中，固体颗粒间的相互作用主要是范德华力和静电力。如果这些粒子是疏水的，那么这些粒子也存在疏水相互作用。此外，当吸附层位于颗粒表面时，还需考虑到空间位阻力。研究表明液体体系中粒子间范德华力作用力的

有效距离在 50nm 以内，静电力作用下粒子间的有效距离在 100~300nm 以内，疏水力作用下粒子间的有效距离在 10nm 左右，以及空间位阻力 50~100nm。

前期研究探索了涂料配方中的各种填料类型，由于涂层体系相对复杂，因此，将单独明确讨论。使用先前基本涂层配方中的填料颗粒比例，确定了颗粒数量、其特性和理论颗粒间距。通过式（6-3）和式（6-4）计算重力（G）和浮力（F）。

$$G = \rho_s g \pi \, d_s^3 / 6 \tag{6-3}$$

$$F = \rho_L g \pi \, d_s^3 / 6 \tag{6-4}$$

式中，ρ_s 为颗粒密度；ρ_L 为液体密度；d_s 为颗粒直径；g 为重力加速度（9.81m/s^2）。

对于初始完全分散体系，三种粒子的表面间距均大于 300nm，这表明粒子间的相互作用力可以忽略不计，粒子主要受重力和浮力的影响。因为重力大于浮力，所以会发生沉降。颗粒尺寸影响系统中颗粒的最终速度。在层流条件下，颗粒在水中和苯丙乳液中的最终速度（$Re \leqslant 1$）可以分别使用式（6-5）和式（6-6）计算。牛顿流体中颗粒的沉降规律可以计算如下。

$$u_t = \frac{g(\rho_s - \rho_w)}{18\mu} d_s^2 \tag{6-5}$$

而幂律流体中颗粒的沉降规律可以计算为：

$$u_t = d_s \left[\frac{g d_s (\rho_s - \rho_e)}{18K} \right]^{\frac{1}{n}} \tag{6-6}$$

式中，u_t 是最终速度，m/s；g 为重力加速度（9.8m/s^2）；ρ_s 为颗粒密度，kg/m^3；ρ_w 为水密度（0.998g/cm^3，20℃）；μ 是水的黏度（$1.005 \times 10^{-3}\,\text{Pa} \cdot \text{s}$，20℃）；$\rho_e$ 是乳液的密度（1.049g/cm^3）；K 是一致性系数，$\text{Pa} \cdot \text{s}$；n 是幂律指数。

K 和 n 随系统的不同而变化。对于幂律流体，式（6-7）可通过含相关颗粒的苯丙乳液的流变试验计算出各体系中的 K 和 n。通过式（6-7）描述了剪切应力与流体剪切速率之间的关系，并可转化为线性方程，如式（6-8）所示。

$$T = KD^n \tag{6-7}$$

$$\lg \tau = \lg K + n \lg D \tag{6-8}$$

式中，τ 是剪切应力，Pa；D 是剪切速率，s^{-1}。

系统的拟合 K 和 n 通过式（6-8）获得。根据式（6-5）和式（6-6）计算，当粒径大于 160μm 时，石墨分散体系中的大颗粒聚集体显著加剧了石墨在两种体系中的沉降，这些大颗粒聚集体是造成石墨分散稳定性差的主要原因。对于最小平均粒径（0.2μm）的炭黑，炭黑颗粒在苯丙乳液体系中的流体阻力大于重力，因此，整体终端速度相对较慢。对于粉煤灰，苯丙乳液体系也出现了类似的沉降现象，其末端速度相对较慢。当粉煤灰的粒径分布在 0.3~13μm，平均粒径约为 2μm（大于炭黑粒径）时，在水中的终端速度大于炭黑的终端速度。这也验证了前面的实验结果。因此，保持较小的粒径分布有利于有效地提高体系的分散稳定性。

6.3.1.5 六偏磷酸钠作用下的填料颗粒特性

以石墨为例，用扫描电子显微镜（SEM-EDS）分析了六偏磷酸钠对石墨颗粒表面的吸附。石墨的 EDS 结果表明，在图 6-4 中含有六偏磷酸钠的颗粒样品上出现了 P、Na、O 元素。这表明实际上六偏磷酸钠可以通过氢键和化学吸附作用吸附在石墨固体颗粒表面，此外，六偏磷酸盐可以被高岭石亚油酸表面吸附。六偏磷酸钠是一种玻璃状聚磷酸盐，它是一种长链无机盐，其分子式为（NaPO$_3$）$_n$，它是由许多基本结构单元聚合而成的螺旋链聚合物，聚合度（n）约为 20~100。六偏磷酸钠在水性体系中水解，形成带负电荷的长链，这些负电荷的长链吸附在颗粒表面能提高分散稳定性。

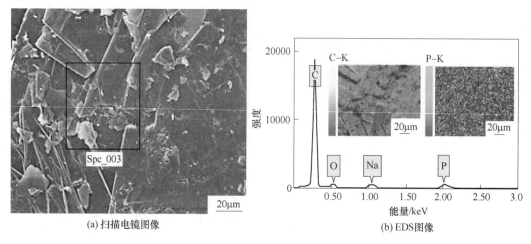

(a) 扫描电镜图像　　　　　　　　　　　　(b) EDS图像

图 6-4　六偏磷酸钠石墨的扫描电镜-EDS 分析

　　基于上述分析，得到图 6-5 所示六偏磷酸钠体系固体颗粒的预测分散模型。对于固体颗粒在六偏磷酸钠中的分散机理，有两种可能的解释：第一，六偏磷酸钠长链结构中含有大量的强负电荷 PO$_3^-$ 基团，这些基团增强了粒子间的静电排斥作用；第二，在颗粒表面形成足够量的六偏磷酸钠吸附层，增加了空间位阻。因此，六偏磷酸钠有效地缓解了异构聚合。

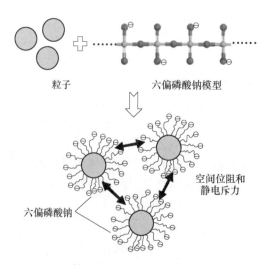

图 6-5　固体颗粒六偏磷酸钠的预测分散模型

6.3.2 导电性

导电填料是指用多种复合导电高分子材料制备的、由导电性材料构成的添加材料，是复合性导电材料中的重要成分，多为导电性能和分散性能良好的金属（银粉或炭黑粉末），或者为导电性纤维（碳纤维）。

目前常用的导电填料有金属类的导电填料、碳系导电填料，金属类的导电涂料具备良好的导电性能，然而金属类导电填料有密度大、在涂料中容易沉淀、容易被氧化等缺点，因此，会导致导电涂料的导电性下降甚至丧失其导电性。在导电填料中，与金属类导电填料相比而言，碳系导电填料有密度较小、耐腐蚀性强、稳定性高及良好的导电性等特点。碳系导电填料中炭黑和石墨是人们常用的导电填料[8]。

填充型导电涂料导电机理主要是指利用导电的一些无机粒子（如石墨、炭黑、金属等）直接加入到不导电的树脂中，与树脂有机结合，赋予涂料的导电性能；结构型导电涂料导电机理主要利用本身就具有导电能力的高分子材料赋予涂料的导电性能；按量子力学理论中所叙述的，作为结构型导电涂料必须具备两个条件：一是结构型导电涂料中大分子的分子轨道可以离域，二是结构型导电涂料中大分子的分子轨道间可以相互重叠。结构型导电涂料中共轭的聚合物本来就可以产生载流子，从而能够显示出光电压效应和光导效应等非常独特的电性能，而对于结构型导电涂料中含有的非共轭链的高聚物，如果它们分子间的 π 电子轨道能互相重叠，也能产生载流子和输送载流子，从而显示出导电性[9]。

碳系填料包括炭黑、石墨、石墨烯、碳纳米管、碳纤维等。炭黑是一种低密度的无定形纳米颗粒，其成本低，电导率相对较高，在聚合物中易于添加，是目前制备各类聚合物导电复合材料时最常使用的碳系导电填料。石墨的导电性比一般非金属矿高 100 倍。导热性超过钢、铁、铅等金属材料。导热系数随温度升高而降低，在极高的温度下，石墨成绝热体。石墨能够导电是因为石墨中每个碳原子与其他碳原子只形成 3 个共价键，每个碳原子仍然保留 1 个自由电子来传输电荷。

对于煤矿井下巷道密封涂料来说，为保证煤矿开采的安全性，涂料的抗静电性十分重要。因此，下文主要介绍了不同导电填料对煤矿井下巷道涂料性能的影响。

6.3.2.1 导电云母粉对材料性能的影响

导电云母粉的质量分数分别设为 0%、4%、8%、12%、16%、20%，为保证瓦斯封堵涂料的阻燃性能，需添加阻燃剂三氧化二锑、氢氧化铝、硼酸锌、70 号氯化石蜡，占 20%；石英粉+白水泥+导电填料的总量占 80%，而且石英粉：白水泥 = 1：2，温度 16.2℃，相对湿度 32%。

用表面电阻测试仪对不同质量分数的材料进行上下表面电阻的测量。表面电阻随导电云母粉的增加而降低，但电阻值在导电云母粉加到 20% 时，上下表面电阻值为 $10^{10}\Omega$ 左右，达不到国家煤安标准 $3\times10^{8}\Omega$ 的抗静电要求，而且涂层开裂现象严重。因此，不选择导电云母粉作为抗静电填料。

6.3.2.2 石墨对材料性能的影响

石墨的质量分数分别设为 0%、4%、8%、12%、16%、20%，温度 17.2℃，湿度 36%。用表面电阻测试仪对不同质量分数的材料进行上下表面电阻的测量。表面电阻随着石墨粉质量分数的增大而减小。石墨粉质量分数较少时，石墨粒子彼此之间的距离较大，所以电阻较大，材料仍表现为绝缘性。当质量分数增加，石墨粒子形成了部分连续的链状结构，各个链段之间有一定的距离，电阻变得相对较小。进一步增加石墨粉，材料电阻的变化趋于平缓，此时大部分石墨粉能够相互接触，在体系中形成了稳定的导电通路网络，新加入的石墨粉只是参与到已形成的导电网络中，形成新的导电通道的几率明显减小，所以石墨粉变化对材料电阻的影响不大。石墨质量分数在 16% 左右时电阻为 $10^6 \sim 10^8 \Omega$，就可以达到国家煤安标准的抗静电要求。但是，随着石墨粉质量分数的增大，材料的吸水率也在逐渐增大，因此乳液和水泥就不能有效将石墨粉颗粒包裹，所形成的聚合物柔性网络和水泥水化刚性网络变得强度差，不完整，缺陷增多，涂层表面形成较多的空隙和微小裂隙，增大了吸水率。以上研究表明，石墨粉并不是质量分数越高越好，石墨粉虽然可以降低表面电阻，但过多的石墨粉会使材料的强度变差，吸水率增大，增加材料成本，所以石墨粉的最佳质量分数为 16%。

6.3.2.3　炭黑对材料性能的影响

炭黑的质量分数分别设为 0%、1%、2%、3%、4%、5%，温度 16.8℃，湿度 35%。用表面电阻测试仪对不同质量分数的材料进行上下表面电阻的测量。上下表面电阻值都随炭黑的增加而减少。炭黑以由非常细小炭黑粒子聚集成的枝链状或葡萄状分散在材料中，炭黑质量分数较低时，彼此链状之间的距离较大，所以电阻较大，材料仍表现为绝缘性；随着炭黑质量分数的增加，分散在材料中的枝链增加，彼此链状之间的距离不断地减小，电阻也随之变小。当炭黑质量分数在 5% 左右的时候，材料的电阻值达到 $10^8 \Omega$ 左右，基本达到国家煤安标准的抗静电要求。结构性是指在粒子连接成长链并熔结在一起而成为三度空间的聚集倾向。炭黑与石墨相比，其结构性较高，表示炭黑粒子间聚集成链状的倾向较强，结构较复杂，使炭黑较易形成导电通道，达到渗域阈值所需的填充量。同时，材料的吸水率随炭黑质量分数的增加而增加。在炭黑与石墨质量分数均为 4% 时，添加炭黑的涂膜吸水率比添加石墨的涂膜高出 9.23%，这是因为炭黑是一种高结构性、高比表面积的物质，在高质量分数下使涂膜原有性能损失较大，造成其防水性能大幅下降；而石墨的弯曲片层结构不利于增大导电粒子在空间接触概率和接触面积，所以下一步结合两者的优缺点对其进行混合，可有效地弥补各自的不足。

6.3.2.4　石墨、炭黑混合填料对材料性能的影响

确定炭黑和石墨混合总量为 5%，改变炭黑与石墨的比例，石英粉+白水泥的总量为 75%，石英粉：白水泥 = 1：2，温度 17.4℃，湿度 31%。在混合填料质量分数为 5% 的时候，改变石墨与炭黑的添加比例会引起电阻明显的变化，由于石墨和炭黑导电粒子在空间结构上存在差异，当石墨填充涂料加入少量的炭黑时，由于炭黑微粒的粒径非常小，所以它能填充到石墨粒子间，原本由聚合物树脂所充满的空间，像桥梁一样将大的、片层结构的石墨粒子连接起来，形成由炭黑粒子和石墨粒子共同组成的三维空间导电网络，使它们之间的相互配合能够有效提高涂层导电性作用。当炭黑：石墨 = 2：3 的时，其上下表面电阻值均可达到 $10^7 \Omega$，抗静电能力最高，完全达到国家煤安标准的抗静电要求。另外，当添加导电填料全部为炭黑时，涂层的吸水率最大，而随着石墨添加比例的增大，涂层的吸水率呈逐渐上升趋势，当炭黑：石墨 = 2：3 时，材料的吸水率最小，防水性能最佳。因

此，在石墨与炭黑的混合填料中，当炭黑∶石墨＝2∶3 时，材料的抗静电性能与防水性能达到最佳。

6.3.3 阻燃性

阻燃剂是煤矿井壁瓦斯密封材料的关键成分[10]。煤矿开采行业瓦斯突出，爆炸时有发生，严重威胁着矿工的安全与生产。因此，要求使用气体密封材料，防止煤矿墙气体泄漏。水泥灌浆材料具有成本低、使用方便等优点，是传统的密封材料。它们不容易引起火灾或静电；然而，水作为传输介质，在经过多次干燥后会留下裂缝，从而降低了气封效率。聚氨酯密封材料也经常用于煤矿瓦斯密封，它们可以封闭煤矿井壁的裂缝，防止瓦斯泄漏，然而，聚氨酯是由易燃物质组成的，这限制了其在煤矿井下的应用。另外，由聚合物乳液和水泥结合而成的气体密封材料，可以减少对水和水泥的需求，聚合物乳液的一些活性基团与钙、铝或其水化产物发生交联反应，然后形成特殊的桥连作用，改变了内部结构，提高了密实度，因此，聚合物水泥材料可以显著提高气密封性能。然而，聚合物乳液是易燃的，含有聚合物乳液的材料不符合煤炭行业标准 MT 113—1995[2]。

在聚合物乳剂中加入阻燃剂是保证煤矿井下气体密封胶安全高效的有效途径之一。阻燃剂具有高热容量和低导热性，因此可以隔热并防止材料中的排气温度上升。但如果阻燃剂的种类和用量选择不合理，将严重影响煤矿瓦斯密封材料的物理力学性能。在耐火性能和材料的其他性能之间取得平衡是非常重要的。为了使材料达到一定的阻燃要求，一般需加入相当量的阻燃剂，但阻燃剂种类选取不当或加入量过多，会较大幅度地恶化材料的物理机械性能。因此，应根据阻燃标准要求，在材料的阻燃性及其他使用性能间寻找最佳的综合平衡。此外，在提高材料阻燃性的同时，应尽量减少材料热分解或燃烧时生成的有毒气体量及烟量，以减少由于窒息造成的伤亡。下面将通过实验选择出合适的阻燃剂种类和合适的添加量。

6.3.3.1 不同阻燃剂配方涂层比较

选取氯化石蜡、聚磷酸铵、氢氧化铝、氢氧化镁 4 种阻燃剂进行研究，在配制成阻燃剂添加量为 10%（占粉料质量）、液粉比为 0.5 的情况下考察阻燃剂对涂层的影响。氯化石蜡配方和氢氧化铝配方涂层平整不开裂，聚磷酸铵、氢氧化镁配方开裂变形严重。这是由于聚磷酸铵与水泥水化产物发生反应，释放出氨气，致使料液黏稠，凝固加快，不易涂覆成膜。氢氧化镁具有较强的表面极性，晶体表面带有正电荷，粒子之间的团聚性强，在高分子材料中的分散性和相容性较差，可以使乳液变得不稳定，添加氢氧化镁配方在混合搅拌 2min 左右时材料产生瞬凝现象，瞬间变得异常黏稠，无法搅拌和施工。

6.3.3.2 阻燃剂添加量对阻燃效果的影响

氯化石蜡和氢氧化铝对材料的成膜性影响不大，继续对氯化石蜡和氢氧化铝进行研究。并考查氯化石蜡、氢氧化铝添加量对阻燃性能影响。

随着氯化石蜡添加量的增大，在酒精喷灯阻燃实验和酒精灯阻燃实验中，材料的有焰燃烧时间明显缩短。这是因为氯化石蜡阻燃机理为受热后分解释放出氯化氢气体，因为氯化氢气体密度大于空气，沉于燃烧物表面形成阻燃层，氯化石蜡越多，单位时间产生的氯化氢气体越多，阻燃效果越好。添加量达到 10% 时，阻燃性能基本能够达到 MT 113

1995 标准要求。继续添加阻燃效果增长不大，过多的氯化石蜡添加，会使成本增加，有毒烟气量增多，拉伸性能和防水性能降低，所以 10% 的添加量较好。

氢氧化铝分解吸收大量的热，使聚合物材料温度降低，减慢了分解速度；分解出的水气，稀释了可燃性气体和氧气浓度，可以阻止燃烧；生成的难燃氧化铝沉积在聚合物表面，可以起到阻燃作用；氢氧化铝填充与聚合物，使可燃高聚物的浓度下降。氢氧化铝添加量越大，分解吸收的热量就越多，产生的水气浓度就越大，生成的氧化铝也越多，高聚物的浓度就越小，所以阻燃效果越好。单独使用氢氧化铝做阻燃剂，添加量要达到 20% 以上才能达到 MT 113—1995 标准要求。综上所述，为达到 MT 113—1995 阻燃标准，氯化石蜡添加量要为 10%，太高的添加量会产生较多有毒烟气，阻燃效果增加不大，而且会降低材料性能、增加材料成本。氢氧化铝添加过多会降低材料的断裂伸长率，材料弹性变差，易开裂，所以氢氧化铝不能作为主要阻燃剂，只能作为辅助阻燃剂和抑烟剂，添加量不能超过 10%。为了进一步降低成本，下面考察复合阻燃剂对阻燃性能影响。

将几种阻燃剂复配使用，可以利用几种阻燃剂之间的协同作用提高阻燃效率，减少阻燃剂用量，降低发烟量，降低阻燃剂对材料其他性能的影响。分别配制 10% 氯化石蜡、5% 氢氧化铝、10% 氯化石蜡 +5% 氢氧化铝和 8% 氯化石蜡 +3% 氢氧化铝这 4 种阻燃剂添加量的粉料配方，与 S400F 乳液以 0.5 的液粉比混合制备成标准涂层，测试阻燃性能和发烟时间。

氯化石蜡和氢氧化铝复配以后，有焰燃烧时间和发烟时间比单独使用氯化石蜡的配方都有明显降低，这是因为氯化石蜡阻燃效果较好，但会促进高分子材料在火焰下发烟；氢氧化铝具有良好的抑烟作用，但会引起材料力学性能的显著降低。将两者复配，可以降低发烟量，且可以减少氯化石蜡用量，制成低烟、低卤的阻燃材料，复配的阻燃剂添加到 11% 左右，阻燃性能比单独添加 10% 的氯化石蜡好很多，发烟时间缩短。

6.3.4　密封性

6.3.4.1　气密性

气密性是瓦斯封堵材料的核心性能指标，然而由于煤矿井下环境的复杂性，现有气密性检测方法无法有效模拟瓦斯涌出环境进行材料气密性检测，且检测费用高、操作复杂，一定程度限制了瓦斯封堵材料的开发研究。本节自主设计了一种气密性检测装置，该设备投入低、操作简单，并适合模拟煤矿井下壁面瓦斯涌出环境，进行瓦斯封堵材料气密性的检测[11]。

A　新型气密性检测装置

本节介绍自主设计的一种适用于实验室条件下封堵材料气密性检测的装置，其结构和实物如图 6-6 和图 6-7 所示。

本气密性测试装置主要由气瓶、气体渗透室、U 形玻璃管压差计三部分组成。其中空气钢瓶（1）由软管（2）与气体渗透室的进口相连，软管上装有进气阀（3）；气体渗透室的出口由软管（12）与 U 形玻璃管压差计（13）相连；气体渗透室由筒体（11）、法兰（4）、材料（5）、螺栓（6）、垫片（7）、螺母（8）、煤粒（9）、气体分布器（10）组成；装有进气阀（3）的软管（2）与气体分布器（10）连接。

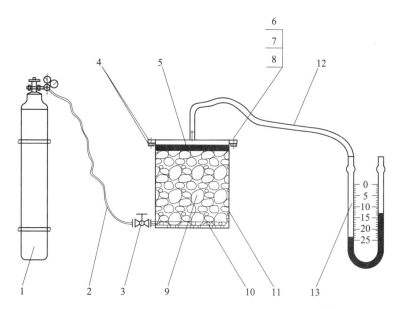

图 6-6　瓦斯封堵材料气密性检测装置结构示意图[12]

1—空气钢瓶；2，12—软管；3—进气阀；4—法兰；5—涂料；6—螺栓；7—垫片；8—螺母；
9—煤粒；10—气体分布器；11—筒体；13—U 形玻璃管压差计

图 6-7　瓦斯封堵材料气密性检测装置实物[11]

本装置可以通过在渗透室筒体内部充填煤样，从而模拟煤矿井下煤层中的瓦斯气体通过壁面涂料向巷道中渗透的情况。主要原理为：通过记录渗透前后 U 形玻璃管压差计液位高度，输入自主设计的气密性计算软件，得出测试前后气体通过材料发生渗透的渗透压差，从而快捷精确地得到瓦斯封堵材料的气密性参数。

本气密性测试装置体积小、设备投入低、操作简单，与市面上薄膜、片层材料气密性的测试费相比，检测成本很低，非常适合煤壁涂料的实验室测试研究。

B 气密性测试方法

涂层试件的气密性检测步骤如下。

（1）试验准备：将约 1~5mm 的煤粒填充到检测装置的筒体中。煤粒表面保持平坦，以模拟煤矿的自然条件（图 6-8（a））。使用塑料垫圈防止漏气，保护涂层不被压碎和破裂。将准备好并烘干的涂层样品夹成一个圆圈，然后放在煤粒上（图 6-8（b））。涂布的尺寸应略大于测试桶的横截面积，以防止边缘漏气。在涂层试件上方放置保留有固有开口区域（即涂层薄片的透气区域）的金属板（图 6-8（c））。配置的法兰覆盖在金属板上，以便它们可以彼此很好地配合。然后使用螺栓和螺母将法兰与筒体紧密密封，以防止设备漏气（图 6-8（d））。

(a) 测试桶内装满了煤粒，并安装了密封垫圈

(b) 涂层试件的安装

(c) 安装有限制透气区的金属板

(d) 密封后的气密性试验

图 6-8 气密性检测的准备工作[11]

（2）气密性检测步骤：打开气缸和进气阀，快速充气至达到一定压力强度，然后关闭气缸和进气阀。填充桶内煤粒缝隙的气体通过固化涂层渗透到与法兰相连的软管中。采用该方法模拟井下瓦斯从煤壁排出后通过涂层向巷道渗透的过程。一段时间后，气体渗透性趋于稳定，并记录开始渗透和稳定时 U 形管差压计上的液位。通过多次测量获得多个实验样品，并据此计算煤壁涂层的气体渗透系数。

C　气密性计算方法

将渗透前后 U 形管差压计上的液位及试验过程中的其他相关参数输入到自行设计的煤壁涂层透气系数计算程序（Excel 计算软件）中。得出涂层的透气系数，为煤矿井下巷道瓦斯涌出环境下煤壁涂层的气密性评价提供参考。以 60g CFA 的涂层试件为例，渗透率在 900s 时趋于稳定，为 0.24m，涂层厚度为 0.0028m，气体渗透系数的计算参数示意图如图 6-9 所示，该示意图是由图 6-6 中密封涂层气密性检测装置的原理图，将实测数据代入自行设计的"煤壁涂层气体渗透系数计算程序"中，计算煤壁涂层的气体渗透系数，计算出该涂层的气体渗透系数 P 为 $2.95×10^{-13}\mathrm{cm}^2/(\mathrm{s}\cdot\mathrm{Pa})$。

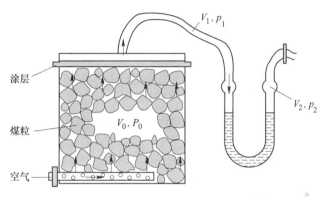

图 6-9　气体渗透系数计算参数示意图[11]

通过记录渗透前后 U 形玻璃管压差计液位高度，输入自主设计的气密性计算软件，从而精确地得到瓦斯封堵材料的气密性参数。所述的煤壁涂料气密性参数的计算程序可由式（6-9）~式（6-13）计算所得。

$$\Delta n = n' - n = \frac{p_1'V_1' - p_1V_1}{RT} = \frac{(p_1 + 2\rho g\Delta H)(V_1 + \Delta HA) - p_1V_1}{RT} \tag{6-9}$$

$$p_0' = p_0 - \Delta p = 2p_1 - \frac{\Delta nRT}{V_0} \tag{6-10}$$

$$\Delta p_{\mathrm{mean}} = \frac{(p_0 - p_1) + (p_0' - p_1')}{2} \tag{6-11}$$

$$k = \frac{Nd}{\Delta p_{\mathrm{mean}}ts} \tag{6-12}$$

$$P = \frac{kM_{空气}}{\rho_{空气}N_A} \tag{6-13}$$

式中，Δn 为渗透增加空气的摩尔数；p_1 为 U 形管左管空气压强（初）；V_1 为 U 形管左管空气体积（初）；p_1' 为 U 形管左管空气压强（终）；V_1' 为 U 形管左管空气体积（终）；p_0 为渗透室压强（初）；p_1' 为渗透室压强（终）；V_0 为渗透室体积；Δp_{mean} 为渗透过程中平均压差；k 为该温度下气体渗透系数；P 为变换单位后的渗透系数。

D　检测结果对比分析

使用本装置对 60% 超细粉煤灰材料的气密性能进行测定，并与之前委托兰光机电技术公司包装安全检测中心采用压差法气密性仪所得气密性数据进行对比，本装置所测得材料

的气密性为 $3.11 \times 10^{-10} \mathrm{cm}^3 \cdot \mathrm{cm}/(\mathrm{m}^2 \cdot \mathrm{s} \cdot \mathrm{cmHg})$，压差法气密性仪所测得的气密性为 $3.841 \times 10^{-10} \mathrm{cm}^3 \cdot \mathrm{cm}/(\mathrm{m}^2 \cdot \mathrm{s} \cdot \mathrm{cmHg})$，结果表明使用本装置各试件所测渗透系数与山东济南兰光压差法气体渗透仪所测试的数据基本接近，说明本装置及测试方法具有较好的科学性和适用性，测试所得数据可靠。

6.3.4.2　不透水性

目前防水涂料的防水机理可以分为两大类型：一类是通过形成完整的涂层阻挡水的通过或水分子的渗透；另一类则是通过涂层本身的憎水作用来防止水分子透过[13]。煤矿井下防水防火功能性材料是通过致密的涂层来阻挡水的透过或水分子的渗透。聚合物颗粒可以填充在材料毛细孔内部，以及在凝胶体的表面形成致密的膜，还可以与水泥水化产物发生交联反应，使涂层内部结构更加致密，空隙和微裂缝大大减少，即使还有空隙，空隙也小于几个纳米，自然界中处于缔合状态的水分子团由于粒径较大便无法从这些间隙中通过，这就是涂层具有防水功能的主要原因，也是聚合物水泥防水涂料比单纯的水泥类材料防水性好的原因。

涂层制备好后，脱模后切取 150mm×150mm 的试件 3 块。将试件在标准条件下放置 1h，并在标准条件下将洁净的自来水注入不透水实验仪中至溢满，开启进水阀接着加水压，使储水罐的水流出，清除空气。将试件涂层面迎水置于不透水仪的圆盘上，再在试件上加一块相同尺寸、孔径为 0.2mm 的铜丝网布，启动压紧，开启进水阀，关闭总水阀，施加压力至规定值，保持该压力 30min。卸压取下试件观察有无渗水现象。记录每个试件有无渗水现象。

参考 GB/T 23445—2009《聚合物水泥防水涂料》标准，采用不透水仪对固化 7 天的涂层进行不透水测试，满足 0.3MPa、30min 不透水指标，间接证明了其优秀的密封效果。

6.3.4.3　影响密封性的因素[14]

体系内部结构松散是影响涂料气密性的一大重要原因，由于在涂料制备过程中，通常需要较高的搅拌速度对其进行搅拌，因此，在涂料搅拌过程中不可避免地会把空气中的气泡带入到体系内部，进而使得体系内部结构不致密，从而影响涂料的气密性。

因此，在制备密封涂料的过程中，气泡的消除显得尤为重要。消泡包括抑泡和破泡两个方面，当体系加入消泡剂后，消泡剂在泡沫体系中造成表面张力不平衡，破坏泡沫体系表面黏度和表面弹性，其分子抑制形成弹性膜阻止泡沫的生产，称为抑泡。对于已经存在的泡沫，消泡剂分子迅速散布于泡沫表面，快速铺展，进一步扩散、渗透，取代原泡膜薄壁。由于其表面张力低，便流向产生泡沫的高表面张力的液体，气泡膜壁迅速变薄，导致破泡。以下为不同消泡剂对密封涂料的作用程度[6]。

A　不同消泡剂的临界胶束浓度

对比了消泡剂 S202（主要成分为疏水成分和脂肪族矿物油）、消泡剂 202（主要成分为疏水成分和脂肪族矿物油）、磷酸三丁酯（分析纯）三种消泡剂。为了得到各消泡剂使材料与煤壁间接触角降低效果最佳的浓度值，首先测定了所选用的消泡剂在乳液浓度为 0.1g/L 的乳液水溶液中的临界胶束浓度。溶液中加入表面活性剂后，表面张力会降低；当加入浓度增加到一定程度时，会有一个明显的折点出现，此时溶液开始缔结成胶束，此浓度称为临界胶束浓度（CMC），其可由两表面张力曲线的直线相交确定。其中磷酸三丁酯的 CMC 值为 0.08%，202 的 CMC 值为 0.02%，S202 的 CMC 值为 0.16%。

B 不同消泡剂的煤壁接触角

在涂料的施工过程中，由于施工要求与成本考虑，底涂应喷涂乳液浓度（E/W）为 0.5 的底涂材料，以保证应用效果，面涂应喷涂低乳液浓度（E/W）材料，降低喷涂成本，故应考察乳液浓度对材料与煤壁接触角的影响。测定过程中，材料与煤壁接触角在接触时间在 20s 内变化较大，30s 时已经趋于稳定。采用连续摄像的方法，记录材料与煤壁在 2min 内的动态接触角变化，并选取 1min 内的动态接触角数值作为研究数据。实验分别测定了不添加消泡剂、添加 0.08% 磷酸三丁酯、添加 0.02% 202、添加 0.16% S202 的不同乳液浓度（E/W）材料与煤壁间的接触角。一般煤与水的润湿接触角为 60°~85°，煤是一种强疏水物质。本节所用煤块与水的接触角为 65.1°，表明所用煤块具有很好的代表性。

随着乳液浓度的增加，材料与煤壁的初始接触角会增大；当接触时间为 1min 时，不同乳液浓度的材料与煤壁的接触角均保持在 61°左右并趋于稳定，表明不同乳液浓度材料在煤壁表面均不容易润湿和渗透，一定程度上影响了材料应用过程中的综合瓦斯封堵性能。因此，改善材料在煤壁表面的润湿性，对材料的实际应用效果的提升十分必要。

加入磷酸三丁酯后，较大幅度降低了不同乳液浓度材料与煤壁的初始接触角，且当接触时间为 1min 的时候，不同乳液浓度材料与煤壁的稳定接触角均保持在 42.5°左右。

磷酸三丁酯的加入对材料与煤壁的初始接触角和稳定后的接触角均达到了很好的降低效果。202 和 S202 对不同乳液浓度材料与煤壁接触角的降低效果呈现出一致的趋势，当乳液浓度较低时，二者对初始接触角和稳定后接触角的降低效果不明显；随着乳液浓度的升高，其相应初始接触角减小，且降低效果显著提升。

磷酸三丁酯较难溶于水，20℃时磷酸三丁酯在纯水中的溶解度约为 0.095%，0.08% 的磷酸三丁酯添加浓度可以确保完全混匀于溶液中，故加入磷酸三丁酯后不同材料稳定后的接触角基本不受乳液浓度的影响，均可以维持在较低的范围内。202 和 S202 主要由疏水成分和脂肪族矿物油组成，极难溶于水，却在苯丙乳液中有着良好的溶解性。低乳液浓度状态下，不利于 202 和 S202 的溶解和分散；随乳液浓度的升高，会大幅提升其在溶液中的溶解度，较好地改变材料在煤壁的润湿性，因此对试样与煤壁接触角的降低效果也会越好。

C 不同消泡剂的煤壁接触角降低幅度分析

分别计算加入不同消泡剂试样与煤样接触角的降低幅度：

$$\Delta Q = \frac{Q_{原液} - Q_{溶液}}{Q_{原液}} \times 100\% \qquad (6\text{-}14)$$

式中，ΔQ 为接触角相对下降幅度；$Q_{原液}$ 为原乳液水溶液与煤样接触角的平均值；$Q_{溶液}$ 为添加助剂后溶液与煤样接触角的平均值。

通过三种消泡剂对不同乳液浓度材料与煤壁接触角的降低幅度可以得出，202 与 S202 对材料与煤壁接触角降低效果受材料乳液浓度影响较大。磷酸三丁酯基本不受材料乳液浓度的影响，降低幅度可达 30%~40%，有效改善煤壁表面的润湿性。在材料的实际应用中，磷酸三丁酯具有更好的适用性。

由对不同消泡剂临界胶束浓度和煤接触角的分析可知，在密封涂料的应用中，磷酸三丁酯具有更好的适用性。在此基础上，用扫描电子显微镜（SEM）对添加和未添加磷酸三丁酯的材料进行了表面和内部微观形貌分析，以探究磷酸三丁酯对材料微观结构的影响。

a　表面微观形貌对比

由图 6-10 表面微观形貌对比可以得出，不添加磷酸三丁酯试件表面极不平整，且固化过程中气泡破裂会在表面形成较多缩孔；添加磷酸三丁酯的试件表面均没有形成缩孔，且相对平整度好，固化后仅形成少量的细小纹路。磷酸三丁酯可以防止表面弊端的产生，有效改善了材料的表观性能。

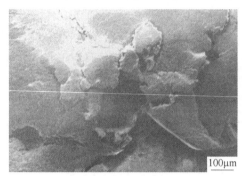
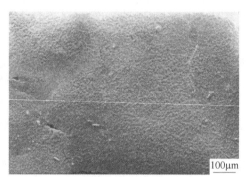

(a) 无磷酸三丁酯试件　　　　　　　　　　(b) 添加磷酸三丁酯试件

图 6-10　试件表面的 SEM 图

b　内部微观形貌对比

由图 6-11 内部微观形貌对比可以明显得出，未添加磷酸三丁酯试件内部有少量的较大孔洞，对孔洞周围进一步放大观测，结构相对致密，说明较大孔洞是由于制备过程中气泡的混入而形成；添加磷酸三丁酯试件内部均无较大孔洞产生，且结构均匀致密，充分说明消泡剂磷酸三丁酯的加入对材料内部孔隙结构的优化效果，其可以明显提升材料的内部微观结构的致密性，从而切实提升材料的气密性。

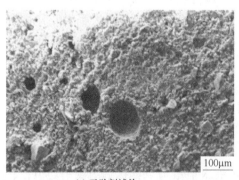
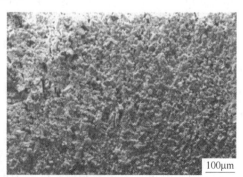

(a) 无助剂试件　　　　　　　　　　　(b) 添加磷酸三丁酯试件

图 6-11　试件内部的 SEM 图

通过对其气密性的测试，未添加磷酸三丁酯的超细粉煤灰试件气密性为 2.91×10^{-10} $\mathrm{cm^3 \cdot cm/(m^2 \cdot s \cdot cmHg)}$，添加磷酸三丁酯的超细粉煤灰试件气密性为 1.84×10^{-10} $\mathrm{cm^3 \cdot cm/(m^2 \cdot s \cdot cmHg)}$。由此可见，磷酸三丁酯的加入明显提升了材料的气密性能。添加磷酸三丁酯后，磷酸三丁酯通过消除材料制备过程中混入的气泡，避免了部分较大孔洞的形成，同时其对材料内部流动性的改善，也使固化后的材料内部结构更为均匀致密，从而切实提升材料的气体密封性能。因此，磷酸三丁酯的加入可以使材料在实际应用过程中，更为有效地阻隔瓦斯气体的逸出。

材料喷涂于煤壁表面后不仅要与煤壁充分黏结，更要有效渗透到煤层内部，才能确保材料对瓦斯封堵效果的长期有效。材料固化后，添加磷酸三丁酯的试样不仅在煤样表层形成了致密的固化涂层，同时材料较好地渗透进入了煤样体系内部，黏结了较多的煤样且渗透较深；未添加磷酸三丁酯试样固化后材料渗透较浅，可以明显看到固化后材料大部分堆积于煤样外部表层而未达到有效渗透，这样不仅产生了材料浪费，也降低了材料的长期应用效果。因此，磷酸三丁酯的加入可有效克服材料在煤壁表面浸润性差的缺点，使封堵材料在煤样内部更为有效的渗透，对于实际应用过程具有很大的应用价值。

进一步观察不同材料与煤样的微观结合、渗透和发展情况，对比分析其对密封效果的影响，添加磷酸三丁酯试样黏结的煤样量更多；未添加试样仅在接触界面表层黏结了少量的细小煤颗粒。加入磷酸三丁酯后，材料在煤样表面及内部的整体流动性会更好，从而在渗透结束后，材料中白色的胶凝体能够有效地渗透到煤样内部，填充煤样内部颗粒间的孔洞，不仅有利于材料在煤样表面的长期黏结，同时使煤样内部结构更为紧密，起到二次封堵的效果，提升了封堵性能。未添加磷酸三丁酯材料中的白色胶凝体大部分仍聚集于材料内部，并未由界面处向煤样内达到有效的渗透。

添加磷酸三丁酯试样与未添加试样相比，其与煤样的结合处无空白区域，结合更为紧密，而未添加磷酸三丁酯试样煤样与材料接触面有大的空洞产生。磷酸三丁酯的加入不仅有利于材料在煤样内部的渗透，更可以使材料与煤样更为紧密地黏结，从而有效提升材料的实际综合应用效果。

由于在瓦斯封堵材料固化过程中，水泥首先发生水化反应生成水化硅酸钙凝胶和游离的 $Ca(OH)_2$，如式（6-15）所示。

$$3C_3S + nH_2O \longrightarrow xC—S—H + (3 - x)Ca(OH)_2 \qquad (6-15)$$

其中，一部分游离的 $Ca(OH)_2$ 会和粉煤灰中 SiO_2、Al_2O_3 活性组分反应生成水化物，如式（6-16）和式（6-17）所示：

$$SiO_2 + xCa(OH)_2 + nH_2O \Longrightarrow xCaO \cdot nH_2O \qquad (6-16)$$

$$Al_2O_3 + yCa(OH)_2 + mH_2O \Longrightarrow yCaO \cdot Al_2O_3 \cdot mH_2O \qquad (6-17)$$

同时，游离的 $Ca(OH)_2$ 和聚合物乳液中所存在的大量 RCOOR 发生反应，生成大量的 $[RCOO^-]Ca^{2+}[RCOO^-]$ 无机-有机复合凝胶，如式（6-18）和式（6-19）所示：

$$RCOOR + OH^- \longrightarrow RCOO^- + R(OH) \qquad (6-18)$$

$$2RCOO^- + Ca^{2+} \longrightarrow [RCOO^-]Ca^{2+}[RCOO^-] \qquad (6-19)$$

最后，上述反应所形成的大量的 $[RCOO^-]Ca^{2+}[RCOO^-]$、粉煤灰火山灰反应水化产物和水泥水化产物共同包覆于固体粉料和聚合物颗粒表面，形成良好的复合优化机制，从而使材料的综合瓦斯封堵性能得到提升。

而磷酸三丁酯的加入，主要提升了 $[RCOO^-]Ca^{2+}[RCOO^-]$ 凝胶体的流动性。在材料的固化过程中，随着材料渗透的进行和水分的减少，具有良好流动性的 $[RCOO^-]Ca^{2+}[RCOO^-]$ 胶凝体可以和毛细孔中的聚合物颗粒更为均匀地发生凝聚而形成连续的致密薄膜，从而将煤样与材料紧密胶结并有效充填孔洞，从而使得整个体系更加致密，进而使材料的密封性得到提升。

6.3.5 机械性能

6.3.5.1 黏结性

A 测试方法

黏结强度是指两种材料黏结在一起时，单位界面之间的黏结力。涂层要有足够的黏结力，以使其有效地黏结于施工基体，不易脱落。测量方法如下。

用符合 GB/T 175 的 425 号普通硅酸盐水泥及中砂和水按重量比 1∶2∶0.4 配成砂浆，在图 6-12 所示的金属模具中，插入 0.5mm 厚的金属片后，灌入配好的砂浆捣实抹平，24h 后脱模，将"8"字砂浆块在水中养护 7 天，风干备用。将"8"字砂浆块一分为二，清除断面上的浮砂，并涂刷厚 0.5~0.7mm 试样，根据产品的稠度不同可一次涂刷，也可分几次涂刷，每次间隔 24h。涂刷后在（40±2）℃下烘干 1h，最后一道涂刷待表面收水后，对接两个半"8"字砂浆块，放在釉面砖上，0.5h 后移入干燥箱内，于（40±2）℃下干燥 24h，按相同方法同时制备 5 个试件。

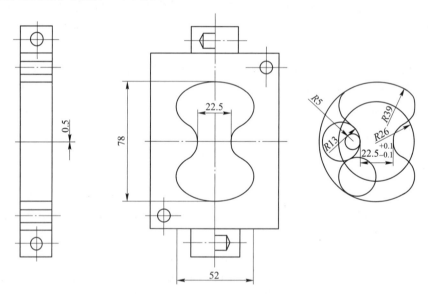

图 6-12 "8"字型金属模具[10]

将试件在标准条件下放置 2h，实验前先将实验机安装成单杠杆式，并调整零点，然后把试件置于实验机的夹具中，启动实验机至试件拉断为止，记下此时的读数。黏结性以黏结强度表示，实验结果取 3 个试件的算术平均值精确到 0.01MPa。

B 超细粉煤灰添加量对涂料黏结强度的影响

黏结强度对于煤矿井下壁面瓦斯封堵材料的实际应用具有重要影响。良好的黏结强度对材料的长期瓦斯封堵效果影响尤为显著，只有涂层具备一定的黏结性，才可以有效地黏结于煤层壁面而不易脱落，从而确保瓦斯封堵效果的长期有效。

当材料的龄期为 7 天时，添加有超细粉煤灰材料的黏结强度均低于水泥涂料。当超细粉煤灰添加量为 0 时，此时涂层黏结强度最大为 0.92MPa；当超细粉煤灰含量为 60%，黏结强度可以达到 0.88MPa，符合 GB/T 23445—2009《聚合物水泥防水涂料》中规定的 Ⅱ级≥0.7MPa 要求。由于超细粉煤灰具有火山灰效应，故具有替代水泥作为填充材料的潜力，但涂层龄期与超细粉煤灰用量对火山灰效应的影响很大。当涂层的龄期为 7 天时，由于涂层的年龄相对较短，超细粉煤灰的火山灰效应还不明显；当涂层的龄期达到 14 天时，具有不同比例的超细粉煤灰涂层黏结强度会变得非常强。

进一步分析结果表明，当龄期达到 14 天时，60% 超细粉煤灰试件中出现了水化硅酸钙（C—S—H），硅酸钙水合物是超细粉煤灰火山灰反应的生成物。此外，超细粉煤灰样品中还生成了含水钙铝硅酸盐，它是由铝、钙、氢、氧、硅形成的一个具有密集矩阵的矿物，这些综合因素共同导致超细粉煤灰材料有较高的强度和耐久性。火山灰反应也随超细粉煤灰的大量加入有所增强。当超细粉煤灰添加量为 60% 时，涂层黏结强度较优，作为煤矿井下瓦斯封堵材料会长期黏结于煤壁表面，不易回弹与脱落，有效确保材料的瓦斯封堵效能。

C　消泡剂磷酸三丁酯对材料黏结强度的影响

当材料龄期为 7 天时，添加磷酸三丁酯试样的黏结强度均大于未添加磷酸三丁酯试样。磷酸三丁酯的加入，可显著提升材料在基材表面的润湿性，使材料达到更为有效的渗透，从而显著提升材料黏结强度。同时，随超细粉煤灰添加量的增加，强度增幅依次可达到 20.7%、29.1%、31.7%、32.5%。这可能是由于随着超细粉煤灰的加入，超细粉煤灰与普通水泥间的合理分布可以使添加超细粉煤灰的涂层内部形成更为良好的级配，这使得在加入磷酸三丁酯后，对材料整体流动性和润湿性的改善效果更佳。此外，添加磷酸三丁酯后，其对材料整体流动性的提升，也可以一定程度促进材料内部超细粉煤灰火山灰反应的发生。因此，磷酸三丁酯的双重功能使得其对材料的黏结强度具有显著的提升作用。

6.3.5.2　拉伸性

A　测试方法

将制备好的涂层，在达到规定龄期后再经（50±2）℃干燥箱中烘 24h，取出后在标准条件下放置 2h 以上，然后用切片机切割涂层，制得符合 GB/T 528 规定的哑铃状 Ⅰ 型试件（图 6-13）。

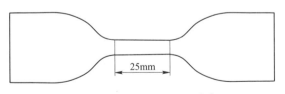

图 6-13　哑铃状 Ⅰ 型试件[10]

将试件在标准条件下放置至少 2h，然后用直尺在试件上划好两条间距 25mm 的平行线，并用厚度计测出试件标线中间和两端三点的厚度，取其算术平均值作为试样厚度，装在拉伸实验机夹具之间，夹具间标距为 70mm，以 20mm/min 拉伸速度拉伸试件直至断裂，记录试件断裂时的最大荷载，并量取此时试件标线间距离（L_1），精确至 0.1mm，测试 5 个试件，若有试件断裂在标线外，其结果无效，应采用备用件补做。

拉伸强度按式（6-20）计算：

$$P = F/A \tag{6-20}$$

式中，P 为拉伸强度，MPa；F 为试件最大载荷，N；A 为试件断面面积，mm^2。

$$A = b \times d$$

式中，b 为试件工作部分宽度，mm；d 为试件实测厚度，mm。

断裂伸长率按式（6-21）计算：

$$L = (L_1 - 25)/25 \times 100\% \tag{6-21}$$

式中，L 为试件断裂时的伸长率，%；L_1 为试件断裂时标线间的距离，mm；25 为拉伸前标线间的距离，mm。

实验结果取 3 位有效数字，并以 5 个试件的算术平均值表示。

B 涂料的拉伸性能

对于聚合物水泥材料，聚合物乳液的比例是决定涂层断裂伸长率和拉伸强度的主要因素。乳液在涂膜形成的过程中可以形成密集的聚合物膜。该聚合物膜具有较强的黏结力和拉伸强度，与粉末填料具有较大的相容性，可显著提高涂层的韧性和拉伸强度，减少涂层的裂纹。一般来说，断裂伸长率越小的材料，拉伸强度越高。

不同超细粉煤灰添加量的试样无处理拉伸强度均可以保持在 2.9MPa 左右，断裂伸长率也可保持在 60%~80% 的范围内。当超细粉煤灰添加量为 60% 时，符合 GB/T 23445—2009《聚合物水泥防水涂料》中规定的 II 级无处理拉伸强度不小于 1.8MPa、断裂伸长率不小于 80% 的要求，综合拉伸性能较优。

6.3.6 施工性

随着粉煤灰无机颗粒的大量掺入，有机颗粒与无机颗粒在结构和性质上均存在较大差别，又因为液固的混合，涂料黏度较低，在后期涂层固化的过程中，无机颗粒容易沉降，发生涂层分层现象，最终会影响涂层综合性能。而涂料成品各方面的性能特点可通过流变性质直接反映，因此涂料在实际应用中的储存及施工性能是可控的。同时随着化学生产技术的不断革新与发展，更多的天然物质或者合成类分子可用于调节涂料的流变性能，这些物质的开发与应用使水性涂料体系流变调节方法更加多样化。在涂料工业中，从涂料制备、产品储存、应用施工到最后的固化成膜各个过程中，流变性能是一个必须重视的重要因素，而涂料自身很难同时满足各阶段性能要求，通常在涂料配方中使用流变助剂来改善其流变性质。

在涂料的配方中，通常会添加一定的填料来改善其性质，降低其成本，但是由于其填料密度大于液体，添加进液体组分中会导致固液分离，所以沉降现象在涂料的储存和使用中常常遇到。因此，为提高涂层稳定性，通常会在配方中添加防沉剂，其具有触变性，可以通过增加涂料的黏度来解决其沉降、结块的问题。但是涂料黏度的增加又会使涂料流平性降低，因此通常选择添加一定的流变助剂来改善其流变性。在水或溶剂系统中添加一定量的流变助剂，一定程度上可以改变涂料体系的流变性能，提供良好的抗沉降和抗流挂特性，减少因体系中无机颗粒的沉降而导致的涂层开裂的问题。同时，黏度是影响涂料流平性能的主要参数，触变剂和润湿剂等添加剂的加入，使得涂料能够更快地实现流平，并且具有更好的最终流平性能。同时，通过流变助剂对涂料流变性能影响的探究，得出在一定用量的流变助剂作用下，涂料有明显的剪切稀化特性，可以有效改善涂料浆体的流动状况。由于流变助剂的种类非常多样，不同的配方设计也会有不同的效果，因此在实际的涂料配方中，往往需要优化其性能配方来满足不同环境施工的要求。所以不断研究各种流变助剂，熟悉其流变性能就显得尤为重要。

6.3.6.1　施工性能测试方法

流变性测试方法：将制备好的不同涂料样品置于旋转流变仪（Malvern，Kinexus Lab+，UK）上进行测试，采用锥板测量夹具，静态力学分析模式下，在 $0.01 \sim 2000 s^{-1}$ 剪切速率范围测试涂料黏度变化情况。然后在 $0.01\% \sim 50\%$ 应变范围、频率为 1Hz 的条件下进行振幅扫描试验，测量了线性黏弹区及弹性模量 G' 随触变剂添加量的变化。随后在 $0.01 \sim 10Hz$ 频率范围、应变为 0.1%（线性粘弹区内）的条件下进行频率扫描试验，测量了储存模量 G'、损耗模量 G'' 随频率的变化情况。在频率为 1Hz、剪切应变 0.1% 的条件下测试涂料黏弹性随时间的变化趋势，得到固化时间的规律。

流挂性测试方法：用滴管吸取制备好的不同涂料样品，滴到垂直放置的水泥板上，观察涂料的流挂情况。

6.3.6.2　简单体系的流变行为

考察无机类增稠剂 AEROSIL R974、合成高分子类 BYK-6500 VF、BYK-420 三种流变助剂分别对粉煤灰基密封涂料流变性能的影响。研究不同流变助剂和纯苯丙乳液组成的简单体系，并对这些简单体系进行力学分析，得出表观黏度剪切速率图谱及线性黏弹图谱，以此来研究乳液和流变助剂之间的相互作用。

将适量的三种流变助剂分别用于相同乳液体系，得到各体系的表观黏度与剪切速率的函数关系曲线。在相同乳液环境，不同助剂因其不同增稠机理与乳液颗粒相互作用形成一定强度的网络结构，因此对流动产生一定黏性阻力，致使三种体系的表观黏度均高于纯乳液黏度。此外，在整个剪切速率区间，随着剪切速率增加，三种体系表观黏度均逐渐下降，显示出明显的剪切稀化特性，这是因为逐渐增加的剪切应力不断施加于样品材料，流变助剂与乳液形成的网络结构被破坏，同时相互卷曲缠结的乳液分子结构也被拉直取向，缠结点减少，从而使表观黏度下降。

对于添加助剂 BYK-6500 和 BYK-420 两个体系，在剪切速率为 $0.01 s^{-1}$ 处的黏度接近 $1000 Pa \cdot s$，均拥有较高的低剪切黏度。其中，添加缔合型增稠剂 BYK-6500 在 $1 \sim 100 s^{-1}$ 剪切范围的表观黏度明显高于另外两体系黏度，这归因于缔合型增稠剂特殊的分子结构及对苯丙乳液颗粒强烈的吸附作用，一般对中剪切范围黏度有较高的增稠效率。

分散于乳液中的气相二氧化硅在乳液连续相通过氢键水和的作用使得黏度增加，起到增稠效果。由于苯丙乳液颗粒具有极性较强的基团，气相二氧化硅表面的硅羟基对于乳液分子上的极性基团有较强的亲和力，致使气相二氧化硅大量聚集于极性基团周围，不容易在整个体系形成结构网络，使得体系稳定性降低，增稠效果不明显，所以整体的黏度明显低于其他两种助剂低剪切黏度。此外，对比纯乳液体系的黏度曲线，AEROSIL R974 体系未显著增加 $0.01 s^{-1}$ 处的低剪切黏度，同时该体系在剪切速率为 $1000 s^{-1}$ 时黏度为 $0.31 Pa \cdot s$，已超出正常涂料黏度曲线的合理范围 $0.1 \sim 0.3 Pa \cdot s$，难以实现较好流平性。预测 AEROSIL R974 体系不会显著改善涂料体系的防沉效果和涂膜的抗流挂性。

除此之外，流变助剂与乳液颗粒之间作用效果可由线性粘弹区进一步分析比较。在非剪切环境中，乳液各颗粒与流变助剂分子之间通过氢键作用或者缔合的方式交联成一定空间网络结构，形成的键合力网络限制了体系微小单元的位置移动。这一结构网络能够阻挡一定范围剪切应力的破坏，在此范围体系只发生弹性形变，当剪切应力超过该体系屈服应力时，体系中紧密的立体网络结构被破坏，开始流动。

在应变范围为 0.1%~50% 区间内，随着应变的增加，AEROSIL R974 体系线性黏弹平台区对比纯乳液体系却提前偏离，该体系形成的网络结构提前被破坏，意味着 AEROSIL R974 的加入降低了乳液体系稳定性。而 BYK-6500 和 BYK-420 体系拥有更大的稳定区域，预示着这两种助剂可增益于涂料体系。继续观察发现，在应变范围 0.1%~1% 选择同一应变点，加入助剂 BYK-6500 的体系相较于其他体系拥有更高的复数模量 G^*，这表明在达到相同应变时，该体系需要更大的作用外力，即需要更大的外力才能破坏体系形成的结构，这也意味着 BYK-6500 体系更加稳定。

综上所述，对比 AEROSIL R974、BYK-6500、BYK-420 三个体系，AEROSIL R974 对乳液体系增稠不明显，同时在高剪切速率 $1000s^{-1}$ 处的黏度贡献较大，还会降低乳液体系稳定性，因此 BYK-6500 和 BYK-420 更适用于本涂料体系。

6.3.6.3　真实涂料体系的流变行为

通过简单的乳液体系对比不足以判断 BYK-6500 和 BYK-420 哪种助剂更适合本涂料，因此在此基础上继续引入填料预分散浆体，进一步分析流变助剂掺量对涂料黏度（静态力学）和涂料黏弹性（动态力学）的影响，进而分析涂料的流变性能。

静态力学分析通过对比助剂添加量对涂料黏度的影响，并通过幂律方程及 Casson 方程对其表观黏度曲线进行拟合，从而得出不同助剂对涂料防沉性能的影响。但静态力学分析的表征并不能全面预测涂料体系的性能，还需要结合其他流变参数来综合评价，因此在此基础上引入动态力学分析。其动态流变参数储存模量 G'、损耗模量 G'' 和损耗角正切 $\tan\delta$ 可以对涂料储存稳定性进行良好的预测和控制。

A　流变助剂掺量对涂料黏度的影响

将填料预分散浆体继续加入乳液，制备真实涂料，在真实涂料体系中分别加入不同质量的流变助剂 BYK-6500 和 BYK-420，通过剪切黏度、触变值及屈服值等表征流变性能，具体考察对比两种助剂分别对涂料体系的影响。样品剪切黏度在剪切速率为 $0.01~2000s^{-1}$ 的区间进行测试，振幅扫描在 0.01%~50% 应变区间进行测试，所有测试均在温度 25℃ 测得。

对比两种涂料体系的黏度曲线，其均表现出明显的剪切变稀特点，为典型的非牛顿流体。随着两种流变助剂添加量增加，体系弱结构交联度随着作用基团数量增加而增加，因此低剪切速率 $0.01s^{-1}$ 处的黏度都不断升高，增稠明显。在剪切速率为 $1000s^{-1}$ 的黏度均小于 0.3Pa·s，均处于合理范围。

虽然低剪切速率的黏度高有助于防止填料颗粒沉底，但是仅通过分析两种体系的黏度有些片面，因此可通过采用不同流变方程拟合表观黏度曲线具体表征不同助剂对涂料防沉等性能的影响。

B　幂律方程拟合分析

幂律方程为工程上应用最为广泛的一种流变模式，可以应用于多种流体。非牛顿流体中，剪切应力与剪切速率的关系可以被幂律方程式（6-22）很好地描述：

$$\tau = KD^n \tag{6-22}$$

将式（6-22）变换可以进一步表述成表观黏度与剪切速率的关系，如式（6-23）所示：

$$\eta = KD^{n-1} \tag{6-23}$$

可通过线性拟合相关黏度曲线，然后计算出各体系中的 K 和 n，并可转化为线性方程式（6-24）。

$$\lg\eta = \lg K + (n - 1)\lg D \tag{6-24}$$

式中，τ 是剪切应力，Pa；K 是稠度系数，代表增稠能力；D 是剪切速率，s^{-1}；n 是幂律指数，量纲为 1。n 值代表了该流体偏离牛顿流体的程度，$n<1$ 时，适用于假塑性流体；当 $n>1$ 时，适用于膨胀性流体；当 $n = 1$ 时，则为牛顿流体本构方程。同时，幂律指数 n 也可用于揭示流体触变性，非牛顿流体 n 值小于 1，而其偏离 1 的程度代表流体的触变性强弱，n 值相对越小，代表触变性越好。

随着助剂添加量的增加，两种体系拟合相关系数 R^2 都趋于 1，但 $R^2_{(420)}$ 较于 $R^2_{(6500)}$ 更接近 1，说明 BYK-420 体系的流变性质可以被幂律方程更好地描述。此外，不同体系有着不同的 n 值，表明每个体系存在各自的流变性质。同时各个体系的 n 值均小于 1，且逐渐变小。BYK-420 体系计算出的 n 值偏离 1 的程度更大，意味着 BYK-420 的加入会使得涂料体系触变性增强，可实现良好的流平性及抗流挂性。对于稠度系数，两体系稠度系数 K 随助剂添加量增加而不断增大，增稠效率明显。

C　Casson 方程拟合分析

表观黏度与屈服值是涂料流变特性的两个重要参数，两种体系很有可能表现出相似的黏度特征，但屈服值出现差异。为了更具体直观地表征两种助剂对涂料的影响，采用 Casson 流变方程回归计算体系屈服值，间接体现不同体系的黏度变化情况及防沉效果。

Casson 方程是可以计算出全部黏度分布图的本构方程，该方程可以准确地描述预测涂料体系的相关流变性质。将表观黏度的平方根和剪切速率平方根后的倒数进行直线回归可得到具体方程，如式（6-25）所示：

$$\eta^{1/2} = \eta_\infty^{1/2} + \tau_0^{1/2}\,\gamma^{-1/2} \tag{6-25}$$

式中，$\eta^{1/2}$ 与 $\gamma^{-1/2}$ 呈线性关系，该方程斜率 $\tau_0^{1/2}$ 的平方值近似为非剪切下的屈服值，而屈服值可以反映出涂料的流平性能和抗流挂性能；截距 $\eta_\infty^{1/2}$ 可以预测在无穷大剪切速率下涂料体系的黏度，此参数可反映涂料在实际应用中的施工性能。

为了更加准确地得到涂料在零剪切情况下的屈服值，假设无穷大的剪切黏度 η_∞ 一定且基本不变，使用 Casson 方程对剪切速率范围在 $1.0\sim100s^{-1}$ 的黏度曲线进行回归，求出零剪切速率下的屈服值 τ_0，可实际反映出涂料的抗沉降、流平等性能。

对于添加助剂 BYK-6500 的涂料，Casson 屈服值随着助剂添加量增加不断增加，当添加量为 0.06%、0.1% 时，此时体系屈服值 τ_0 均大于 10Pa，意味着在使用过程中填料不会发生沉降。添加量为 0.1% 时，屈服值为 38.8603Pa，已经超过 20Pa，这是因为随着 BYK-6500 添加量的增加，体系缔合点数量增加，导致破坏系统网络结构需要更大的剪切力，但此时屈服值虽有利于防止填料沉淀，但会影响施工后的流平效果。

对于添加助剂 BYK-420 的涂料，没有外力作用下，助剂 BYK-420 以其特殊结构的晶体分子均匀分散于体系中，借助氢键缔合形成三维网状结构，显著增加低剪切黏度。随着 BYK-420 添加量的增加，Casson 屈服值先增加后降低，添加量为 0.17%、0.22%、0.28% 的屈服值均大于 10Pa，且添加量为 0.22% 时，屈服值最大，即 20.2122Pa。但对比添加量 0.28% 时，后者屈服值为 19.3582Pa，却低于前者，这是因为添加过多的 BYK-420 出现负增益现象，说明流变助剂添加量应有一个合理的范围。

D　流变助剂掺量对涂料黏弹性的影响

涂料在高剪切速率时剪切黏度低，在低剪切速率时剪切黏度高，可以实现较好的流平性能和抗流挂性能。但是，静态力学分析测得的参数并不能完整全面预测描述涂料的流变性能。两种助剂以不同添加量加入涂料体系，依然会产生剪切黏度趋势相类似的曲线，然而涂料相关流变性能却相差较大。因此，除了参考黏度变化曲线以外，仍需要采用其他测试方法来进一步综合评价助剂与体系其他粒子形成的弱结构稳定性，从微观角度考察其对于本体系的适用性。

动态力学分析是研究材料黏弹性的重要手段，其中的储存模量（G'）和损耗模量（G''）是振荡频率的函数，可以从微观角度分析样品的黏弹性特质，体现系统稳定性。储存模量 G' 表示系统发生形变时可储存的能量，它的大小代表了体系的结构强弱；损耗模量 G'' 表示在体系产生形变时以热能形式而耗散的能量，它代表体系的黏性程度。在一定应变下，储存模量 G' 越高（$G' > G''$），此时体系弹性为主，说明弱结构稳定性越好；否则相反。

研究涂料体系黏弹性受振荡频率的影响规律，需先将测试条件限定于线性黏弹范围内，即测试应在体系结构未被破坏前。所以先对样品进行应变振幅扫描以确定其线性黏弹区。另外，线性黏弹区也可作为参考数据表征系统结构稳定性，因此首先通过线性黏弹图谱来分析各体系稳定性，之后分析黏弹性。

将样品置于旋转流变仪，在 25℃、1Hz 的频率下对样品进行应变扫描。在 0.01%~50% 应变区间内，两体系复数模量 G^* 随着助剂添加量的增加显著增加，体系结构强度逐渐加强。与各自体系前一个添加量相比，当 BYK-6500 添加量为 0.1%、BYK-420 添加量 0.28% 时的非线性行为开始出现在较低的应变幅度。这可能是因为随着助剂添加量继续增加到一定值及以后，体系内可形成缔合的聚集数已经达到一个稳定的最大值，即聚集数不再增加，形成不了更密集的交联，这些流变助剂呈游离态，因体积限制出现絮凝，导致体系稳定性下降，这也说明流变助剂并不是添加越多越利于体系。

复数模量 G^* 的大小间接体现体系的稳定性。采用内聚能方程式，利用上述数据中的储存模量值 G' 和临界应变值 γ_c 能够很好地量化涂料体系内聚能，更具体地表征该体系抗沉降稳定性，其公式如式（6-26）所示：

$$C.E. = 1/2 G' \gamma_c^2 \qquad (6-26)$$

式中，$C.E.$ 为内聚能；G' 和 γ_c 分别为线性黏弹区内的储存模量值和临界应变值。

BYK-420 体系有着数值更大的临界应变 γ_c，这也因此证明了 BYK-420 体系稳定性强于 BYK-6500 体系。同时发现 BYK-420 体系内聚能高于 BYK-6500 体系，因此 BYK-420 体系拥有稳定的结构强度和出色的抗沉降效果及储存稳定性。值得注意的是，随着 BYK-6500 的增加，BYK-6500 体系临界应变值 γ_c 总体减少，这可能由于涂料内部的其他表面活性剂与此类增稠剂一样具有非特定性憎水缔合能力，增稠剂和表面活性剂在乳液粒子表面和分散相表面相互竞争吸附位置，影响吸附稳定性；也或许因为体系的磷酸盐与此类增稠剂同时存在造成不稳定性。

通过涂料的频率扫描测试，验证了 BYK-420 体系的稳定性及考察频率对涂料黏弹性的影响。由各自体系的线性黏弹范围确定应变为 0.1%，于 0.1~10Hz 的频率区间进行频率扫描测试，对损耗模量、储存模量进行比较，结合前面屈服值及内聚能经验，其中 BYK-6500 体系选取助剂添加量为 0.06%，BYK-420 体系助剂添加量选取 0.22%。

在 0.1~10Hz 测试频率范围内，BYK-6500 体系和 BYK-420 体系的储存模量曲线与损耗模量曲线并未出现交叉，均表现出胶凝行为。继续观察发现，BYK-420 体系的 G' 较高，结构强度较大。随着频率的增加，BYK-420 体系的 G'' 上升幅度相对 BYK-6500 体系较缓慢，表明 BYK-6500 体系更快地响应于频率，较早表现出黏性行为。这主要因为随着频率的增加，振荡应力作用时间缩短，被破坏的空间结构的恢复速度远慢于破坏速度，没有足够的时间重新调整构象，样品结构网络坍塌。这意味着，在外力作用下，BYK-420 体系的氢键结构有着很好的恢复能力。

通过涂料黏性模量与弹性模量的比率确定损耗角正切，进一步判断验证两种体系对涂料流变性的影响。在涂料样品承受一定交变应力时，弹性响应越快，涂料样品产生的应变和所受应力之间的相位差 δ 越接近 0，$\tan\delta$ 值越小，意味着弹性越好；相反，弹性响应越慢，损耗角 δ 越趋近于 $\pi/2$，$\tan\delta$ 值越大，黏性越明显。

利用两个体系损耗角与频率的关系对比黏性模量上升幅度，BYK-6500 体系和 BYK-420 体系的 $\tan\delta$ 值曲线随着频率的升高而升高。这是因为频率的升高致使涂料的黏性占比越来越大，流动行为逐渐增强，在低频率为 0.1Hz 时，BYK-420 体系的损耗角正切值小于 BYK-6500 体系，表明 BYK-420 体系的应力与应变相位差较小，弹性响应更快，拥有更明显的固体行为，可实现良好防沉降及抗流挂性能，此结果与频率扫描测试的结果一致。

同时，在添加流变助剂 BYK-420 的情况下，对该涂料进行流挂性测试分析。其性能结果如图 6-14 所示，没有添加流变助剂的涂料发生严重的流挂现象，而添加助剂 0.22% 的 BYK-420 涂料体系，助剂发挥作用形成

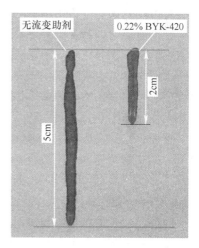

图 6-14 助剂对体系流挂影响[15]

的弱结构在短时间内恢复重组，不仅形成良好的抗流挂效果，还可增大涂膜极限厚度，提高密封效率。

6.4 粉煤灰基密封涂料的固化过程

6.4.1 固化过程概述

涂层致密效果稳定的前提是填料颗粒的均匀分散，而涂层密实度的提高不仅依赖涂料

各成分均匀分散及分布，还受内部某些离子的影响。在前面实验的基础上，本节从微观角度出发，研究涂层内部离子对涂层固化及致密性的影响。经了解发现，涂膜在固化干燥过程中，聚合物与水泥等填料之间不仅仅是相互贯穿填充的关系，聚合物分子中的活性基团可能与水泥水化产物中的高价盐离子 Ca^{2+}、Al^{3+} 等发生键和反应，交联贯穿形成一个网络结构，最终固化成膜。同时原料中生成的 $Ca(OH)_2$ 多生成于水泥水化的 C—S—H 凝胶孔隙之中，不仅可以激发粉煤灰活性，还增加了成膜过程中聚合物与其他水化产物之间的交联度，从而也大大提高了涂膜密实度，可直接决定涂层的理化性质。因此体系中钙的多少不仅可决定水化产物的种类及性质，还可影响涂层的综合性能和使用效果，所以 Ca^{2+} 在固化过程中发挥着比较重要的作用。

6.4.2　固化机理

通过 FT-IR 进一步分析其固化机理，两个样品的主峰形状基本相同，表明它们的主要成分相同，但是，细节上存在差异。羧基（—COOH）中的 O—H 和 C＝O 的两个峰均已减弱，这可能是—OH 与煤表面某些基团之间的缩聚反应，致使界面涂层可以很好地黏结煤颗粒。

继续对苯丙乳液（SAE）和硬化后的涂层主体进行了 FT-IR 分析。其中苯丙乳液样品有明显的—COOH 特征峰的红外光谱，在固化后的涂层中有所减弱。这可能是 SAE 与其他材料的交联反应，这些分析也验证了涂层可以很好地黏结煤块表面。结合前面实验，此现象很有可能受钙离子作用影响。

模拟涂层内部与煤块接触界面固化机理是：粉煤灰基密封涂料在固化过程中，原料中的水、乳液、水泥、超细粉煤灰等可能发生一系列无机和有机化学反应。

水泥水化后生成氢氧化钙和水合硅酸钙凝胶。在苯丙乳液中，许多羧基能和钙离子发生反应，产生 $[RCOO^-]Ca^{2+}[RCOO^-]$ 和无机有机化合物凝胶，系统中这些粒子之间可能的相互作用如图 6-15 所示。

首先，水化反应发生在碱性环境中。其次，水化后的 SAE 与 Ca^{2+} 之间的反应可以形成与 Ca^{2+} 的交联结构，反应过程如式（6-27）和式（6-28）所示。

$$C_{10}H_{11}COOH + OH^- \longrightarrow C_{10}H_{11}COO^- + H_2O \tag{6-27}$$

$$2C_{10}H_{11}COO^- + Ca^{2+} \longrightarrow [C_{10}H_{11}COO^-] Ca^{2+}[C_{10}H_{11}COO^-] \tag{6-28}$$

此外，SAE 聚合物链与水泥、粉煤灰或煤的活性基团之间也可能发生化学相互作用。SAE 聚合物链和水泥水化物/水泥颗粒之间的结合如图 6-16（a）所示。即 SAE 颗粒可以牢固地黏附在水泥颗粒/水合物上。由于水泥颗粒周围的钙离子浓度相对较高，因此 SAE 链之间的交联将在水泥水合物周围形成聚合物网络，从而使水泥水化物致密化。即化学键合将增强 SAE 颗粒与水泥水合物/颗粒之间的吸引力。

通过钙离子的聚合物链，以及与超细粉煤灰表面结合的交联产物，图 6-16（b）说明了聚合物通过羧酸基和活化的二氧化硅基与粉煤灰表面键合。此外，煤的表面还含有一些活化的—OH 和—COOH 基团，这些基团通过钙离子与聚合物链的羧酸基团发生交联反应，进而与煤的表面结合，如图 6-16（c）所示，这些化学键合可增强 SAE 颗粒与煤之间的吸引力。

鉴于上述发现，SAE 和水泥、粉煤灰和煤的颗粒表面可能通过钙离子发生一些化学反

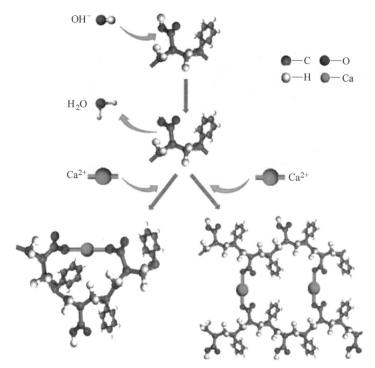

图 6-15　SAE 与离子钙交联反应过程示意图[15]

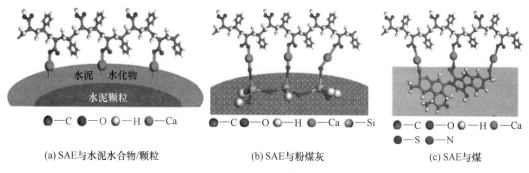

(a) SAE 与水泥水合物/颗粒　　　　(b) SAE 与粉煤灰　　　　(c) SAE 与煤

图 6-16　SEA 与涂料体系间的反应示意图

应。此外，这些反应产物在固体颗粒表面形成网状结构，从而使涂层的致密性增强。

　　根据以乙烯醋酸乙烯酯和水泥为主要材料的聚合物改性水泥砂浆的复合机理和一种改进的四步模型来描述 PMC 砂浆微观结构的形成，同时考虑到化学物质模型描述了水泥水化产物与聚合物乳液的反应，以及聚合物乳液对水泥砂浆的影响，SAE 涂层复合机理的改进模型可概括为图 6-17。

　　将 SAE 与水、水泥和粉煤灰混合后，将其倒入煤颗粒中。球形聚合物颗粒独立分布在固体颗粒之间及界面上，这是由于聚合物颗粒的"滚珠"作用、夹带的空气及表面活性剂在聚合物乳液中的分散作用增加了［RCOO⁻]Ca²⁺[RCOO⁻] 凝胶的流动性，具有良好填充功能。

　　涂层经过硬化后，水泥和粉煤灰产生的无机水合物，以及离子钙和聚合物、粉煤灰、

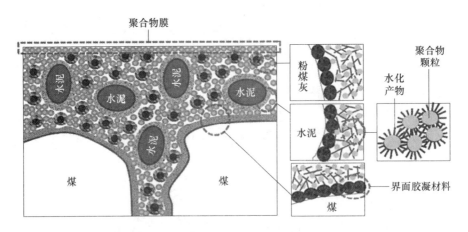

图6-17　密封涂层固化后复合机理示意图[15]

水泥和煤之间的有机产物发生系列反应。涂层中这些固体颗粒之间的孔隙可以被这些连续反应产物填充或密封。结果表明，涂层材料对煤的黏结性能和抗裂性能提高，密封性能显著提高。

6.5　粉煤灰基密封涂料的现场应用实例

6.5.1　矿井概述

6.5.1.1　煤矿井下瓦斯涌出及检测情况

开采中瓦斯来源和煤层中瓦斯储量情况及煤矿采掘相关技术有很大关系。瓦斯涌出源分布主要有4个方面，分别为开采层煤壁、落煤、采空区遗煤、邻近煤岩层。煤层瓦斯只有涌向采掘空间才会对安全生产构成影响，即瓦斯涌出是瓦斯灾害产生的必要环节，因此，掌握瓦斯涌出规律对瓦斯灾害防治非常重要。根据研究，掘进巷道内的瓦斯主要来自煤壁和落煤。瓦斯涌出量一般也与自然和开发技术两个方面关系最大。自然方面通常包括煤层中的瓦斯储量、挖掘深浅气压高低等情况；开采技术因素包括开采的规模大小、开采的先后与回采方试、生产工艺、采空区的密闭质量、矿井风量的变化及采区通风系统的类型等。

在煤矿矿井中虽然安装了很多的防暴设备、防静电材料等安全设施，但由于瓦斯引爆所需的热能非常小（如甲烷为0.28mJ），所以只有确保瓦斯浓度低于限制范围才能保证工人正常工作。煤矿必须监测井下瓦斯浓度的实时情况才能避免井下爆炸等大灾害的发生。一方面，布置足够的瓦斯传感器个数，在解决问题的同时，也增加了设备投入与维修的成本，是一笔不小开销，因此，对传感器布置全面，并且进行分级、分区的管理控制非常有必要。另一方面，研发监测精度高、灵敏度高、使用寿命长、调制简单方便、价格便宜的瓦斯传感器及对瓦斯传感器分类使用都有助于降低煤矿瓦斯传感器的投入成本。

　　A　瓦斯监控系统的研究现状及方向

当前瓦斯监测控制系统设备已经基本应用于我国大部分煤矿，但其仍只能提供检测服务。系统仅对各种取得的数据进行简单处理，呈现以往瓦斯浓度的相应曲线。预测方法要么是对瓦斯浓度的局部、即时的超限判断；要么是对单一测点短期瓦斯浓度的预测，无法为瓦斯灾害的防控赢得足够的时间。并且，矿井下掘进巷道内监测分布点所能得到的瓦斯数据经常无法确切地反映整个巷道或工作面的瓦斯浓度分布情况。关于预警的大多数研究偏向于依据规程来直接进行判断，而对安全监测监控设备采集的所有数据进行有效处理和深度分析，增加对瓦斯事故的预测警告概率是矿井瓦斯灾害治理中的大方向。

随着时间序列理论的成熟，海内外基于时间序列对瓦斯浓度的预测做了许多的相关研究。目前用来预测瓦斯浓度的方法有神经网络、灰色理论、混沌时间序列、模糊数学、支持向量机、空间重构等，这些理论对预警系统的开发有非常大的帮助。结合通风、采掘设备联控装置，对检测到的大量数据特性进行分析，构造预测瓦斯气体浓度的模型，迅速地从庞大的数据中获得瓦斯浓度变化趋势，可为促进煤矿瓦斯事故的风险预警和防治瓦斯能力起到非常大的作用。

因此，一方面，研制新型高灵敏、高选择、高稳定性甲烷传感器已成为急待解决的问题；另一方面，实现具有实时检测并预测下阶段瓦斯浓度的先进监控系统，对提高矿井安全的意义非常重要。

B 瓦斯传感器的研究及使用现状

由于煤炭巷道壁面瓦斯涌出浓度极不均匀，为了保证煤矿井下开采掘进过程、巷道内瓦斯涌出和操作面安全，目前煤矿企业基本都装备了瓦斯监测系统。现有瓦斯监测系统中所使用的瓦斯传感器基本有催化燃烧型、红外光谱吸收型、光干涉式甲烷传感器。这几种传感器实现检测的原理、优缺点及它们目前在矿井中的应用等情况如表6-1所示。

通过上述瓦斯传感器各方面的对比能够发现，目前常用的催化燃烧型瓦斯传感器校检频繁（每周校检一次）、使用寿命短，导致检测成本偏高；而且由于监测的数据不够准确，其可靠性、稳定性较差，不能作为控制通风的依据。为防止传感器误判，避免事故发生，保证绝对安全，监测数据只能作为参考数据。为保证工作面新鲜空气的需求，通风系统必须全天候满负载运转，使乏风中的瓦斯浓度基本上保持在 0.1% ~ 0.2%。

表6-1 现有瓦斯传感器对比[16]

仪器名称	工作原理	优点	缺点	应用
催化燃烧型瓦斯传感器	利用甲烷在试剂催化效果下放相应热量，检测元件吸热改变铂丝电阻大小，引起传感器电压变化，从而测出浓度数值	不受非可燃气体及其他杂质组分干扰，对井下的高温、高湿及高尘等恶劣环境具有较好的适应性；在甲烷浓度 0 ~ 0.4% 范围内，输出信号大且接近线性，监测精度达到 0.1%	需每周校准一次，每次费用较高；原件使用寿命短（不超过半年）；抗冲击能力差，瓦斯浓度突增时会造成不可恢复性失灵	中国是最大用户。在目前矿井的定点甲烷监测中占据着主导地位，在煤矿中使用率超过了99%

仪器名称	工作原理	优点	缺点	应用
红外光谱吸收型瓦斯传感器	通过检测气体的红外特征峰位置的吸收情况，就可以确定瓦斯的浓度大小	灵敏性高；数据漂移小；校准和维护达到6~12个月；寿命大于10年	价格昂贵	电钳工携带、工人头灯内置
光干涉式甲烷瓦斯传感器	采取光干涉原理，甲烷浓度不一，影响光程的改变，浓度与干涉条纹的位移相对应，以此可知甲烷浓度	稳定性好；便于携带、使用；维护省时省力；精确度良好；寿命长	价格昂贵	瓦检员使用

研究发现氧化物半导体和其他室温敏感材料形成的纳米复合材料，可实现室温工作条件下的气体响应，为新型瓦斯传感器的研制提供了新的方向。如石墨烯、导电聚合物等材料在室温条件下表现出良好的气体响应性能，但对气体的灵敏性和选择性较差。而氧化物半导体材料与石墨烯、导电聚合物等形成的纳米复合材料，结合了两种材料的优势，可实现室温条件下的高灵敏响应。特别是以氧化锌为基础的纳米复合材料，和其他无机半导体材料进行比较，展示出了更优越的气体传感性能。目前复合半导体甲烷传感器受限于本身的气体敏感特性。由于甲烷分子中碳氢键键能特别高，性质非常稳定，不容易发生化学反应，因此，要求敏感材料对甲烷有较高的灵敏度。此外，井下高湿、高尘复杂环境及 CO、CO_2、硫化物等气体的干扰作用，对甲烷传感器的选择性要求较高。目前针对复合半导体室温甲烷传感器的研究基本处于空白，这也为新型复合材料瓦斯传感器的科学问题和技术应用研究提供了深入发掘的空间。

6.5.1.2 瓦斯安全及防治措施

煤矿瓦斯事故的发生大体归属两种，一种是人的不安全行为造成的恶劣影响，另一种是物的不安全状态引起的故障。人与物共同引起煤矿瓦斯事故的具体表现在人、设备、环境和管理。

A 矿井安全装备配置不先进

装备配置的落后与不足往往使得"先抽后采，监测监控，以风定产"的方针不能完整落到实处。许多矿井发生瓦斯事故都是因为没有装备瓦斯抽采系统或者其他安全装备不能有效运行，这使得检测系统也很难发挥应有的作用。

B 煤矿管理制度不完善

矿井下水文地质、地形、设备、交通路况、人员配置等情况都非常复杂，在艰苦的条件下，如果缺少一套有条不紊且非常完善的管理制度，矿井不仅难以正常的生产，还会导致非常严重的后果。煤矿制度的不完善往往体现在通风管理办法、临时停电停风管理办法、矿井防火管理办法、瓦斯检查管理办法等缺失或者不完整。

C　职工的综合素质偏低

大量案例显示，多数的瓦斯气体事故都是由于职工不按规定实施，这表明人为因素是最重要的。而目前煤矿很多的煤矿工人综合素质偏低，在进入煤矿企业后多由师傅带领的方式进行矿井作业，这种未经过正规培训的员工往往缺乏基本的安全知识，思想较为懒散，容易出现违规胡乱操作的严重现象。

D　煤矿部分地段瓦斯积聚较为严重

井下瓦斯爆炸的关键导火索是瓦斯的积聚。很多种因素可以导致瓦斯积聚，其中最重要的是由于矿井通风系统设计得不恰当或者巷道在开采过程中结构发生变化，导致巷道内许多地方无法引导风流，最容易聚集瓦斯的要数采煤工作面上隅角、采空区、顶板冒落和长期停掘的巷道等。

为避免瓦斯气体涌出对煤矿开采过程中造成的潜在风险，目前避免瓦斯积聚的主要方法是在瓦斯检测的基础上实施巷道内通风管理和巷道喷涂。只有实施良好的矿井通风才是保障煤矿安全的最低要求。根据矿井种类设置最合适的通风系统，并对通风加强管理，能明显降低井下巷道内瓦斯浓度，使得瓦斯浓度符合开采要求。风量分配基本依靠巷道布置及封闭等措施进行调节。目前多采用大功率通风机全天进行吹扫，来防治矿井瓦斯浓度的升高。特别是对开采面上隅角、采空区边界、巷道顶部等处累积的瓦斯要增加吹扫的力度。

为避免瓦斯气体涌出对煤矿开采过程中造成的潜在风险。本节提出巷道喷涂，即利用喷涂材料对煤壁进行封堵，喷涂材料黏在煤壁表面可以凝结成一道密不透气的薄层，薄层紧密地结合在煤层表面，封堵了煤壁的裂隙及煤体本身的孔隙，减少了煤体与巷道内空气的交互，大幅减缓了煤壁表面瓦斯的涌出量。

6.5.1.3　井下喷涂材料的作用原理

煤巷在采用钻爆开挖或者掘进机开挖过程中，应力重新分布，大量裂隙在煤壁产生。我国的可采煤层的埋深一般为 $300\sim2000m$，此埋深处煤层的地应力很大，地应力也是大量裂隙产生的重要原因。而煤本身是一种多孔介质，表层产生的裂隙连同煤本身的透气性，构成了气体流动的重要通道。煤矿井下巷道在煤壁上喷涂喷涂材料，利用涂料中固体颗粒填补煤壁表面的裂隙，割断了煤体内部和煤壁表面的通道，迟滞瓦斯从煤体内部向煤壁运移。同时，涂层固化可在煤壁表面可以形成一层致密的薄膜，由于涂层固化后和煤壁结合非常紧密，固化后本身透气性很低，因此大幅度地降低了煤壁表面的渗透系数。这样，在巷道掘进过程中，减少了掘进巷道中的瓦斯涌出量。

通过在巷道喷涂密封材料，可以对煤壁起到一定的加固及瓦斯封堵作用，具体作用原理如下。

A　巷道喷涂对煤壁的加固作用

在煤炭采掘过程中，大多数矿井目前采用钢钉、铆件等各种固定件进行铁丝挂网（图6-18（a））以防止煤块掉落伤人；煤矿井下巷道壁面及围岩参差不齐，布满了大小岩石和煤块，整个巷道壁面各处松软程度不同，稳定性差。为了固化煤层，一些企业采用水泥混凝土等抹面封堵煤壁。巷道喷涂对煤壁加固作用的表现如下。

（1）巷道喷涂后，喷浆一方面减缓了支护金属的氧化腐蚀，另一方面将支护设施与围岩紧密地结合在一起，使得加固更加明显。

（2）通常结构面的强度较低，煤粒稳定性差，松散的煤粒容易从巷道顶壁及帮壁滑落，导致发生离层现象，进而围岩变形。巷道喷涂在巷道壁添加了一层涂料，起到对煤壁的煤粒黏结作用，加强了巷道壁结构面的稳定性，提高了巷道壁的承载能力。

（3）充填巷道壁的缝隙，增强了煤岩间的黏结性。巷道壁的煤岩之间处处是大小不一的缝隙，喷涂浆液在喷涂泵压力的作用下，渗透入巷道壁煤岩间的缝隙，使得缝隙填充。同时巩固了煤岩间的结合力，使得巷道壁更像一个整体，充分完善孔隙周边的受力分布状况。

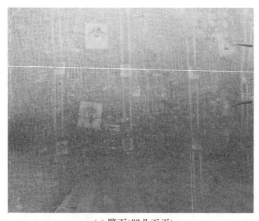 

(a) 壁面(凹凸不平)   (b) 全巷道(拱顶易塌陷)

图 6-18   井下壁面照片[16]

B   巷道喷涂对煤壁的封堵作用

巷道壁层表面有很多裂隙，煤岩体本身就有很多孔隙，这些孔隙使得煤岩体外围的空气与煤岩体内部气体交互频繁。壁面或者掉落煤块会向外涌出瓦斯，并且煤壁涌出的瓦斯量占到所有涌出瓦斯非常大的比例，约70%。同时巷道内的风流更容易将煤块氧化，提高了自燃发火的可能性。

巷道喷涂即是将喷涂材料喷涂在煤壁的表面，喷涂材料干结后紧密的结合在煤层表面，封堵了煤壁的裂隙及煤体本身的孔隙，减少煤体与巷道内空气的交互，大幅减缓了煤壁表面瓦斯的涌出量，也阻止了煤体的风化。但涂于巷道拱顶（图6-18（b））的材料由于自重很容易塌陷造成封堵失效，真正实现壁面瓦斯封堵困难很大。

国内外用于煤矿井下瓦斯气体的封堵材料主要是无机矿物封堵材料、化学喷涂材料。我国目前矿井无机喷涂材料主要是混凝土喷涂材料，化学喷涂材料大体是马丽散、罗克休聚氨酯类材料、聚酰胺类材料等。其中各喷涂材料的优缺点对比如表6-2所示。

根据文献检索情况与结果，化学灌浆技术使用和研究很多，对于井下瓦斯封堵材料的技术研究特别少。国内煤矿井下瓦斯封堵材料以无机矿物类材料居多，其价格低廉、无毒无害，但由于韧性特别差，容易断裂，使用的成效并不是非常理想；国外煤矿井下瓦斯封堵材料相对而言产品较多，且具有良好的应用效果，但由于价格昂贵限制了其应用。

表 6-2 常用巷道喷涂材料优缺点和使用情况[16]

材料名称		材质	优点	缺点	应用
无机混凝土为主的喷涂材料		聚合物混凝土、水泥、砂子、乳液及水	廉价易得，防火	强度偏低、开裂、吸水，喷涂作业操作比较困难，喷涂后回弹率大	大巷中封堵钻孔
有机高分子为主的喷涂材料	马丽散	聚亚胺胶脂材料（树脂、催化剂）	反应时间短、加固快速、黏合力强、穿透性好	刺激性气味、腐蚀作用、生产成本稍高	加固矿井裂石、稳定地层、堵住水源、密封锚杆
	罗克休	聚合材料（树脂、催化剂）	反应快、碰撞系数大、不易变质、受水影响小、受力好	价格昂贵	空洞封堵充填、断裂底层的加固
	聚氨酯	有机高分子材料	固化速度快，喷涂后不出现流淌现象；不挥发有机物，环境友好；附着力强；耐磨防腐；涂层致密，无缝隙	反应迅速难以控制，对喷涂设备的要求很高，成本高，难以推广	应用较为广泛，适用于巷道喷涂

因此，开发拥有良好的黏结、防水、防电、阻燃等性能的轻质封堵材料，对巷道壁面起到加固作用的同时，可减小巷道壁面的瓦斯涌出量大小，这样使巷道壁的瓦斯喷涌强度相对稳定，有利于实现煤矿井下巷道甲烷监测控制，控制通风补给量使其浓度降低到无害于人体的健康程度，保证矿井各种安全。

6.5.1.4 井下密封涂料喷涂工序

A 试验设备

根据煤矿井下安全生产规定及固化密封材料的性能要求，该工业性喷涂试验施工设备采用山东固安特工程材料有限公司生产的 LZBQ—2/1.4 型煤矿用螺杆式注浆泵。

B 涂料配制

井下巷道固化密封材料工业化试验采用自主研发的固化密封材料，其主要成分包括水泥、粉煤灰及阻燃剂等。该产品经山西省建筑科学研究院检测，各项性能符合 GB /T 23445—2009《聚合物水泥防水涂料》的规定要求，同时经国家安全生产太原矿用设备检测检验中心检测，其阻燃性能和抗静电性能满足煤炭行业 MT 113—1995《煤矿井下用聚合物制品阻燃抗静电性通用试验方法和判定规则》中规定的煤矿井下瓦斯密封材料的安全标准要求。

固化密封材料为双组分，其配比为粉料与胶料的质量比是 1∶0.5。先打开胶料筒，将胶料倒入喷涂机料筒中，同时开启搅拌机进行搅拌。因粉料是编织袋包装，为防止倒入粉料时将编织袋及杂物掉进喷涂机料筒中，堵塞下料口，应先将粉料倒入空的胶料筒中，再将胶料筒中的粉料缓慢倒入喷涂机料筒中。粉料加入后，加快风动搅拌速率，使粉料充分、完全溶于胶料中，搅拌 1~2min，停止搅拌后用小铁铲将筒底、搅拌桨上及筒边的未溶粉料进行手动搅拌，再开启风动搅拌机进行搅拌，搅拌 2~3min。

C　试验工序

考虑到溶液喷涂厚度，溶液成分配比、溶液浓度和煤质参数是影响试验结果和涂料选择的关键技术指标，提出适合煤矿和煤质特点的施工方案。

（1）基层处理。表面处理对涂层寿命影响很大，为提高涂层寿命和黏结固化效果，必须对巷道面进行严格处理。先人工清理铁丝网内的碎煤，再用压风或注浆泵喷水将巷道表面浮煤、粉尘清洗干净，以保证涂层的附着力。

（2）喷涂施工。等自然风干后，再喷涂涂料。开启喷枪，边搅拌边喷涂，搅拌速率要缓慢，防止风压降低得太快，影响喷涂。先喷涂底涂，涂层厚度 1.5~2.0mm；再喷面涂，涂层厚度 1.0~1.5mm。每道涂层间隔 24h 以上，喷涂沿巷道风向顺流喷涂。巷道顶部及巷道帮喷涂过程如图 6-19 所示。

图 6-19　巷道喷涂[16]

（3）数据观测。在喷涂前后每隔 2m 监测该断面风量和瓦斯浓度，计算该区段瓦斯涌出强度，评价封堵效果。

6.5.2　潞安常村煤矿现场试验

本次试验采用上述自主研发的煤矿井下巷道喷涂材料改进配方进行巷道的喷涂。该涂料与岩石、土、混凝土等材料亲和力强，可用于封堵巷道、边坡、大坝、水堤、建筑的补强加固和防渗，并且，黏度低、施工性好，可用毛刷涂抹、手动喷雾器喷洒、水泵喷射、桶瓢浇淋、钻孔注入等方法施工。经试验研究，该涂料也适合于含气煤体孔隙的表面密封。煤矿井下巷道喷涂材料可与黏土、水泥等配合使用，以堵塞边坡等表面的大的裂隙，降低表层的渗透系数，并可调节水泥的固化时间。该涂料原材料成本低，同现与有机涂料成本相比较，每平方米降低 30%~50%，并且喷涂后没有有害气体产生，此外阻燃、抗静电性能优良，可保证矿用产品的使用安全。

6.5.2.1　实验地点概况

根据矿上实际生产情况和喷涂试验的要求，将试验地点选在 +470m 水平胶带输送机运输大巷南侧的储水硐室[16]。该巷道北接 +470m 水平胶带输送机运输大巷，西接 +470m 水平东翼进风大巷，东接一、二水平辅助运输联络巷。储水硐室施工方式为由底板找顶板掘进，从+470m水平胶带输送机大巷南帮开口，巷中正对1撑联络巷中线，开口后向正南掘进31.4m，坡度为3‰，然后以80坡挑项掘进19m到达+470m水平东翼进风大巷北帮，继续向前掘进4.64m至+470m水平东翼进风大巷南帮。储水硐室断面呈矩形，断面毛宽为5.24m，毛高为3.62m，净宽为5.0m，净高为3.5m，毛断面积为19m²，净断面积为17.5m²。巷道喷浆厚度为120mm，强度为C20。循环进尺为1m，日进尺5m。最大控顶距为1.2m，最小控顶距为0.2m。

掘进巷道通风方法为压入式局扇通风。局扇采用2台2×45kW（型号为FBDNO.8.0，风量为500~800m³/min，风压600~8000Pa）风机供风，一台运行，一台备用。采用双级运行。风筒吊挂在巷道前进左帮，采用φ1000mm×10mm阻燃风筒供工作面用风，迎头用备用3m、5m长的风筒短节，风筒出风口距窝头距离不大于5m。

6.5.2.2 喷涂效果

A 喷涂效果检测方法

在巷道中设置检测点，测定巷道断面积，确定测点间煤壁暴露面积和设测点时煤壁平均暴露时间。按照喷涂前、喷涂中及喷涂后的监测程序，分别对观测点的风量和瓦斯体积分数进行监测，以评价固化密封材料的封堵效果，具体检测方法如下。

a 巷道瓦斯涌出量的测定

使用皮尺测量各个测定点的巷道高度和宽度，用风表测定巷道内风速，瓦检仪检测得到瓦斯浓度，最后利用式（6-29）代入测试数据计算出喷涂后巷道内瓦斯的涌出量。

$$Q = U_v V_t \left(2\sqrt{\frac{L}{v}} - 1 \right) \tag{6-29}$$

式中，Q为瓦斯涌出量，m³/min；U_v为巷道断面内暴露煤面的周边长度，m；v为巷道平均掘进速率，m/min；L为巷道长度，m；V_t为暴露煤壁初始瓦斯涌出强度，m³/(min·m²)。

对于薄及中厚煤层，$U=2m$，m为煤层厚度，m；对于厚煤层，$U=2h+b$，h、b分别为巷道的高度及宽度，m。

b 煤壁瓦斯涌出强度的测定

为达到准确的对比效果，本设计将检测多个点的数据并进行统计与计算分析，以此测定煤壁瓦斯涌出强度。在巷道的走向每相隔40m左右进行测点的设置，测点距离长短以测量仪器能够分辨出巷道风流内的瓦斯浓度差异为基准。

瓦斯涌出强度采用式（6-30）计算。

$$V_t = \frac{Q_2 C_2 - Q_1 C_1}{lh} \tag{6-30}$$

式中，Q_1、Q_2为1，2测点处巷道风量；C_1、C_2为1，2测点处巷道瓦斯体积分数；l为1，2测点处距离；h为1，2测点处煤层高度。

B 喷涂后瓦斯涌出情况检测

在喷涂前后每隔2m设一观测点，在喷涂前巷道瓦斯浓度随着距工作面距离的增加而增大，最小值为0.12，最大值为0.28，这是因为随着巷道长度的延长，累计的瓦斯涌出量越来越多，表现为瓦斯浓度的增加喷涂后巷道的瓦斯浓度比喷涂前降低了，因为涂料喷涂巷道以后，封堵了煤壁表面的裂隙，降低了巷道四周的透气性系数，延缓了瓦斯的涌出，封堵效果是比较明显的。

喷涂巷道以后，风流中瓦斯浓度降低了，说明了喷涂方法的作用，为了进一步考察喷涂效果，可根据式（6-30）用已获得的参数计算煤壁瓦斯涌出强度。在喷涂前巷道瓦斯涌出强度随着距工作面距离的增加变化比较大，但总的趋势是瓦斯涌出强度的大小随着巷道长度的延长有减小的趋势。这是因为随着巷道长度的延长，煤壁暴露时间增加，瓦斯涌出速度逐渐衰减。喷涂后巷道瓦斯涌出强度基本也遵循这样的规律。

6.5.3 潞安余吾煤矿现场试验

本次井下巷道固化密封材料工业化试验采用上述自主研发的固化密封涂料，通过对该固化密封涂料进行松软煤层煤矿井下工业化试验研究，以验证固化密封材料对松软煤层煤矿的瓦斯封堵效果。

6.5.3.1 实验地点概况

工业化试验位置：潞安集团余吾煤矿 S2107 工作面回风顺槽（简称 S2107 回顺，下同）；S2107 回顺巷道地面位置：巷道南面 9m 为 76 号村，巷道北面 108m 为 91 号村，巷道东面 1348m 为 86 号村；S2107 回顺西临 S2107 工作面回风顺槽回风联巷（停掘），东侧为 S2107 高抽巷（已掘），北接 S2107 切眼（未掘），南接南二胶带下山（已掘）。

S2107 回风顺槽属 3 号煤层，二叠系山西组地层中部，陆相湖泊型沉积。3 号煤容重 1.39t/m³，煤质松软、煤层最大厚度 6.15m（804 孔），平均厚度 5.32m（905 孔），3 号煤以镜煤为主，亮煤次之，含暗煤，半亮型。3 号煤层为不自燃煤层，每吨煤层中瓦斯约为 4.2582m³，地温 18.35℃。巷道以正常顶（底）板淋、滴水为主；最大涌水量为 6~8m³/h，正常涌水量为 3~5m³/h。煤矿层顶底板地质情况如表 6-3 所示。

表 6-3 煤矿层顶底板地质情况[16]

顶底板名称	岩石名称	厚度/m	岩 性 特 征
老顶	粉砂岩~中粒砂岩	1.70~2.24	深灰色，致密，含星点状白云母，具斜层理，裂隙发育，产植物根茎化石
直接顶	砂质泥岩~粉砂岩	1.10~9.30	黑灰色，中厚层状，以水平纹理为主，致密均一，含星点状白云母，具裂隙，产少量植物化石
伪底	砂质泥岩	0.65	深灰色，中厚层状，含砂岩包体，含丰富的不完整植物根茎化石
直接底	泥质粉砂岩	10.25	黑灰色，中厚层状，含云母，见菱铁质结核，以水平纹理为主，含不完整植物化石

6.5.3.2 喷涂效果

A 喷涂前瓦斯涌出情况检测

喷涂前对试验巷道进行了连续 5 天的瓦斯涌出情况检测，共有 1429 个检测点。瓦斯体积分数超过 0.5% 的数据占到总检测数据的 6.9%；瓦斯体积分数超过 0.6% 的数据占到总检测数据的 1.9%；瓦斯体积分数超过 0.7% 的数据占到总检测数据的 0.69%。通过上述计算分析汇总检测数据，可知该巷道内瓦斯体积分数非常高，已经严重影响煤矿井下安全作业生产。

B 喷涂后壁面效果

从煤壁表面喷涂效果（图6-20）可以看出，喷涂材料全部能覆盖煤壁表面，并渗透煤层之间的缝隙中，形成一道致密的保护层，能有效减小及稳定煤壁内瓦斯气体的外涌。

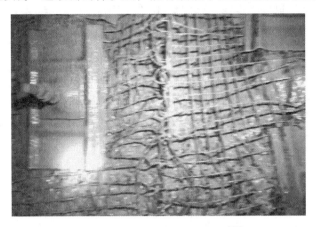

图6-20　喷涂后煤壁表面效果[16]

C 喷涂后瓦斯涌出情况检测

对试验巷道进行了喷涂后检测工作，喷涂后，巷道内瓦斯涌出量呈明显下降趋势，巷道内瓦斯涌出量下降率为22.26%。喷涂后巷道瓦斯体积分数超过0.5%的占总检测数据为2.8%，与喷涂前相比降低了60%；喷涂后巷道瓦斯体积分数超过0.6%的占总检测数据为0.14%，与喷涂前相比降低了92.6%；喷涂后巷道瓦斯体积分数未出现超过0.7%的数据。试验结果表明，固化密封材料喷涂巷道以后，固结在煤壁表面，并渗透煤层之间的缝隙中，形成一道致密的保护层，封堵了煤壁表面和煤体内部裂隙的通道，降低了巷道四周的透气性系数，延缓了瓦斯向巷道空间的转移，可明显降低瓦斯涌出强度，封堵效果较为明显。

D 经济效益核算

巷道固化密封涂料成本如表6-4所示。经过核算，固化密封喷涂材料的用量是4.0kg/m²，成本是60元/立方米，固化密封喷涂材料的成本为1.5万元/吨。而杰托克喷涂密封材料为4万元/吨，罗克休泡沫封堵材料为5万元/吨。可见，固化密封喷涂材料成本比国内外同类产品成本低得多，每吨材料最少可节约2.5万元。若煤矿每年使用煤矿井下喷涂材料200t计，则每年可为煤矿节约费用500万元，具有较好的经济效益。

表6-4　喷涂材料成本核算[16]

材料	每吨材料成本/元·吨⁻¹	每平方米用量/kg·m⁻²	每平方米成本/元·m⁻²
底涂材料	13000	2.4	31.2
面涂材料	18000	1.6	28.8
合　计		4.0	60.0

本 章 小 结

本章主要介绍了粉煤灰在涂料领域的应用现状，介绍了粉煤灰基密封涂料的制备方法，以及粉煤灰基密封涂料的性能测试方法。同时，对涂料固化过程进行了分析，提出了涂料固化机理，并对所制备的涂料在煤矿井下进行了大规模应用。

思 考 题

6-1 粉煤灰因其哪些特性可被用于涂料填料？

6-2 密封涂料的制备流程是什么？

6-3 粉煤灰应用前对其进行脱碳和超细的目的是什么？

6-4 粉煤灰脱碳的方法包括什么？

6-5 简述密封涂料需要满足的性能。

6-6 分散体系稳定机理包括哪几类？

6-7 简述气密性测试方法。

6-8 为什么磷酸三丁酯可以提升涂料密封性能？

6-9 简述钙离子在涂料固化中所起的作用。

6-10 煤矿井下喷涂密封材料的作用原理是什么？

6-11 简述煤矿瓦斯事故发生的原因及防治措施。

参 考 文 献

［1］雷旭，宋慧平，李浩宇，等．不同化学激发剂对 CFB 超细粉煤灰基喷涂材料的影响［J］．粉煤灰综合利用，2018（6）：13-17，27．

［2］马金元，李超，宋慧平，等．粉煤灰对煤矿井下巷道喷涂材料性能影响研究［J］．粉煤灰综合利用，2012（6）：3-6，17．

［3］邹红生．蒸汽动能磨制备的超细粉煤灰的性能及其在活性粉末混凝土的应用［D］．绵阳：西南科技大学，2021．

［4］李广建，杨飞，付海峰，等．蒸汽动能磨制备超细固硫灰及其应用研究［J］．化工矿物与加工，2019，48（10）：56-60．

［5］陈海焱，胥海伦．用电厂过热蒸汽制备微细粉煤灰的实验研究［J］．现代电力，2003（5）：6-9．

［6］官仕龙．涂料化学与工艺学［M］．北京：化学工业出版社，2013．

［7］Song H P, Cao Z Y, Xie W S, et al. Improvement of dispersion stability of filler based on fly ash by adding sodium hexametaphosphate in gas-sealing coating［J］. Journal of Cleaner Production, 2019, 235（20）：259-271.

［8］李昕．郭建喜导电涂料的作用机理及应用［J］．天津化工，2011，25（3）：2-16．

［9］张兴义．导电涂料国内外的发展情况［J］．电机电器技术，2013，35（3）：33-36．

［10］尚建国．煤矿井下防水防火功能性材料的开发研究［D］．太原：山西大学，2010．

［11］Song H P, Liu C H, Xue F B, et al. Experimental study on coal fly ash-based gas-sealing coating used for coal mine roadway walls［J］. Coatings, 2020, 10（9）：863.

［12］刘建强．粉煤灰基瓦斯封堵材料的制备及性能优化研究［D］．太原：山西大学，2017．

［13］沈春林. 聚合物水泥防水涂料［M］. 北京：化学工业出版社，2003：12-15.

［14］Song H P，Xie W S，Liu J Q, et al. Effect of surfactants on the properties of a gas-sealing coating modified with fly ash and cement［J］. Journal of Materials Science，2018，53（21）：15142-15156.

［15］解文圣. 粉煤灰基密封涂料的分散性、流变性与固化过程研究［D］. 太原：山西大学，2020.

［16］李浩宇. 煤矿井下巷道壁面喷涂材料的制备及试验研究［D］. 太原：山西大学，2016.

7 粉煤灰超润湿性涂料

本章提要：
(1) 学习润湿性的概念及超润湿表面的原理。
(2) 学习粉煤灰超润湿表面的制备工艺以及意义。

7.1 润湿性概述

7.1.1 润湿现象和润湿角

润湿现象[1]是自然界中一种常见的现象，在日常生活中也随处可见。固体表面的润湿可以由水或油引起。人类日常生活中有很多湿润现象的例子，如植物叶片在雨后保持不湿润、水滴完全弄湿了织物表面，留下水渍、水滴珠在透明超疏水玻片、水滴滚下来，带走灰尘，在玻璃（红色矩形）上留下干净的痕迹。

润湿是液体和固体表面之间的相互作用，界面上的分子间力决定了固体是否可以被给定的液体润湿[2,3]。在润湿过程中，气固界面被一个相同大小的液固界面所取代，形成了一个新的液气界面。该系统共有 3 个界面：固液界面、液气界面和固气界面。每个界面都具有特定的界面能，界面的任何变化都会导致整个系统的自由能的变化。整个系统自由能的变化决定了液体的润湿行为，即液体是否在表面上扩散。最直观地反映固体表面润湿性的参数是液体接触角，其中包括静态接触角和前进/后退的接触角。接触角定义为液体与固体之间的夹角，其测量是表征固体表面性质的常用方法。水滴在固体表面时，存在 4 种一般润湿情况（图 7-1）：（a）亲水状态，水接触角不到 90°；（b）疏水状态，固体表面液滴的接触角大于 90°但小于 150°（120°为水在平坦光滑固体表面能达到的最大接触角）；（c）超亲水状态，水湿润并立即扩散，接触角接近 0°；（d）超疏水状态，水滴表面保持球形，接触角通常高于 150°。

接触角迟滞现象是评价液体与固体相互作用的另一个重要参数。这取决于固体表面的非均匀性、粗糙度、吸附性、变形性等因素。其定义为前进接触角 θ_{ADV} 和后退接触角 θ_{REC} 之差，如图 7-1（e）所示。当液滴开始滑动时，在液滴的前部测量前进的接触角，这是在固体表面可以测量到的最大接触角。当液滴开始滑动时，在其背面测量后退的接触角，这是最低的理论接触角。接触角迟滞现象决定了水在固体上的运动行为。接触角迟滞的表面需要更多的能量来去除液体，因为液滴附着在表面上。这意味着当液体沿着这样的表面流动时，更多的能量被耗散。具有较低接触角滞后的表面可以使液滴很容易地从固体表面滚出。这些方面对于设计自清洁、流控微纳米材料具有重要意义。

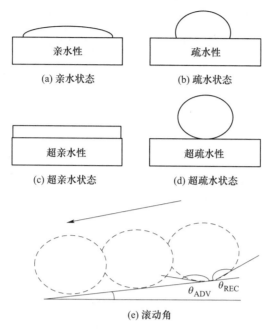

图 7-1 一般润湿情况和接触角迟滞现象[4]

7.1.2 接触角的测量方法

测量接触角常用的方法分为角度测量法、长度测量法和动态法[5]。

7.1.2.1 角度测量法

角度测量法包括液滴法和浮泡法。

液滴法：用细的毛细管将液体滴加在固体表面 2 上（图 7-2），由幻灯机 1 射出的一束很强的平行光通过液滴和双凸透镜 3 将放大的像投影在幕 4 上（实际上可投在贴了纸的墙上），调节 2、3 之间的距离，使图像清晰，然后用铅笔描图，再用量角器直接测出 θ 的大小。当然，实验中最好用感光纸摄成照片后量角比较精确。

浮泡法：将图 7-2 中的 2 改成光学玻璃槽，将欲测之液体盛入槽中，再把欲测之固体浸入槽内液体里，然后将小气泡由弯曲毛细管中放出，使其停留在被测固体的表面下成为浮泡，再用光学法测出润湿角。

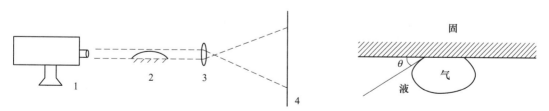

图 7-2 润湿角测定装置（左）在固-液界面下的浮泡[5]

1—幻灯机；2—固体表面；3—双凸透镜；4—幕

7.1.2.2　长度测量法

对于小液滴，可忽略重力对液滴形状的影响，液滴可当作球冠处理，测出球冠（液滴）高度 h 和液滴宽度（$2r$）（图 7-3），可得出与润湿角 θ 的关系如式（7-1）和式（7-2）所示。

$$\sin\theta = \frac{2hr}{h^2 + r^2} \tag{7-1}$$

$$\tan\frac{\theta}{2} = \frac{h}{r} \tag{7-2}$$

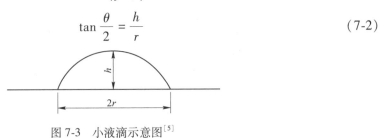

图 7-3　小液滴示意图[5]

7.1.2.3　动态法

上述 7.1.2.1 节、7.1.2.2 节两种方法适用于液体对大块固体润湿角的测定，但在实际工作中常遇到固体粉末和液体的润湿问题，直接测量润湿角就很困难。

目前应用较多的是 Wash-burn 的动态法测量粉末–液体体系的前进润湿角。此法系称一定量粉末（样品）装入下端用微孔板封闭的玻璃管内，并压紧至某固定刻度。然后将测量管垂直放置，并使下端与液体接触（图 7-4），记录不同时间 $t(s)$ 时液体润湿粉末的高度 $h(\mathrm{cm})$，再按式（7-3）计算。

$$h^2 = \frac{C\bar{r}\sigma\cos\theta}{2\eta} \times t \tag{7-3}$$

式中，C 为常数；$\bar{r}$ 为粉末间孔隙的毛细管平均半径，对指定的体系来说 C 和 r 为定值；σ 为液体表面张力；η 为黏度。

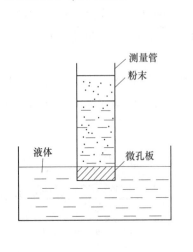

(a) 粉末润湿角测定装置示意图

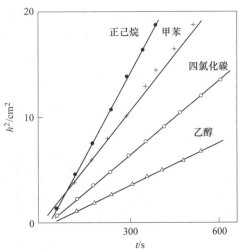

(b) 层析用硅胶[H]-液体的 h^2 与 t 的关系(20℃)

图 7-4　动态法测接触角[5]

以 h^2 对 t 作图，显然 h^2-t 之间有直线关系。图 7-4 中直线未通过原点是因为微孔板的影响，由直线斜率、η 和 σ 便可求得 $\bar{C}r\cos\theta$ 值。在指定粉末的液体系列中，选择最大 $\bar{C}r\cos\theta$ 值作为形式半径 C 并由此计算润湿角 θ。如硅胶［H］-正己烷（$\bar{C}r\cos\theta$）值为最大，即假定正己烷对硅胶粉完全润湿，$\cos\theta=1$。这样做显然有点勉强，但有一定的相对性和实用意义。用此法可以计算出不同液体（如正己烷、甲苯、四氯化碳和乙醇等）在层析用硅胶［H］上的 θ 分别为 0°、18°、31° 和 39°。若某液体在此粉末柱上完全不上升（完全憎液），则 θ 为 90°，所以此法所得结果只有相对意义。

7.1.3 润湿性理论

从热力学的角度来看，如式（7-4）中所给出的杨氏方程，提供了润湿现象的基本原理。基于固体表面光滑、平坦、系统理想的假设，建立了该体系。它忽略了诸如表面粗糙度、液滴大小、液体蒸发、表面膨胀、蒸汽凝结和化学异质性等影响。接触角是热力学平衡下固气、液气、固液界面力的平衡（图 7-5）[6]。

$$\gamma_{SL} + \gamma_{LG}\cos\theta_C = \gamma_{SG} \tag{7-4}$$

式中，γ_{SL}、γ_{LG}、γ_{SG} 分别为固液、液气、固气界面的界面张力；θ_C 为平衡接触角。由于水分子与底物之间的相互作用，在光滑平面上的最大水接触角约为 120°。该表面的粗糙度（如微观结构或纳米结构）可以进一步提高水的接触角（150°<θ<170°）。到目前为止，人们已经提出了 Wenzel 模型和 Cassie-Baxter 模型这两种通用模型来研究表面粗糙度对润湿性的影响。

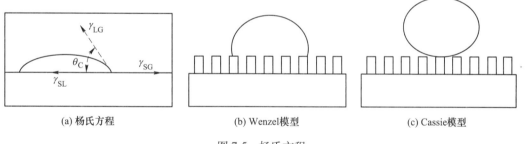

(a) 杨氏方程　　　　　　　　(b) Wenzel模型　　　　　　　　(c) Cassie模型

图 7-5　杨氏方程

Wenzel 全面研究了表面粗糙度对润湿性的影响，得到了润湿性与润湿面积的表面粗糙度成正比。如图 7-5（b）所示，在 Wenzel 状态下，水与固体表面完全接触，包括空腔。这导致的实际接触面积比观察到的（由水滴和衬底的接触线计算出的观察到的接触面积）更大。表观接触角与表面粗糙度之间的关系如式（7-5）[3] 所述。

$$\cos\theta^* = r\cos\theta_C \tag{7-5}$$

式中，θ^* 为粗糙表面上的表观接触角；r 通常称为表面粗糙度，定义为实际面积与表观面积之比。式（7-5）表明，粗糙度的增加会使疏水（θ>90°）表面更疏水，而亲水表面则会变得更亲水[7]。也就是说，表面的粗糙度放大了光滑表面的润湿性。然而，具有极高粗糙度和多孔结构的表面的润湿性不能用 Wenzel 模型来预测，因为极高的粗糙度会导致 $\cos\theta^*$>1 或<-1，这在数学上是不可能的。为了解决这个问题，卡西和巴克斯特开发了 Cassie-Baxter 模型。

如图 7-5（c）所示，在 Cassie-Baxter 模型中，水接触于结构表面的突起物上[8]。空腔中捕获的空气被视为一种非润湿介质，防止液滴穿透[8-9]，因此液滴在表面轻微倾斜时，很容易滚落。Cassie-Baxter 方程式如式（7-6）将表观接触角与平面上的接触角联系起来。

$$cos\theta^* = -1 + \Phi_S(1 + r cos\theta_C) \tag{7-6}$$

式中，θ_C 为理想平面上的接触角；θ^* 为表观接触角；Φ_S 为固体与液体接触的分数。

7.1.4 润湿性转变

在大多数实际情况下，由于压力、蒸发、凝结或三种组合的变化，润湿状态可能不可逆地从 Cassie-Baxter 到 Wenzel 模型[10]。阈值 θ_{Cr} 定义为 Cassie-Wenzel 状态的过渡点。结合 Wenzel 和 Cassie-Baxter 方程，阈值 θ_{Cr} 可由方程式（7-7）中确定。

$$cos\theta_{Cr} = \frac{\Phi_S - 1}{r - \Phi_S} \tag{7-7}$$

图 7-6（a）显示了表观接触角 $cos\theta^*$ 作为接触角 θ 的函数，实线显示了预期的行为。虚线表示中等疏水性下的 Cassie 体系，以强调其亚稳态。过渡过程复杂，许多因素，如式（7-8）所示的拉普拉斯压力 ΔP。

$$\Delta P = \frac{2\gamma_{lg}}{R_d} \tag{7-8}$$

式中，γ_{lg} 为液体的表面张力；R_d 为液滴的半径。

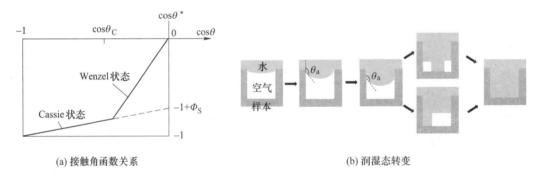

(a) 接触角函数关系   (b) 润湿态转变

图 7-6   接触角函数关系和润湿态转变示意图

图 7-6（b）中提出了两种 Cassie-Wenzel 过渡案例：触地和滑动。"触地"案例研究低柱高的表面，而"滑动"案例集中研究高柱高的情况。在"触地式"的情况下，液滴的渗透取决于液滴的压力和临界撞击压力。这在式（7-9）中是定义的。

$$P_{imp} = \frac{\gamma h R}{CC^3} \tag{7-9}$$

式中，P_{imp} 为临界冲击压力；γ 为测试液的表面张力；h 为柱的高度；R 为柱的半径；CC 为两根柱的中心间距。如果水滴的外部压力超过临界值，液体就会穿透凹槽，Cassie-Baxter 模型就会转移到 Cassie-Wenzel 状态。"滑动"情况下的临界冲击压力用式（7-10）表示。

$$P_{\text{imp}} = \frac{2\varphi}{1-\varphi} \left| \cos(\theta_{\text{ADV}}) \right| \frac{\gamma}{R} \tag{7-10}$$

式中，φ 为固体分数；θ_{ADV} 为前进的接触角；γ 为测试液体的表面张力；R 为柱的半径。如果接触角 θ 大于 θ_{C}，则液体会自发地穿透空腔并到达底部[11]。微结构的高度和凹槽间的间距等物理特征强烈影响 Cassie-Wenzel 过渡。C. Ran 等[10]研究了纳米孔的直径和深度的影响，指出减少纳米孔的直径和深度会导致 Cassie 状态向 Wenzel 状态的过渡。

7.2 超润湿性表面制备原理及意义

7.2.1 超疏水表面

超疏水性现象首先被发现在荷叶上：水滴呈珠状，以一个小的倾斜角度滑出。后来，人们还发现了自然界中的其他超疏水表面。分层的微/纳米结构和低表面能是保证荷叶具有超疏水性和自清洁性能的两个主要因素。图 7-7 为常见的超疏水现象。

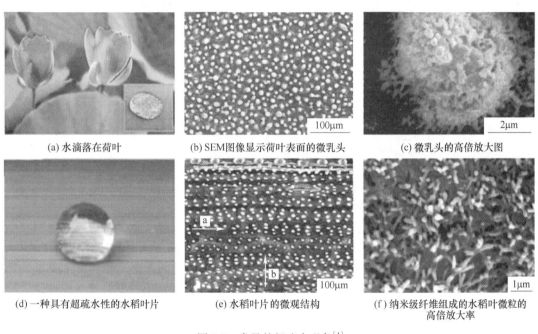

(a) 水滴落在荷叶　　　(b) SEM图像显示荷叶表面的微乳头　　　(c) 微乳头的高倍放大图

(d) 一种具有超疏水性的水稻叶片　　　(e) 水稻叶片的微观结构　　　(f) 纳米级纤维组成的水稻叶微粒的高倍放大率

图 7-7　常见的超疏水现象[1]

在充分了解超疏水性背后的机理后，模拟实际应用的超疏水性结构得到了快速的发展。各种生物激发的超疏水结构，如微凹槽、纳米颗粒、纳米颗粒、微/纳米孔、微/纳米微柱和微/纳米纤维，已经被开发出来。在过去的几十年里，超疏水表面有了巨大的发展，包括静电纺丝、喷涂、模具转移、紫外线处理、激光结构、聚合、层组装、化学/电气相沉积、纳米印刷、电化学。许多超疏水材料已被开发出来，其中大部分是金属和无机材料，但聚合物仿生的超疏水结构缺乏系统的研究。表 7-1 总结了开发超疏水结构所涉及的典型结构、高分子材料和技术。

表 7-1　开发超疏水结构的典型结构、材料和技术[1]

仿生结构	材　　料	技术	水接触角/(°)	滚动角/(°)
聚合纤维和微珠	高分子量聚（AN-co-TMI）和荧光线性二醇（氟环-D）	混合和电纺	166.7	4.3
纳米结构	聚甲基丙烯酸甲酯（PMMA）和聚苯乙烯（PS），全氟辛基三氯硅烷（FOTS）	模具转移	151	Sticky
微/纳米结构	聚（甲基丙烯酸甲酯）（PMMA）、聚碳酸酯（PC）和环烯烃共聚物（COC）、（七氟 1、1、2、2-四氢十二烷基）三氯硅烷	等离子腐蚀	151	4
多孔多层	聚乙烯亚胺（PEI），聚乙烯基-4, 4-二甲基（lazlazac-tone）（PVDMA）	一层一层组装	156	1
纳米胶囊涂层织物	聚多巴胺，十八胺	自发沉积	145	小于 10
多孔支化结构	聚丙烯，对二甲苯	溶剂蒸发	160	
叶状微隆起	聚甲基丙烯酸甲酯（PMMA）/二氧化硅	紫外线辐射	163	4
多孔气凝胶	石墨烯/聚偏氟乙烯（G/PVDF）	溶剂热还原	153	
分层织物薄膜	聚 1, 3, 5, 7-四乙烯基-1, 3, 5, 7-四甲基环四硅氧烷（p（V4D4））层、聚 1H, 1H, 2H, 2H 全氟十二烷基丙烯酸酯（p(PFDA)）层	化学气相沉积	154	2
空心球	聚氰胺、全氟辛烷磺酸（PFOSA）	自组装	164.5	
分层多孔结构	亚乙基二氧噻吩（EDOT）	电沉积	155	
介孔薄膜	聚偏氟乙烯（PVDF），介孔亚微米碳胶囊（MCC）	浸涂	160	5
纳米级球形胶束	氟化丙烯酸共聚物	喷涂	164	1.7
蜂窝结构	聚乙烯基苯酚块段聚苯乙烯（PVPS）	熔铸	159	

　　超疏水结构在油水分离、抗冰、减冰、自洁表面、耐磨、减摩擦、热稳定、透明、医药、抗菌、减附着力等实际应用中具有广泛的应用。目前，超疏水材料广泛应用于油/水分离、抗冰和抗污染方面。油类物质引起的水污染威胁着人类的健康，并引发了严重的环境问题。裸露表面（电线、飞机、海上石油平台和风力涡轮机）上积聚的冰会导致设备故障和严重事故，造成巨大的经济损失。被灰尘、细菌和其他废物污染的表面（如船舶或发动机的表面）会导致阻力增加、腐蚀和功能丧失。

7.2.2　超亲水表面

　　超亲水性是自然界中的一种重要现象，图 7-8 显示了自然界常见的超亲水现象。甲壳虫在沙漠中用它们的超亲水外壳获取。植物通过超亲水的叶片来确保其供水。超亲水性表面在人类生活中发挥着越来越重要的作用：油水分离网、抗雾超亲水玻璃、易于打印的超亲水性纸张、自清洗、抗生物污染、耐腐蚀等。因此，通过聚合、自组装、沉积、浸入、静电纺丝等技术，开发了各种生物激发的超亲水性结构（即多孔/分层/海绵结构、微/纳米纤维，/柱/珠/管和聚合物涂层网）。表 7-2 总结了一些常见的仿生超亲水性结构、聚合物和改性技术。

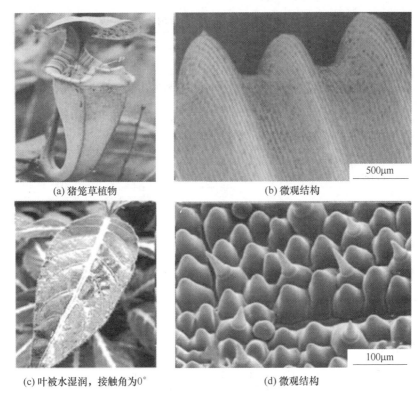

(a) 猪笼草植物   (b) 微观结构

(c) 叶被水湿润，接触角为0°   (d) 微观结构

图 7-8　自然界常见的超亲水现象[1]

表 7-2　开发超亲水结构的典型结构、材料和技术

仿生结构	材　　料	技　术
多孔网	聚丙烯酰胺	浸渍涂层
纳米多孔结构	聚（2-羟乙基甲基丙烯酸酯共乙烯二甲基丙烯酸酯）、聚（甲基丙烯酸丁酯共乙烯二甲基丙烯酸酯）	原位聚合
纳米线	聚吡咯（PPy）	化学氧化聚合反应
碳纳米管	聚（D，L-乳酸、PDLLA）	电沉积和浸没
层状膜	N-氨基乙基哌嗪丙烷磺酸盐（AEPPS）单体、三聚酰氯（TMC）单体	界面聚合
分层的纳米纤维膜	聚丙烯腈（PAN）（原始 NFM）	静电纺丝和电喷涂

7.2.3　超疏油表面

一般来说，只有超疏水性的材料会被有机油类物质污染，其表面张力远低于水。超疏水和疏油的材料需求量大，应用广泛，如防生物污染船舶表面、防黏附和耐腐蚀保护涂层、清洁污染水和抗菌涂层棉织物、用于实验室芯片系统微流体。为了制造能够实现超疏油性的材料，开发了微/纳米图案结构结合低表面能处理。在这些研究中，具有—CF$_3$和—CF$_2$基团的氟化合物已被广泛用于降低固体表面的表面张力。

表 7-3 显示了仿生疏油结构的最新发展。气相沉积、液体沉积、静电纺丝等几种表面改性方法已被用于制备仿生疏油材料。然而，即使如此，对超亲疏油聚合物表面的等离子

表 7-3　开发超疏油结构的典型结构、材料和技术

仿生结构	材　料	技术	用于测试的油	静态接触角 /(°)
纳米纤维	聚甲基丙烯酸甲酯（PMMA）、氟多面体低聚物倍半硅氧烷（POSS）	电子自旋	十六烷	110 145
纳米颗粒覆盖的棉质纺织品	二氧化硅纳米颗粒、棉质纺织品、1H、1H、2H、2H-全氟十二烷基三氯硅烷	浸涂	葵花油 十六烷	140 135
微纤维	聚酯，氟十二烷基多聚体低聚物倍半硅氧烷（POSS）	浸涂	葡萄籽油	145
纳米粒	硅，三氟-1、1、2、2、四氢辛基三氯硅烷	紫外线臭氧处理和浸涂	十六烷	70
金刚石纳米草阵列	多晶硼掺杂膜，1H、1H、2H、2H 全氟十烷三氯硅烷	浸涂	十六烷	100
反梯形的微观结构	聚二甲基硅氧烷，1H、1H、2H、2H-全氟十烷三氯硅烷	等离子体处理中的气相沉积	甲醇	135
纳米颗粒粗糙化的微柱	氟化 3，4-乙基二氧吡咯	电沉积	十六烷葵花籽油十二烷	144 153 135
微突起	氟化聚（3，4-乙基二氧吡咯）（PEDOP）衍生物	电沉积	十六烷	157
蘑菇状微柱	绝缘体晶片上的硅，PDMS，全氟聚醚，八氟环丁烷	气相淀积	乙醇	150~160
悬垂结构	聚全氟烷基丙烯酸酯，1H、1H、2H、2H 全氟烷基丙烯酸酯	氧等离子体处理气相沉积	矿物油	110

体处理也可能导致表面损伤（如裂纹），其会使表面粗糙度恶化，导致表面缺陷，最终降低疏油性[12]。

对超疏水结构的粗糙表面结构和表面能的研究促进了超疏水超疏油结构的发展。与油黏附有关的课题包括生物黏附、微印、自清洁、防污、减少油黏附、输油运输、油水分离等方面。

此外，超疏油材料在油/水分离和油运输中发挥着更重要的作用。在油/水分离行业中，渗透膜是常用的材料[13]。然而，这些膜大部分是亲油的，对油来说有着高黏附性，这导致严重的油污染。防止油穿透膜会进一步降低水油分离效率。在石油运输过程中，油很容易形成水合物，这些水合物附着在管道的内壁上，产生阻力的显著增加，导致运输油的能量需求增加。

油黏附因其在润滑、光刻刻蚀、抗污染等许多工业应用中的重要作用，在过去的几十年中引起广泛的关注。从亲油到超疏油的不同表面对于环境温度的反应已经得到了很好的研究。然而，对于低温下的油黏附行为了解不足，特别是当油在低于零度（摄氏度）的温度下冻结时。这种低温现象在发动机或石油输送管道中的油冻结等情况下非常重要，在这种情况下，冻结导致黏附力急剧增加，需要大量的能量来克服，这也可能导致仪器故障。

关于油在低温下的黏附力与微纳结构的关系的文献相对较少，但许多人致力于探索从表面去除冰的可能性，这些可以分为被动和主动两方面。（1）被动策略可以通过控制表面

润湿性来减少冰的黏附，也可以通过施加机械力来去除累积的冰。减少冰和表面的接触面积，从而减少冰和基板之间的剪切力。然而，这种测试只在实验室研究中进行，单独使用超疏水性涂层的在实际应用中并不是一种理想的方法。在实际情况下，很难大规模地进行机械消除。（2）主动策略采用外部能量，如热、化学或气动，来消除累积的冰。在这些方法中，热熔法使用热空气或电流等源，被认为是去除冰最有效的方法之一。十年前的传统方法是暖空气融化，即强烈的暖空气通过一个特殊的管被吹到物体上，迅速提高系统的温度，导致冰融化。然而，这需要在低温下消耗高能量，目前在强风环境下更难操作。目前，电加热因其能源成本低、操作方便而得到了广泛的应用。超亲油超疏油材料具有良好的防水/防油性能，它们可以防止表面被油、细菌或灰尘污染。一般来说，超亲超疏油材料在自清洁、防腐和防污等领域已经得到了很好的研究和应用。然而，大多数超氢疏油材料不导电，这限制了它们在导电材料如皮肤传感器、电控、信号采集系统、射频天线、芯片实验室系统等领域的应用，这些材料在日常生活中起着重要的作用。

开发具有理想润湿性表面的技术是相似的，但对表面能传递超亲水性、超疏水性和超疏油性的要求是不同的。生物仿生表面具有特殊的润湿性，广泛应用于油水分离、耐磨、防污、自洁、减摩、释药、减黏等方面。随着技术的快速发展，具有先进性能的生物仿生超润湿表面需求量越来越大。然而，大多数高分子仿生材料缺乏足够的力学性能和先进的多功能性能，表面的污染会导致功能和寿命的丧失。因此，利用简单的技术开发具有高机械性能和多功能性能的生物仿生超润湿性材料是提高其寿命和持久润湿性的关键。

7.3 粉煤灰超润湿性涂层制备工艺

通过对构成超润湿表面理论的研究，材料表面的特殊润湿性能主要由表面粗糙度和表面自由能两个因素影响。因此，研究和构筑超润湿表面主要通过以下两种方式实现：一种是在具有低表面能的材料基底表面上构筑微纳多级的粗糙结构；另一种是在具有粗糙结构的表面用低表面能物质进行修饰。

7.3.1 微纳结构制备工艺

7.3.1.1 碳酸化改性粉煤灰

为了进一步提高涂层表面粗糙度，通过二氧化碳与钙源反应碳酸化生成碳酸钙，异位分布在粉煤灰表面形成大的突起，来提高涂层的粗糙度。适当的碳酸化时间下粉煤灰表面颗粒正好可以构成与荷叶表面类似的微纳米复合结构，使得水滴无法铺展[14]。

将水浴锅的水温加热至设定值，再向三口烧瓶中加入粉煤灰、一定量的钙源（氢氧化钙/电石渣）和水。将三口烧瓶放置于水浴锅中，开启磁力搅拌器使浆液均匀混合，同时在线记录浆液 pH 值变化。待 pH 值稳定后，开启 CO_2 气瓶的通气阀和稳压阀，调节流量计使气体流量稳定在固定值，通入至三口烧瓶中，进行碳酸化反应。停止反应后将混合浆液抽滤干燥，得到碳酸化固体颗粒[15]（图 7-9）。

通过进一步对不同碳酸化时间的粉煤灰-氢氧化钙产物进行表面微观形貌的观察，如图 7-10 所示。由 SEM 图可以看出碳酸化反应生成的碳酸钙异位分散分布，使得粉煤灰表面分布着碳酸钙，通过碳酸化时间的不同来控制生成的碳酸钙分布的多少。随着碳酸化时

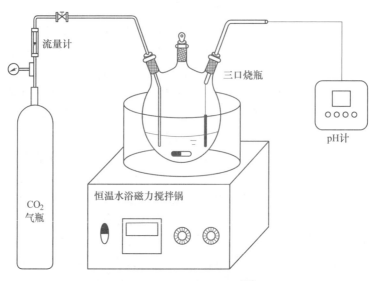

图 7-9　碳酸化实验装置[15]

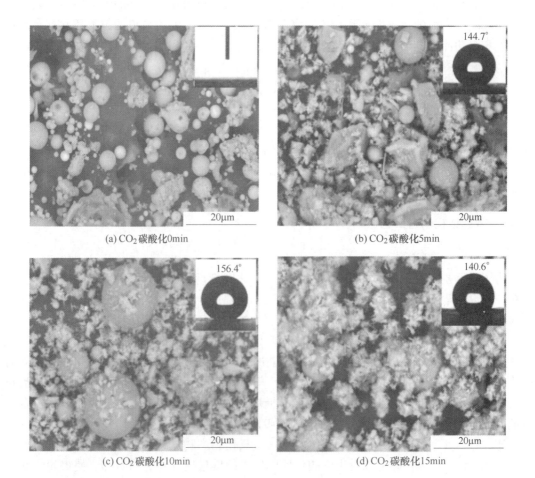

(a) CO_2 碳酸化0min

(b) CO_2 碳酸化5min

(c) CO_2 碳酸化10min

(d) CO_2 碳酸化15min

(e) CO_2碳酸化20min

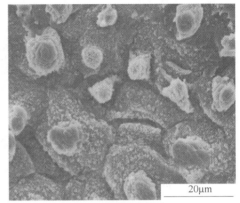

(f) 新鲜荷叶表面

图 7-10　碳酸化时间对粉煤灰表面微观形貌的影响

间的增加，粉煤灰表面附着的碳酸钙颗粒越多。当碳酸化时间太短时，粉煤灰表面较少，表面粗糙程度变化不大，接触角小；当碳酸化时间过长时，粉煤灰表面整个铺满碳酸钙颗粒。与荷叶的超疏水结构对比，可以看出必须具有"微米级大突起+纳米级小突起"的双尺度结构，且表面颗粒不能太满，需要留有空隙，这样可以使液滴与涂层表面有一层截留空气。如粉煤灰表面的碳酸钙颗粒太多，会使接触角变小。碳酸化时间在 10min 时粉煤灰表面颗粒正好可以构成与荷叶表面类似的微纳米复合结构，使得水滴无法铺展开。

　　利用原子力显微镜（AFM）表征了单个粉煤灰颗粒改性前后表面三维形貌，并对其表面的粗糙度进行了量化，如表 7-4 所示。由 SEM 图碳酸化粉煤灰颗粒更加清楚地观察到表面碳酸钙的分布情况，刚开始碳酸化表面分布的碳酸钙颗粒少且不均匀，随着碳酸化时间增加，表面颗粒均匀分布，构成微纳米结构，碳酸化钙在表面生长的过程是溶解、生成、再溶解、再生成的过程。由 AFM 图表明未改性（碳酸化 0min）粉煤灰光滑表面平均粗糙度为 5.84nm，改性粉煤灰颗粒的表面存在微小的纳米突起，凹凸不平，表面平均粗糙度有所增加为 19.7nm，碳酸化后粉煤灰颗粒表面分布上碳酸钙颗粒，随着碳酸化时间的增加，粉煤灰表面碳酸化钙越来越多，表面粗糙度也发生变化。碳酸化 5min、10min、20min 粉煤灰表面平均粗糙度分别为 33.9nm、59nm、19nm，相比未碳酸化的粉煤灰表面粗糙度

表 7-4　涂层三维形貌

样品名称	SEM 及接触角	AFM 图及粗糙度 Sq
无氟硅烷 无碳酸化 粉煤灰涂层		

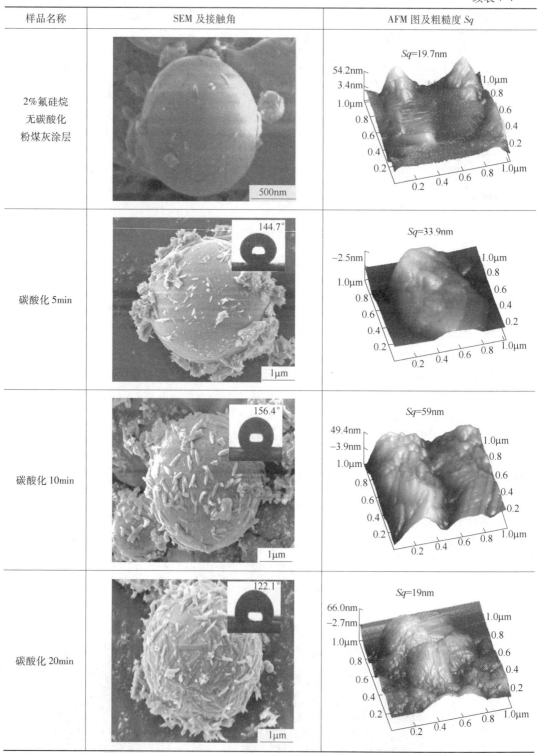

样品名称	SEM 及接触角	AFM 图及粗糙度 Sq
2%氟硅烷 无碳酸化 粉煤灰涂层		Sq=19.7nm
碳酸化 5min	144.7°	Sq=33.9nm
碳酸化 10min	156.4°	Sq=59nm
碳酸化 20min	122.1°	Sq=19nm

增加，随碳酸化时间的增加，表面粗糙度先增加后减少，因其碳酸化时间过长，碳酸钙整个铺满粉煤灰表面。碳酸化后单个粉煤灰比改性后的单个粉煤灰的粗糙度大，构成的涂层

粗糙度就大。

通过粉煤灰和氢氧化钙最佳碳酸化时间 10min 得到的氟硅烷改性碳酸化粉煤灰涂层的水的接触角达到 156.4°，从 SEM 和 AFM 可以看出碳酸化粉煤灰表面生成均匀分布的纳米级的碳酸钙颗粒，增加了表面粗糙度且表面留有空隙，则说明涂层可以根据 Cassie 理论进行解释，如式（7-11）[8,16]所示。

$$\cos\theta = f_s(\cos\theta_s + 1) - 1 \tag{7-11}$$

式中，θ 为液滴在粗糙表面上的表观接触角；θ_s 为光滑表面所对应的本征接触角；f_s 为水在涂层表面接触面积百分数。光滑氟硅烷表面所对应的本征接触角为 118.52°，计算出水在涂层表面所占的面积百分数为 15.98%，以及空气垫层的面积百分数为 84.02%，进一步说明了涂层中碳酸化后粉煤灰表面空隙及颗粒聚集排列产生很多的孔隙，使得液滴与涂层表面有一层截留空气，更提高了疏水效果。另外，通过添加 5% 氢氧化钙碳酸化粉煤灰后，得到的涂层水的接触角为 153.8°，计算出水在涂层表面面积百分数为 19.66%，以及含空气垫层的面积百分数为 80.34%，通过添加 5% 电石渣碳酸化粉煤灰后得到的涂层水的接触角为 154.2°，计算出水在涂层表面面积百分数为 19.06%，以及含空气垫层面积百分数为 80.94%，也说明其涂层有空气垫层的复合表面，疏水效果好。

7.3.1.2　破碎处理粉煤灰

粉煤灰经 0.074μm 筛网筛分，收集筛下物进行球磨处理，再用高速振动球磨机处理 10h，获得超细粉煤灰。用 PFDS 对球磨后的超细粉煤灰进行改性，并将其用于涂料。将制成的超疏水涂料喷涂或刷涂在涂有黏结剂的基材表面，经沉积干燥得到超疏水表面，具体流程如图 7-11 所示。

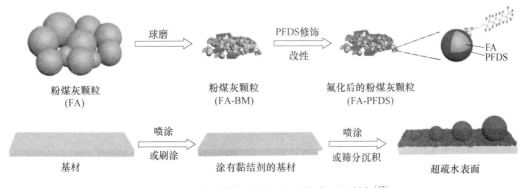

图 7-11　改性粉煤灰颗粒及超疏水表面的制备[17]

采用扫描电镜观察未处理的粉煤灰和粉煤灰-BM 颗粒的大小、形状和表面纹理。图 7-12 显示了粉煤灰粒子是多为球形，表面相对光滑，平均直径大于 10μm。此外，一些不规则的颗粒对应于未燃烧的炭[18]。相比之下，经过球磨处理 10h 后，各种不规则形状的平均粒径显著减小。这是由于球形结构在球和粉末之间的重复粉碎和磨损时的崩溃。此外，激光粒径分析仪的结果定量地证实了粒径的显著减小。筛出的粉煤灰颗粒的中位数直径和比表面积分别为 15.17μm 和 281.8m²/kg，而粉煤灰-BM 分别为 2.29μm 和 1120m²/kg。值得注意的是，经球磨工艺处理后，纳米级（<1μm）的粉煤灰含量增加，在过筛后的粉煤灰（FA）和球磨后的粉煤灰（FA-BM）中的含量分别为 1.52% 和 15.34%。这种粒径分布的变化将提高粉煤灰颗粒的微/纳米级分层粗糙度，非常有利于制备超疏水表面。

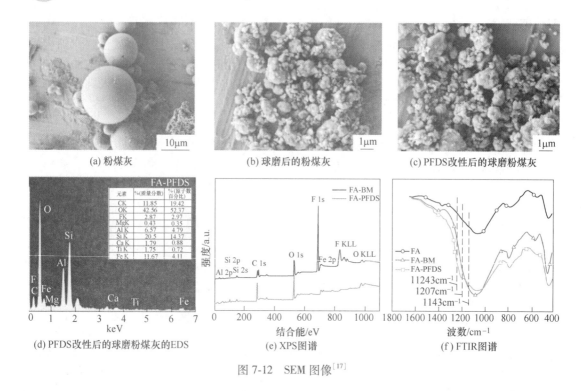

(a) 粉煤灰　　(b) 球磨后的粉煤灰　　(c) PFDS改性后的球磨粉煤灰

(d) PFDS改性后的球磨粉煤灰的EDS　　(e) XPS图谱　　(f) FTIR图谱

图 7-12　SEM 图像[17]

　　采用了 AFM 测试来评估其表面粗糙度，如图 7-13 所示。相应的粗糙度值为 1573nm，而经过球磨处理后，该值显著降低到 185nm。原因是大多数未经处理的粉煤灰颗粒是微米尺度的球形，导致缺乏纳米尺度的粗糙度。相比之下，经过球磨处理后，就达到了纳米级的粗糙度，因为粒径明显减小，形成了不规则的形状。此外，球磨过程中的破碎和磨损也会使单个粉煤灰颗粒的表面变得粗糙。同时，由于微尺寸颗粒较少，以及纳米颗粒的聚集，获得了微尺度的粗糙度。因此，得到了粉煤灰-PFDS 颗粒的微/纳米级分层粗糙度，

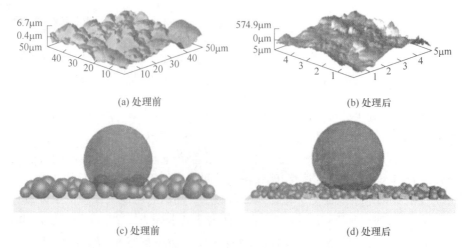

(a) 处理前　　(b) 处理后

(c) 处理前　　(d) 处理后

图 7-13　PFDS 处理的粉煤灰颗粒和 PFDS 处理的破碎
后粉煤灰颗粒的 AFM 图像以及水滴在上面的示意图[17]

这对实现超疏水性具有重要意义。此外，润湿性状态的差异可以用温泽尔和卡西-巴克斯特理论来说明[8]。对于用 PFDS 直接处理的粉煤灰粒子，由于范德华力，水滴可以穿透粒子空间。相比之下，在粉煤灰-PFDS 粒子的情况下，由于增强的微/纳米尺度的分层粗糙度，接触水滴与基底之间的面积减少，从而降低了其表面之间的范德华力。因此，在水滴和粉煤灰-PFDS 颗粒之间被困了更多的空气，水滴可以很容易地滚出表面，从而达到了超疏水性。值得注意的是，粉煤灰-BM 直接应用于黏覆玻片上具有良好的疏水性，这是由于无机金属氧化物和未燃烧的烟尘颗粒固有的低表面能。基于此，可以证实微/纳米尺度的分层粗糙度和低表面能材料都是形成超疏水表面的关键。

7.3.1.3 装饰氧化锌纳米板

将粉煤灰加入 60mL 1mol/L 氢氧化钠溶液中，搅拌 1h 得到悬浮液。然后，加入二水醋酸锌和一水柠檬酸，搅拌后，将均匀的混合物倒入聚四氟乙烯内衬中，并水热保存。用去离子水洗涤黑色沉积物，真空干燥，得到粉煤灰-ZnO[19]。

通过扫描电镜鉴定了原始粉煤灰、氧化锌纳米板和粉煤灰-ZnO 的微观形貌（图 7-14）。球磨后，不规则的粉煤灰表现为微颗粒与纳米颗粒的结合。成功合成了厚度为 40nm 的氧化锌纳米板，并将其聚类形成了 2μm 尺寸的花状结构。然而，加入粉煤灰后，氧化锌纳米板变薄（约 10nm），形成蜂窝结构。用 EDX 法研究了元素的分布情况。氧化锌纳米板生长后，氧增加，锌出现均匀，而其他元素减少，表明氧化锌在粉煤灰表面生长，部分 ZnO 纳米板发生团聚。

(a) 原始粉煤灰　　　　　　　(b) 粉煤灰-ZnO　　　　　　　(c) 氧化锌纳米板

(a′) 原始粉煤灰　　　　　　　(b′) 粉煤灰-ZnO　　　　　　　(c′) 氧化锌纳米板

图 7-14　不同放大率 SEM 图像[19]

7.3.1.4 复合 SiO_2 颗粒制备工艺

目前超亲水涂层采用纯化学试剂制备的方法居多，但也有采用固体纳米颗粒的研究。这为煤基固废在超亲水表面的应用提供参考。

以水性聚氨酯 PU、亲水型纳米 SiO_2、正硅酸乙酯（TEOS）和乙醇为基本原料，采用喷涂工艺，将配置好的 PU-SiO_2 涂层溶液喷涂在玻璃幕墙上，常温固化后即可得到具有良好耐磨性、防雾的 PU-SiO_2 透明涂层[20]。

取 5g 水性聚氨酯（PU），加入 8mL 去离子水和 12mL 无水乙醇，在密封容器中配成混合溶液，使用磁力搅拌机搅拌 30min，形成均匀的分散液；取一定量 TEOS 和 0.05mL 盐酸，继续搅拌 30min；继续加入 SiO_2 粒子，使用磁力搅拌机继续搅拌 6h。将制备好的涂层溶液加入喷枪，在距离钢化玻璃样片 20cm 处喷涂，喷涂时间为 4s。喷涂完的样片放置在室温条件下固化，时间为 24h。

7.3.2　表面化学改性工艺

7.3.2.1　氟化改性工艺

采用超细粉煤灰颗粒、硅烷偶联剂、乙醇为原料，以超细粉煤灰颗粒为固体颗粒，因硅烷偶联剂表面能较低，润湿能力强，可以提高材料表面的疏水效果，故用硅烷偶联剂改性粉煤灰颗粒，在其表面引入表面能低的疏水官能团，以降低涂层表面能[21]。

将不同硅烷偶联剂，包括十七氟癸基三乙氧基硅烷（HFDS）、氨丙基三乙氧基硅烷（KH550）、甲基丙烯酰氧基丙基三甲氧基硅烷（KH570）、苯基三乙氧基硅烷（PTES）、三甲基氯硅烷（TMCS）溶于乙醇，再加入无机固废粒子，超声 20min。

A　不同硅烷偶联剂改性粉煤灰对涂层疏水性能的影响

将 1mL 不同种类的硅烷偶联剂溶于 50mL 乙醇，加入 5g 粉煤灰，超声 20min 后，将其分别喷在预先喷有黏合剂的载玻片上，干燥后测试水滴接触角，疏水效果如图 7-15 所示。

空白载玻片（A）表面的接触角约为 65°，乙醇中只加粉煤灰（B）的涂层表面水滴直接铺展开，接触角为 0°；添加 PTES（C）的涂层接触角为 71.93°，接触角小于 90°，属于亲水性；添加 KH-550（D）、KH-570（E）、TMCS（F）的涂层接触角分别为 101.45°、98.23°、124.39°，涂层由亲水性变为疏水性（90°~150°）；添加 HFDS（G）的涂层接触角为 154.12°，属于超疏水（接触角大于 150°）。

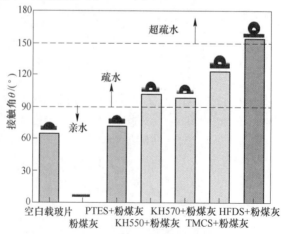

图 7-15　不同硅烷偶联剂对涂层疏水性的影响

HFDS 涂层接触角最大，是因为在这几种硅烷偶联剂中 HFDS 的表面能最低，即氟原子的原子半径极小、极化率小、电负性高，C—F 键的键能大，键长小，极化率也小，则含有 C—F 键的化合物分子间作用力小，故表面能低，因此对各种液体很难润湿，有很好的疏水效果。

B　HFDS 添加量对涂层疏水性能的影响

HFDS 改性粉煤灰的超疏水效果最好，进而对其用量进行分析研究。将不同量 HFDS 溶于 50mL 乙醇，加入 5g 粉煤灰，超声 20min 后，分别喷在预先喷有黏合剂的载玻片上，干燥后测试疏水效果，如图 7-16 所示。

未添加 HFDS 的乙醇-粉煤灰涂层表面水滴完全铺展，接触角基本为 0°；0.2mL HFDS 涂层接触角增大至 120.32°，由亲水性转变为疏水性；继续增加 HFDS 至 1mL 时，涂层疏水性逐渐提高，接触角达到 154.34°，属于超疏水要求，这主要是由于 HFDS 化合物分子间作用力小，表面能非常低，会使颗粒表面能降低，使涂层难以被水润湿；而 HFDS 再增加时，涂层接触角反而降低，可能因为溶液中 HFDS 与粉煤灰表面的硅羟基发生水解作用的同时，还会自身水解而团聚，阻碍了与粉煤灰表面水解，且随 HFDS 含量增加，HFDS 分子在溶液中互相碰撞的概率远大于分子与粉煤灰表面硅羟基碰撞的概率，最后使 HFDS 在粉煤灰表面的接枝率没升反降，影响涂层疏水性。综合考虑，确定 50mL 乙醇中加 1mL HFDS 和 5g 粉煤灰为较好的表涂配方。

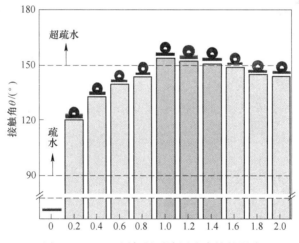

图 7-16　HFDS 添加量对涂层疏水性的影响

C　HFDS 改性粉煤灰表面的红外光谱图谱分析

对 HFDS 改性前后的粉煤灰表面基团进行 FT-IR 分析，如图 7-17 所示。

对于粉煤灰，在 $1053cm^{-1}$ 处的 FTIR 峰对应于内部的 SiO_4 或 AlO_4 四面体，特别是 Si—O 和 Al—O 键在粉煤灰中的振动拉伸[22]。

HFDS 改性粉煤灰的原主峰向高波数移动，在 $1080 \sim 1100cm^{-1}$ 出现了新的吸收峰，这是引入硅烷偶联剂 Si—O—Si 的反对称伸缩振动峰引起的。在 $702cm^{-1}$、$1203cm^{-1}$ 处的新峰主要是—CF_3 和—CF_2 的振动伸缩峰[23]，$1380cm^{-1}$、$1392cm^{-1}$、$1444cm^{-1}$ 的峰是由—CF_3 和—CF_2 的不对称变形引起[24]。$2890cm^{-1}$、$2930cm^{-1}$、$2976cm^{-1}$ 是由于—CH 对称和反对称

伸缩振动[25]，说明 HFDS 成功接枝到粉煤灰颗粒表面。

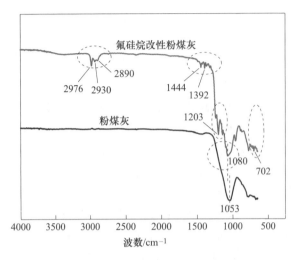

图 7-17　HFDS 改性粉煤灰前后红外光谱图

D　涂层表面疏水性理论分析

粉煤灰表面的氟化改性，氟硅烷偶联剂水解成硅羟基（Si—OH）基团，不同硅烷链上相邻的 Si—OH 基团发生分子间脱水，形成具有 Si—O—Si 链的缩聚物，然后 Si—OH 基团与粉煤灰表面的羟基（—OH）形成氢键，进一步脱水缩合氟硅烷与粉煤灰之间形成共价键，因而粉煤灰表面引入疏水性的有机氟基团，其表面性质发生变化，表面能降低，反应化学键合理论模型如图 7-18 所示。

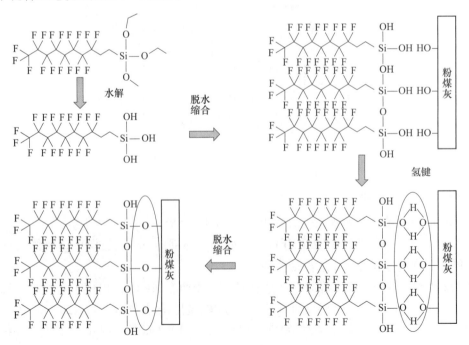

图 7-18　氟硅烷与粉煤灰反应原理

7.3.2.2 粉煤灰（FA）和室温硫化硅胶无氟的超疏水涂层制备工艺

将 15g 粉煤灰加入到甲苯中 2%（质量分数）的室温-硫化硅胶（RTVS）溶液（30g）中，并连续搅拌 1h，形成均匀的悬浮液。然后将悬浮液加热至 70℃，持续搅拌 1h。之后让悬浮的粉煤灰颗粒在室温下沉淀，无需搅拌。除去顶部的溶液层，在底部留下功能化的脂肪酸颗粒，然后干燥过夜以去除残留的溶剂。然后将获得的 RTVS 功能化的粉煤灰在室温下放置至少两天，以使硅胶完全固化。

粉煤灰颗粒采用简单的 RTVS 处理方法疏水，如图 7-19（a）所示。该处理策略旨在实现低表面能功能化，同时保持粉煤灰粒子的球形形态。这是通过使用较低浓度的 RTVS溶液来实现疏水效果。图 7-19 分别显示了原始粉煤灰和功能化粉煤灰（粉煤灰-SHO）粒子在不同放大倍数下的 SEM 图像。从扫描电镜图像中可以看出，没有明显的结构变化，即使在 RTVS 功能化后，粉煤灰粒子仍保持其球形结构。RTVS 的硫化是在周围空气吸收水分后开始的。这导致了 RTVS 的交联，使其稳定在包裹粉煤灰颗粒的薄层中。所得到的功能化的粉煤灰粒子（粉煤灰-SHO）可以被进一步涂覆在不同的衬底上。

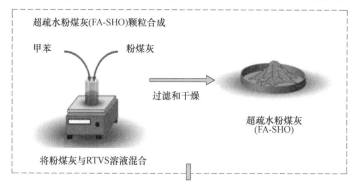

(a) 粉煤灰的超疏水处理

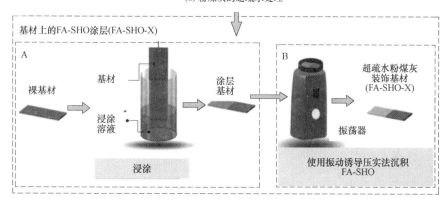

(b) 涂层制备方法

图 7-19　粉煤灰的超疏水处理和涂层制备方法[26]

7.4 粉煤灰超润湿性涂层的研究实例

超润湿是功能材料表面的重要特征之一，超润湿材料的研究对于人类的生产生活有着重要的意义和研究价值。基于近年来粉煤灰超润湿表面应用的发展和研究工作，本节重点介绍了超润湿表面在泡沫混凝土防水、脱膜材料、油水分离、自清洁和抗结冰等方面的应用研究。

7.4.1 粉煤灰防水涂层

泡沫混凝土具有轻质保温等优点，是理想的建筑保温材料，因此是目前实现建筑节能的主要方式之一。但由于泡沫混凝土本身多孔结构，故吸水率高、防水性能差，一旦水进入，导热系数将提高，保温效果下降。为防止该情况发生，通常在混凝土外侧刷防水涂层以阻止水进入，可明显提高其保温性、耐腐蚀性和耐久性。

用于泡沫混凝土的超疏水复合涂层包括两层，其中粉煤灰基防水涂料作为底涂，超疏水涂层作为表涂，采用喷涂法用于泡沫混凝土表面起防水效果[21]。粉煤灰基防水底涂的制备方法：称取50g苯丙乳液溶于16mL水中，添加分散剂、消泡剂各0.02g，在涂料快速分散机中以600r/min搅拌10min，再逐步加入60g粉煤灰和40g水泥，搅拌20min制得防水底涂涂料[26]。超疏水表涂的制备方法：将0~2mL硅烷偶联剂溶于50mL乙醇，加入0~10g粉煤灰，用超声波清洗机超声20min后得到超疏水表涂。超疏水复合涂层的使用步骤：在泡沫混凝土试块表面上，喷/刷粉煤灰基防水底涂，涂层厚度约2~3mm，室温干燥1天后，喷一层黏合剂喷雾，再用电动喷涂机喷一层超疏水表涂，用量约10mL/m²，室温干燥后进行分析测试，其工艺流程如图7-20所示。

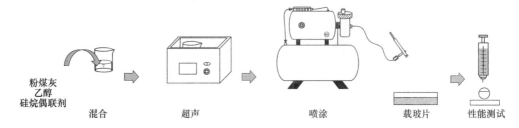

图7-20 表涂制备及混凝土表面喷涂工艺流程图

将涂刷不同涂层的泡沫混凝土试块进行吸水率测试，测试结果如图7-21所示。泡沫混凝土的吸水非常严重，浸泡水中5min后吸水率达到27.5%，随着时间的增加，吸水率急剧增大，4h后吸水率达56.3%，3天后吸水率为67.1%，已经基本达到吸水饱和；有底涂试块浸泡4h后吸水率为14.5%，3天后为53.4%；双层复合涂层试块4h的吸水率为1.87%，3天后为14.8%，与原试块相比分别降低了97%和78%。可见，双层复合涂层使混凝土试块具有良好的防水性。

还进行了连续水滴实验，当针管中水连续滴到泡沫混凝土试块时，水滴立即渗入，留下一片湿的印记；而水滴至双层复合涂层试块时，串串水珠连续滚落，表面无丝毫变化，可见双层复合涂层对混凝土试块起到了很好的防水效果。

7.4.2 粉煤灰易脱模涂层

浇筑成型材料需借助模具来固定成型，待其胶凝成型的后需要拆除模板。由于浇筑成型的材料强度较低，极易在脱模时造成损伤，黏结在模具上，给模具再使用造成一定的困难，而且模在制作成本也高。通过调节实际接触面积可以改变固体材料表面的黏附情

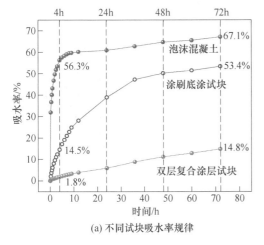

(a) 不同试块吸水率规律 　(b) 泡沫混凝土试块　(c) 复合涂层试块
　　　　　　　　　　　　　　（水滴瞬间渗入）　　（水滴滚落）

图 7-21　防水性能测试

况，改善脱模效果。其中接触面积受润湿理论的影响较大，因此可以得出润湿理论就可以用来解释固体材料表面的黏附情况。超疏水表面可用于分离可铸的混凝土材料和模具，而不是有污染风险的废油。

利用粉煤灰可制备一种低成本的超疏水脱模涂料。超细粉煤灰为微米颗粒，在恒定的二氧化碳通入条件下，用 $Ca(OH)_2$/电石渣浆液在粉煤灰表面形成纳米碳酸钙。氟硅烷被用来提供较低的表面能，采用粉末涂层作为基底涂层。底涂涂料与超疏水颗粒的制备方法：将 20g 的聚酯-环氧混合型粉末涂料与 13g 水混合，加入 0.5g 矿物油消泡剂，研磨搅拌均匀制得底涂涂料；将 0.05mL 氟硅烷溶于 50mL 乙醇，加入 5g 碳酸化粉煤灰，超声 20min 抽滤后烘干即可得到超疏水颗粒。易脱模涂层的制备方法：用砂纸在马口铁板上打磨出纵横交错的细小划痕以增加粗糙度，用涂膜机在马口铁板上涂刷 200μm 厚的底涂；然后在底涂上均匀地洒一层超疏水超微颗粒，遮盖住底涂，再用另一光洁试板轻压面涂，施加 0.5~1N 的压力，将涂有底涂和面涂的模具接触面板在室温下干燥 5min 后，放入鼓风固化箱中于 50℃下干燥 8min；继续升温至 180℃固化 15min，冷却后取出即可得到易脱模涂层试板，用于制混凝土试块时的模具[14]。

涂刷的涂层及性能测试如图 7-22 及表 7-5 所示，通过扫描电镜图可以看出粉煤灰超疏水颗粒布满，起到疏水的效果。根据 HG/T 2006—2006《热固性粉末涂料》，涂层的硬度、附着力、光泽度及耐冲击性都满足标准要求。

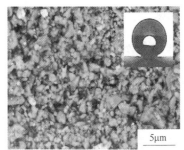

图 7-22　易脱模涂层试板

表 7-5　性能测试结果与标准对比

性能参数	硬度	附着力	光泽度	耐冲击
测试结果	2H	5B	57.2	40cm
HG/T 2006—2006	F 合格 H 优等	≥4B	—	光泽度≤60 时 40cm 跌落无损伤

将易脱模涂层、粉末涂层和废机油三种涂层分别刷至试板上同时用作混凝土浇筑模具，在试板上进行混凝土块浇筑，比较脱模后的效果，脱模后一次的试板表面如图 7-23 所示。结果表明聚酯-环氧混合型粉末涂层试板和涂刷废机油试板浇筑一次脱模后的表面有浆料残余，而易脱模涂层试板浇筑一次脱模后的表面无明显变化。

(a) 粉末涂层试板　　　　　　(b) 废机油涂层试板　　　　　　(c) 易脱模涂层试板

图 7-23　不同浇筑磨具涂层对磨具浇筑效果

由图 7-24 可以看出，易脱模涂层试板表面使用 1 次及循环使用 10 次后仍然整洁无残余浆料，并且从 SEM 图看出，易脱模涂层试板表面使用 1 次及循环使用 10 次的原试板表面结构类似，试板上的混凝土试块均可以在 45°倾角下从自行滑落。

重复使用实验说明，涂层与金属底板有较强的结合力而不易脱落。为了进一步了解易脱模涂层与金属基材的连接情况，通过断面扫描电镜图片对涂层与金属基材结合情况进行分析。如图 7-25 所示，上层为易脱模涂层，下层为金属底板，从图中来看，涂层与金属基底连接紧密，涂层与底板之间没有微小间隔，说明交联反应后的涂层与底板形成很好的黏结效果。推测这是因为含有环氧基、羟基、醚键等极性基团的环氧固化物有极高的黏结强度，致使涂层与底板黏结紧密[27]。

7.4.3　粉煤灰油水分离织物涂层

根据油类在水中的存在形式不同，可将废水中的油分为浮油、分散油、乳化油和溶解油四类[28]。传统的处理含油废水方法主要有重力法、气浮法、絮凝法、粗粒化法、生物法、吸附法和膜分离法。膜分离过程是在膜两侧浓度差、压力差或电位差等外界推动作用下，利用流体混合物中组分在膜中的迁移速度不同，经渗透作用，实现分离的目的。通过这种分离材料可实现污染物中油相和水相的分离。此方法一般在常温下即可进行，分离过

(a) 易脱模涂层(使用1次)

(b) 易脱模涂层(使用5次)

(c) 易脱模涂层(使用10次)

图 7-24 混凝土浇筑后试板的脱模效果及涂层 SEM 图

程属于物理作用，无相变化，因此具有能耗低、分离效率高、过程灵活简单、适用范围广、易于放大等特点，是工业上浮油处理的理想方法。但膜的分离效率受膜的抗污染性、热稳定性、化学稳定性及膜的最大分离纯度等因素的影响。近年来，受荷叶"出淤泥而不染"及荷叶表面的露水珠现象和"鱼鳞"表面的粗糙结构使其在泄油事故的海水里不受污染等生物现象的"疏水"和"疏油"启发，一系列具有特殊浸润性的材料因其对油和水具有不同的润湿性能而被广泛用于油水分离，再结合能耗低、环境友好的膜材料，因此可开发一种具有浸润性的膜材料用于处理含油废水。

织物的超疏水处理[29]：棉纺布在使用前，先用乙醇漂洗几次。将粉煤灰和 0.16g 多巴胺盐酸盐加入 80mL 三羟甲基氨基甲烷盐酸盐溶液，在超声下搅拌 10min。然后将纺织品浸入分散物中，在室温下搅拌 12h。最后，将被粉煤灰包裹的织物加入 1：5%（质量分数）十二烷基三甲氧基硅烷溶液中，改性 4h 后，60℃真空干燥。

油水分离的测试：所制备的纺织品用于分离油/水混合物。将一定量的测试油（正己

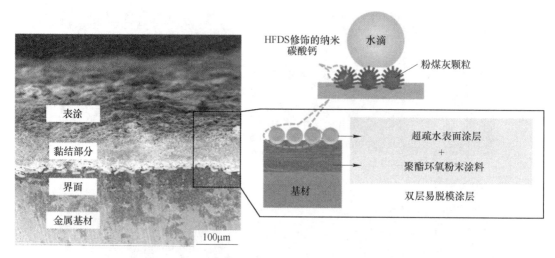

图 7-25　金属底板上的涂层断面 SEM 图及涂层示意图

烷、甲苯、氯仿、汽油和柴油）与水混合，形成油/水混合物。将预先准备好的纺织品放在烧杯顶部，然后，将油/水混合物倒入纺织品表面，然后油渗透纺织品孔进入烧杯，纺织品上分离的水流入容器。测量了捕获油的体积。油/水分离后，用乙醇洗涤纺织品，真空干燥，得到的纺织品用于回收分离试验。

分离油水混合物的示意图如图 7-26（a）所示。用于收集油的小烧杯被放置在大烧杯的底部，以便蓄水。当将甲苯（油红染色）和水的混合物倒入超疏水纺织品上时，由于重力效应和毛细管效应，油可快速通过纺织品进入小烧杯，而水将从纺织品顶部流入大烧杯。这说明该纺织品非常稳定，可以连续分离油和水的混合物。正己烷/水、甲苯/水、氯仿/水、汽油/水、柴油/水混合物的分离效率分别为 96%、96.5%、97.3%、96%、94% 和 93%，油/水体积比为 1∶4。对于不同体积比为 1∶4~4∶1 的 5 种油水混合物，分离效率可达到 90.5% 以上。但总体而言，随着油水比的上升，分离效率呈缓慢而下降的趋势。这种减少可能是由于随着分离油量的增加，纺织品表面的油大量残留造成的。

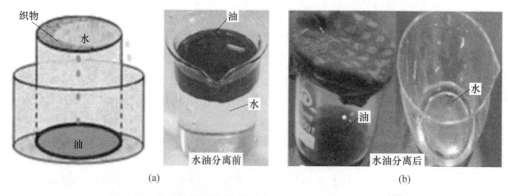

图 7-26　分离油水混合物的示意图（a）和效果图（b）[30]

同时，在水中加入少量用油红染过的甲苯，然后将一块超疏水织物浸入水中（图 7-27）。可以看出，油在几秒钟内几乎完全被改性的纺织品吸收。对于水包油，该纺织品还表现出优异的超疏水性和超亲油性。烧杯底部的氯仿在与超疏水织物接触时容易被吸收，然后从水中去除。这说明所制备的纺织品具有良好的油亲和力。与其他最近报道的材料分离油/水混合物（如环氧树脂/氨基硅颗粒黏玻璃纤维、聚四氟乙烯膜涂层滤纸、超润湿聚偏氟乙烯膜）相比，该纺织品的分离效率高、成本低，且环境友好。虽然绝大多数具有超疏水性的纺织品或滤纸已经制备出来，但通过在纺织表面合成无机颗粒（二氧化硅或二氧化钛）来制造表面层，无疑增加了制备的成本和复杂性。该研究将工业固体废物-粉煤灰直接组装成在纺织品上具有分层结构的粗糙涂层，这对粉煤灰的高价值利用和环境保护至关重要。因此，原制纺织品的发展可能为减轻全球范围内因石油泄漏而造成的严重水污染和因飞灰排放而造成的工业固体废物污染提供思路。

图 7-27　水油分离效果（红油、甲苯）[29]

7.4.4　粉煤灰自清洁涂层

纺织品、建筑墙等表面暴露在大气中，被颗粒物（如粉尘颗粒）污染。因此，自清洁是许多商业产品表面的理想特征，既美观，还可以降低维护成本。

将 15g 粉煤灰加入到甲苯中 2%（质量分数）的 30g 室温硫化硅胶（RTVS）溶液中，并连续搅拌 1h，形成均匀的悬浮液。然后将悬浮液加热至 70℃，持续搅拌 1h。然后让悬浮的粉煤灰颗粒在室温下沉淀，无需搅拌。除去顶部的溶液层，在底部留下功能化的脂肪酸颗粒，然后干燥过夜以去除残留的溶剂。然后将获得的 RTVS 功能化的粉煤灰在室温下放置至少两天，以使硅胶完全固化。因此，合成的超疏水粉煤灰粒子被命名为粉煤灰-SHO[26]。

使用两步涂层程序将粉煤灰-SHO 进一步涂覆在不同的基底上。首先将 RTVS 与甲苯以质量比为 1∶2 进行混合，制备了均匀的 RTVS-甲苯溶液。然后，使用内部建造的双涂层装置，使用 2.4cm/min 的提取速率，将薄层的 RTVS 涂在基质上，然后将 RTVS 层涂层衬底放置在含有粉煤灰-SHO 颗粒的培养皿中。然后将培养皿以 1500RPM 的中速放置在涡旋摇床中 2min，以实现基底上的粉煤灰-SHO 沉积。粉煤灰-SHO 涂层衬底，称为粉煤灰-SHO-X，其中 X 为衬底（如玻璃、铜），在测试前进一步固化 2 天。

为了证明粉煤灰-SHO-X 的自清洁行为，使用了不同的粉末（细石墨粉末、普通盐和氧化铝粉末）来模拟表面污染，如图 7-28 所示。从粉煤灰-SHO-G 表面滚出的水滴捕获了石墨颗粒，并留下了一条干净的表面痕迹。可以看到，石墨颗粒很容易从粉煤灰-SHO 涂层表面分离，并可被水滴一起携带走，说明了粉煤灰-SHO-X 表面的自清洗特性。盐颗粒和氧化铝粉也有类似的自清洗行为。对于石墨粉末等疏水污染物，颗粒仍停留在水滴表面，而对于亲水性污染物（如氧化铝），颗粒在被冲走时悬浮在水中。较大的盐颗粒也很容易被捕获和带走，因为水暴露在干净的粉煤灰-SHO-X 表面。因此，粉煤灰-SHO 表面对不同的颗粒类型和尺寸表现出良好的自清洁行为。粉煤灰-SHO 涂层的自清洁特性来自表面粗糙度的特征，粗糙凸起形成了空气层，使污染物颗粒与粉煤灰 SHO 表面之间的接触面积较小，从而使污染物与超疏水表面之间的黏附力较低。这种较低的黏附力加上高 $CA(>90°)$，确保了当水滴与受污染的表面接触时，在表面张力的作用下，颗粒从表面剥离并附着在水滴上。此外，水滴与超疏水表面的黏附性较低。边缘表面使水滴很容易脱落，从而捕获和携带污染物颗粒。

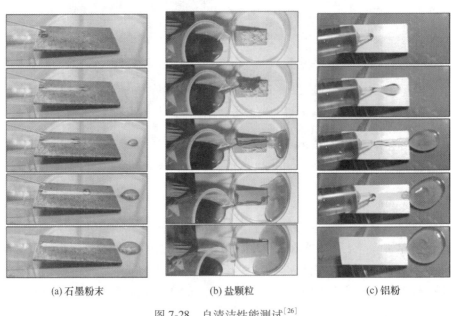

| (a) 石墨粉末 | (b) 盐颗粒 | (c) 铝粉 |

图 7-28　自清洁性能测试[26]

7.4.5　粉煤灰防冰霜涂层

室外基础设施上的冰雪附着很容易造成严重的事故和严重的经济损失，这种现象常见于暴露在潮湿的空气中的冷表面上，常常给人类社会的生活和生产带来诸多不便，如大幅提高制冷设备的能耗，影响输电设备、航天航空、太阳能、交通工具等的正常运行等。为了解决这一问题，在过去的几十年里，人们提出了各种抗冰技术。许多研究报道了抗冰特性与表面的超疏水性之间有很强的相关性。

张友法、王山林[30]团队提出了超疏水防结霜机理：结霜初期的形核势垒和成核密度将是表面抑制结霜的主要因素。

其中形核势垒（ΔG）可表达如式（7-12）所示：

$$\Delta G = \Delta G_{V} + \Delta E_{sf} \tag{7-12}$$

式中，ΔG_{V} 为体积自由能变化；ΔE_{sf} 为面积自由能变化；ΔG 为随接触角 θ 单调递增函数。由此可见，当接触角 θ 越大时，其表面的形核势垒 ΔG 随着越大，即超疏水表面形核时需要克服更大的形核势垒，体现了其表面延缓结霜的特性。

形核密度 D 定义为冷表面单位面积上形成的液核数量，可表达为式（7-13）：

$$D = I\frac{n_0}{n_c} \tag{7-13}$$

式中，I 为临界液核吸附空气中的水蒸气分子进而形成液滴的概率；n_0 为单位面积上的水蒸气分子在单位时间内吸附的分子数；n_c 为单个临界液核中所含有的水蒸气分子数；D 是随 θ 单调递减函数。由此可见，当接触角 θ 越大时，其表面的形核密度 D 随着越小，即超疏水表面的形核位点减少，体现了其表面延缓结霜的特性。

粉煤灰防冰霜涂层制备方法[17]：首先，将全氟硅烷分散在无水乙醇中，机械搅拌。随后，将球磨处理过的粉煤灰颗粒加入到溶液中，连续搅拌 2h，制成漆状溶液。在各种基底上喷涂胶或双面胶带，以提高涂层的坚固性。可以采用喷雾法、筛法、浸渍法等多种方法制备超疏水表面。

如图 7-29 所示，液滴在未涂覆的半部分扩散，而在涂覆的半部分则保持球形。左边的水滴在大约 480s 后完全结冰。相比之下，涂层一半的结冰过程大约需要 1200s，是裸露部分的 2 倍。理论上，涂层表面的微纳米分层结构和小的固液接触面积会导致不均匀成核的面积减少。因此，观察到涂层表面具有这种优越的性能。这种优异的超疏水表面抗冰性能进一步扩大了其在寒冷气候天气中的应用。

未涂覆　　　　　　已涂覆

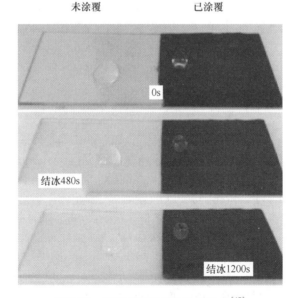

图 7-29　超疏水涂层的防冰霜效果[17]

─────── 本 章 小 结 ───────

本章介绍了粉煤灰在超润湿性涂层中的应用，详细论述了润湿性概念、超润湿性表面的制备原理、粉煤灰超润湿性涂层的制备工艺和应用领域。

思 考 题

7-1 超润湿表面的概念，包括哪几种情况？

7-2 超润湿表面的原理是什么？

7-3 简述接触角的测量方法。

7-4 制备超润湿表面需要的条件有什么？

7-5 举例说明粉煤灰制备超润湿表面的工艺。

7-6 举例说明超润湿表面可以用的领域。

参 考 文 献

［1］ Pan Z H, Cheng F Q, Zhao B X. Bio-inspired polymeric structures with special wettability and their applications：An overview ［J］. Polymers, 2017 (9)：725.

［2］ Bonn D, Eggers J, Indekeu J, et al. Wetting and spreading ［J］. Reviews of Modern Physics, 2009, 81：739-805.

［3］ Wenzel R D M. Resistance of solid surfaces ［J］. Journal of industrial and engineering chemistry, 1936, 28：988-994.

［4］ Jung Y C, Bhushan B. Wetting behavior of water and oil droplets in three-phase interfaces for hydrophobicity/philicity and oleophobicity/philicity ［J］. Langmuir, 2009, 25：14165-14173.

［5］ 沈钟, 赵振国, 康万利. 胶体与表面化学 ［M］. 4 版. 北京：化学工业出版社, 2012.

［6］ Nishimoto S, Bhushan B. Bioinspired self-cleaning surfaces with superhydrophobicity, superoleophobicity, and superhydrophilicity ［J］. RSC Advances, 2013 (3)：671-690.

［7］ Tian D, Song Y, Jiang L. Patterning of controllable surface wettability for printing techniques ［J］. Chemical Society Reviews Journal, 2013, 42：5184-5209.

［8］ Cassie B D, Baxter S. Wettability of porous surfaces ［J］. Transactions of the Faraday Society, 1944, 5：546-551.

［9］ Wong J X H, Yu H. Preparation of transparent superhydrophobic glass slides：Demonstration of surface chemistry characteristics ［J］. Journal of Chemical Education, 2013, 90：1203-1206.

［10］ Ran C, Ding G, Liu W, et al. Wetting on nanoporous alumina surface：Transition between Wenzel and Cassie states controlled by surface structure ［J］. Langmuir, 2008, 24：9952-9955.

［11］ Bhushan B, Jung Y C. Wetting, adhesion and friction of superhydrophobic and hydrophilic leaves and fabricated micro/nanopatterned ［J］. Journal of Physics-Condensed Matter, 2008, 20：1-24.

［12］ Bodas D, Khan-malek C. Hydrophilization and hydrophobic recovery of PDMS by oxygen plasma and chemical treatment-An SEM investigation ［J］. Sensors and Actuators B-Chemical, 2007, 123：368-373.

［13］ Yildiz H, Morrow N R. Effect of brine composition on recovery of Moutray crude oil by waterflooding ［J］. Journal of Petroleum Science And Engineering, 1996, 14：159-168.

［14］ Song H, Tang M, Lei X, et al. Preparation of environment-friendly ultrafine fly ash based superhydrophobic demoulding coating［J］.Applied Surface Science, 2021, 566: 150688.

［15］任国宏，廖洪强，吴海滨，等.粉煤灰、电石渣及其配合物碳酸化特性［J］.环境工程学报，2018，12（8）：2295-2300.

［16］Marmur A.Wetting on hydrophobic rough surfaces: to be heterogeneous or not to be?［J］.Langmuir, 2003, 19: 8343-8348.

［17］Liu L, Hou Y, Pan Y, et al.Substrate-versatile approach to fabricate mechanochemically robust and superhydrophobic surfaces from waste fly ash［J］.Progress in Organic Coatings, 2019, 132: 353-361.

［18］Paul K T, Satpathy S, Manna I, et al.Preparation and characterization of nano structured materials from fly ash: a waste from thermal power stations, by high energy ball milling［J］.Nanoscale Research Letters, 2007（2）: 397.

［19］Chen C G, Pan L S, Li H, et al.Conversion of superhydrophilicity to superhydrophobicity by changing the microstructure of carbon-high fly ash［J］.Materials Letters, 2021, 299: 130051.

［20］蔡安江，闫雪蕊，叶向东.自清洁、防雾聚氨酯-SiO_2复合超亲水透明涂层的制备与表征［J］.复合材料学报，2020，37（1）：191-197.

［21］Song H P, Tang M X, Lei X, et al.Preparation of ultrafine fly ash-based superhydrophobic composite coating and its application to foam concrete［J］.Polymers, 2020, 12（10）: 2187.

［22］Nath D C D, Bandyopadhyay S, Gupta S, et al.Surface-coated fly ash used as filler in biodegradable poly（vinyl alcohol）composite films: Part 1 - The modification process［J］.Applied Surface Science, 2010, 256: 2759-2763.

［23］Li G J, Jiang B, Liu H Q, et al.Superhydrophobic surface with lotus/petal effect and its improvement on fatigue resistance of heat-resistant steel［J］.Progress in Organic Coatings, 2019, 137: 105315.

［24］Pan Z H, Shahsavan H, Zhang W, et al.Superhydro-oleophobic bio-inspired polydimethylsiloxanemicropillared surface via FDTS coating/blending approaches［J］.Applied Surface Science, 2015, 324: 612-620.

［25］Junaidi M U M, HajiAzaman S A, Ahmad N N R, et al.Superhydrophobic coating of silica with photoluminescence properties synthesized from rice husk ash［J］.Progress in Organic Coatings, 2017, 111: 29-37.

［26］Song H P, Cao Z Y, Xie W S, et al.Improvement of dispersion stability of filler based on fly ash by adding sodium hexametaphosphate in gas-sealing coating［J］.Journal of Cleaner Production, 2019, 235: 259-271.

［27］解文圣，宋慧平，程芳琴.水分散型超细粉煤灰基涂料［J］.涂料工业，2020，5（4）：41-45.

［28］曹思静.超亲水/水下超疏油膜的制备及其油水分离性能研究［D］.太原：山西大学，2019.

［29］Wang J, Han F, Zhang S.Durably superhydrophobic textile based on fly ash coating for oil/water separation and selective oil removal from water［J］.Separation and Purification Technology, 2016: 138-145.

［30］王山林.超疏水纳米涂层强化构建机理及其防露和抗霜特性研究［D］.南京：东南大学，2018.

本章提要：
　　(1) 学习粉煤灰制备其他涂料的原理。
　　(2) 学习粉煤灰光催化涂料、复合陶瓷涂料和铸造涂料基本制备工艺。

8.1　光催化涂料

8.1.1　光催化概念

　　光催化是利用光能进行物质转化的一种方式，图 8-1 所示是物质在光和催化剂共同作用下所进行的化学反应，可以将光催化理解成光合作用的逆反应。众所周知，最初的地球环境不适合生物生存，后来光合细菌和植物开始利用光合作用，用叶绿素作为催化剂，将无机物转化为有机物，而光催化反应则将这个反应反过来了，即催化剂在光的作用下，将有机物转化成了无机物，这对补完自然界的物质循环过程具有巨大的意义。

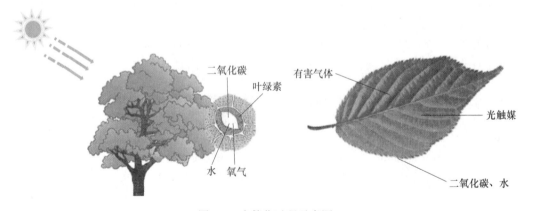

图 8-1　光催化过程示意图

　　光催化是藤岛昭教授在 1967 年的一次试验中，发现在紫外光照射下，TiO_2 电极可以将水分解为氢气和氧气，即"本多-藤岛效应"，揭开了多相光催化新时代的序幕[1]。1976年 Carey 在紫外光条件下能有效分解多氯联苯，被认为是光催化技术在消除环境污染方面的创造性工作，进一步推动了光催化研究热潮[2]。1977 年，T. Yokota 等发现在光照条件下，TiO_2 对丙烯环氧化具有光催化活性，拓宽了光催化的应用范围，为有机物合成提供了一条新的思路。1983 年起，A. L. Pruden 和 D. Follio 发现烷烃、烯烃和芳香烃的氯化物等一系列污染物都能被光催化降解掉，扩大了光催化在环境领域的应用。

经过几十年的发展，光催化在污染物降解、重金属离子还原、空气净化、CO_2 还原、太阳能电池、抗菌、自清洁等方面受到广泛应用研究。

8.1.2 光催化原理

8.1.2.1 光催化技术原理

导带（CB）：导带是由自由电子形成的能量空间。即固体结构内自由运动的电子所具有的能量范围。导带是半导体最外面（能量最高）的一个能带，是由许多连续的能级组成的；是半导体的一种载流子——自由电子（简称电子）所处的能量范围。

价带（VB）：价带或称价电带，通常是指半导体或绝缘体中，在 0K 时能被电子占满的最高能带。对半导体而言，此能带中的能级基本上是连续的。全充满的能带中的电子不能在固体中自由运动。

禁带宽度（E_g）：在能带结构中能态密度为零的能量区间。常用来表示价带和导带之间的能态密度为零的能量区间。禁带宽度的大小决定了材料是具有半导体性质还是具有绝缘体性质。半导体的禁带宽度较小，当温度升高时，电子可以被激发传到导带，从而使材料具有导电性。与波长 λ 的关系如式（8-1）所示：

$$E_g = \frac{1240}{\lambda} \tag{8-1}$$

光催化最核心的概念是光催化剂吸收光能后，产生具有还原能力的电子 e^- 和具备氧化能力的空穴 h^+，e^- 和 h^+ 再将接触到的其他物质（H_2O、污染物、重金属离子、CO_2 等）还原、氧化掉。当然，光催化剂的氧化还原能力有限，光催化剂的氧化还原能力取决于其导带、价带位置，导带越负，还原能力越强；价带越正，氧化能力越强。常见光催化半导体能带结构分布图如图 8-2 所示。另外，光催化剂能否受光激发产生电子空穴对也与其禁带宽度有关，禁带宽度越窄，光吸收范围越广，受光激发越容易。

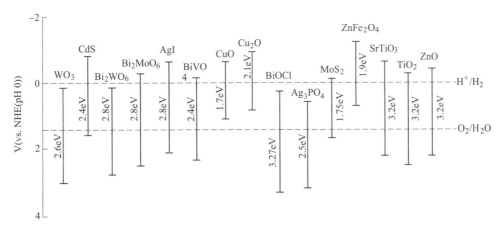

图 8-2 半导体能带结构分布[3]

光催化过程可以简化成以下几个步骤：

（1）当入射光能量 $h\nu$ 不小于禁带宽度 E_g 时，价带上的电子 e^- 吸收光能跃迁至导带，同时价带上产生空穴 h^+；

（2）产生的 e^-、h^+ 在电场或者扩散作用下分别迁移至半导体表面；

（3）具有还原能力的 e^- 与具有氧化能力的 h^+ 与吸附在半导体表面上的物质发生氧化还原反应，比如污染物降解、水分解制氢气等。其机理图如图 8-3 所示。

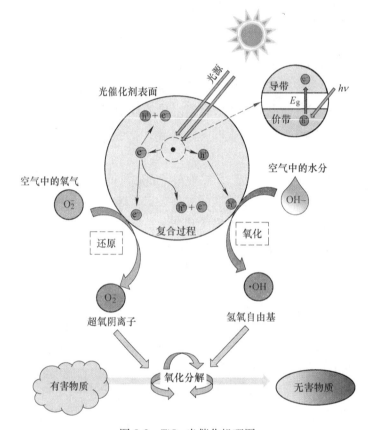

图 8-3 TiO_2 光催化机理图

氧化还原反应如式（8-2）和式（8-3）所示。

$$TiO_2 + h\nu \longrightarrow e^-_{CB} + h^+_{VB} \tag{8-2}$$

$$e^-_{CB} + h^+_{VB} \longrightarrow 能量 \tag{8-3}$$

$$H_2O + h^+_{VB} \longrightarrow HO\cdot + H^+ \tag{8-4}$$

$$HO\cdot + 污染物 \longrightarrow H_2O + CO_2 \tag{8-5}$$

$$O_2 + e^-_{CB} \longrightarrow \cdot O_2^- \tag{8-6}$$

$$\cdot O_2^- + H^+ \longrightarrow HOO\cdot \tag{8-7}$$

$$HOO\cdot + HOO\cdot \longrightarrow H_2O_2 + O_2 \tag{8-8}$$

$$\cdot O_2^- + 污染物 \longrightarrow H_2O + CO_2 \tag{8-9}$$

$$HOO\cdot + 污染物 \longrightarrow H_2O + CO_2 \tag{8-10}$$

常见的光催化材料主要包括紫外光响应光催化材料和可见光响应光催化材料。目前已开发的紫外光响应光催化剂包括多种金属氧化物，如氧化铌、氧化钽和氧化锌等，多元金属氧化物，如钛酸盐、钽酸盐和锆酸盐等。而且研究表明，TiO_2是紫外光响应光催化材料降解有机污染物中光催化活性最高的。但是紫外光仅占太阳光约4%，这极大限制了光催化剂对太阳光的利用效率。因此开发可见光响应光催化材料，使光催化材料的吸收波长红移，减小禁带宽度，进而可以利用可见光，提高光催化效率。目前对可见光响应光催化材料的研究主要包括：（1）开发新型的可见光催化剂，包括钛系、钽系、钒系、铌系、铋系、钨系、钼系和钴系等多元金属氧化物半导体材料；（2）对已有紫外光响应半导体光催化材料改性使其可以对可见光产生光响应。包括采用金属离子掺杂、非金属元素掺杂、贵金属沉积、半导体复合等方法进行改性。

光催化技术作为新型净化技术，具有以下优点：操作简单、能耗低、无二次污染、效率高；可以直接利用空气中的氧气做氧化剂；反应条件温和（常温、常压）；可以将有机污染物分解为二氧化碳和水等无机小分子，净化效果更彻底；半导体光催化剂化学性质稳定，氧化还原性强，成本低，不存在吸附饱和现象，使用寿命长。但是，在反应过程中，光催化材料容易发生光腐蚀现象、电子-空穴复合率高，而且微/纳米级的光催化材料极易发生二次团聚，为解决这一问题，提出了固载化的方法，包括成膜固载化和载体固载化。载体固载化为常用的负载方法，即将微/纳米级颗粒负载到多孔材料。

8.1.2.2 光催化涂料原理

光催化活性涂料是将纳米粒子相与涂料组分复合而得，由于纳米材料具有许多独特的性质，如小尺寸效应、表面效应、量子尺寸效应等，从而赋予涂料不同于常规的光学、电学和磁学性能，而且还可以提高涂层的强度、硬度、耐磨性、耐刮伤性等力学性能。同时由于纳米材料具有光催化活性，在涂料中引入纳米粒子相，使涂料也获得光催化活性，以此来达到环保的目的，如图8-4为光催化涂料的原理示意图。

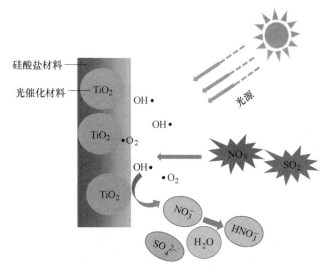

图8-4　光催化涂料的原理示意图

光催化纳米钛白同碱金属硅酸盐黏结剂在无机涂料可谓是黄金搭档，纳米钛白在光作用下可以产生超强氧化性的自由基，除可以氧化涂膜表面的有机污染物，实现涂膜表面的超亲水效果，使外墙涂料保持清洁如新外，也可以杀灭墙面上各类微生物，抑制霉菌生长，还可以氧化空气中各种 VOC、游离甲醛等空气污染物。而碱金属硅酸盐硅化的涂膜则具有所有有机树脂无法比拟的最强耐紫外线和强氧化剂能力，不被自由基所氧化。

8.1.3 粉煤灰基光催化涂料的研究案例

目前乃至未来很长时间，煤炭在中国的能源结构中仍占据重要地位。粉煤灰作为燃煤电厂的主要煤基固废，其堆存量逐年增加，严重威胁了生态环境，也对人体健康产生的危害。虽然目前对粉煤灰的资源化利用率在不断提高，但是可提升的空间还很大。粉煤灰具有良好的化学稳定性，且改性后比表面积增大，产生高活性的表界面，形成有利于产生吸附作用的孔结构或暴露带有大量电荷的吸附位点用于固载催化剂和吸附污染物。

8.1.3.1 粉煤灰基负载光催化材料制备

A 制备工艺

以粉煤灰作为载体，负载光催化材料常见的方法有水热合成法、溶胶-凝胶法、碱熔融法等。

a 水热合成法

水热合成法指的是在高温高压的条件下，在溶液中反应物经化学反应生成产物，反应在高压密闭反应釜中发生。水热合成法让前驱体在水热反应介质中反应成核，然后生长最后生成结晶态良好的晶体。

在粉煤灰制备沸石过程中加入 TiO_2，得到粉煤灰基沸石/TiO_2 复合光催化材料。其制备工艺流程如图 8-5 所示：（1）粉煤灰的预处理。取适量粉煤灰于 10%（质量分数）的盐酸溶液中，在 80℃ 水浴中加热 2h，抽滤、洗涤、干燥。（2）碱熔融。以碱灰比为 1.2∶1 称取一定量的 NaOH 颗粒，与粉煤灰充分混合，研磨后至于马弗炉中 550℃ 煅烧 2h。（3）陈化及水热合成。以钛灰比为 1∶3 将 TiO_2 加入煅烧后的粉煤灰中。陈化 24h，随后放入反应釜中在 100℃ 下晶化一定时间，冷却、抽滤、干燥，研磨得到粉煤灰基沸石-TiO_2 催化剂样品[4]。

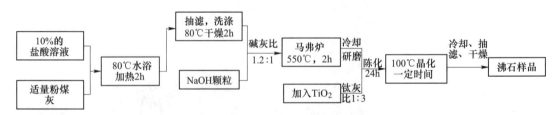

图 8-5 水热合成法制备粉煤灰基沸石-TiO_2 光催化材料工艺流程图[4]

b 溶胶-凝胶法

溶胶-凝胶法是经溶液、溶胶、凝胶、干燥后再经热处理反应生成纳米材料的一种方法。溶胶-凝胶法所制备的产品其纯度较高、品质较好且便于在各种载体上负载形成光催化复合材料。

以钛酸四丁酯为原料，加入浓盐酸和无水乙醇混合均匀后得到溶液 B，在强烈搅拌下，将溶液 A（无水乙醇与去离子水混合均匀）逐渐滴加入溶液 B 中，随后加入 1g 沸石分子筛，得到白色凝胶 C，老化 12h，经过干燥、研磨得到灰白色粉末，再经过马弗炉以500℃（升温速率 10℃/min）煅烧 2h，最终得到负载型 TiO$_2$/沸石分子筛[5]。溶胶-凝胶法制备负载型 TiO$_2$/沸石分子筛工艺流程如图 8-6 所示。

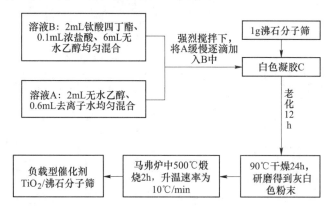

图 8-6　溶胶-凝胶法制备负载型 TiO$_2$/沸石分子筛工艺流程图

c　碱熔融水热法

碱熔融水热法是指利用熔融态的碱活化粉煤灰，在高温、高压下进行反应，随后进行水热合成。

（1）对粉煤灰进行预处理。将粉煤灰经 180μm 筛分，按碱灰质量比 1.2∶1 与 NaOH颗粒混合研磨均匀，置于马弗炉中以 550℃煅烧 1.5h，冷却至室温。（2）水热合成。将预处理后的粉煤灰、适量的 TiO$_2$（钛灰质量比为 1∶3）与去离子水混合均匀，并于磁力搅拌器上室温搅拌 24h，随后置于聚四氟乙烯反应釜中，在烘箱中 100℃水热合成 18h，最后经过抽滤、烘干、研磨得到粉煤灰基 TiO$_2$/X 沸石材料[6]。

B　性能检测

a　扫描电镜分析（SEM）

图 8-7 为 TiO$_2$/粉煤灰漂珠复合材料的 SEM 图[7]。由图 8-7（a）可知，经改性的粉煤灰漂珠其表面基本光滑，有少许凸起和凹坑，形状为较规则的球形，是很理想的载体材料。随着 TiO$_2$ 负载量的增加，在粉煤灰漂珠表面形成了一层紧密的薄膜，TiO$_2$ 负载量的增加有利于光催化活性的提高，但是负载量过多使得附着在粉煤灰漂珠表面的 TiO$_2$ 呈蓬松状态，在重复使用过程中容易脱落，导致光催化活性下降。

b　光致发光光谱（PL）

光致发光光谱（PL）强度与电子-空穴对复合率有关。光致发光强度越低，电子-空穴对复合率越低。图 8-8 为 TiO$_2$/粉煤灰纳米复合材料的 PL 图。粉煤灰的掺杂猝灭了 366nm和 381nm 处的光致发光强度，表明光生电荷载流子主要以较低的复合速率积累，并且随着粉煤灰能级的增加而变得更加占优势。因此，光生电子被更有效地转移。这些观察对于使用掺杂半导体催化剂来增强光响应是必不可少的。然而，由于 TiO$_2$ 的带隙较宽，带隙中不同缺陷状态的存在也可能参与辐射复合。因此，在 TiO$_2$ 中掺杂粉煤灰有效抑制了电荷载流子的再结合，导致光电转换活性增强[8]。

(a) 粉煤灰漂珠

(b) 19.35%(质量分数)TiO$_2$/粉煤灰

(c) 28.57%(质量分数)TiO$_2$/粉煤灰

(d) 37.5%(质量分数)TiO$_2$/粉煤灰

图 8-7　TiO$_2$/粉煤灰漂珠光催化复合材料 SEM 图[7]

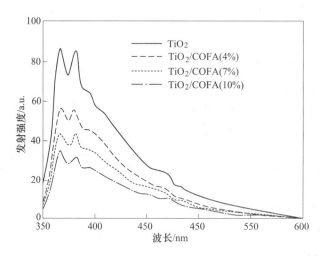

图 8-8　TiO$_2$ 与 TiO$_2$/粉煤灰纳米光催化复合材料的 PL 谱图[8]

　　c　紫外可见漫反射（UV-Vis）

　　紫外-可见漫反射光谱（UV-Vis DRS）可用于研究固体样品的光吸收性能，催化剂表面过渡金属离子及其配合物的结构、氧化状态、配位状态、配位对称性及催化剂的光吸收性能等。如图 8-9 所示为未掺杂 TiO$_2$/粉煤灰复合材料和 N/S 掺杂 TiO$_2$/粉煤灰光催化材料的紫外-可见光谱图，其横坐标为吸收光波长，纵坐标为吸光度。由图可知未掺杂 TiO$_2$/粉煤灰复合材料其吸收边缘为 390nm，根据式（8-11）可计算其禁带宽度为 3.17eV，而 N/S 掺杂 TiO$_2$/粉煤灰复合材料吸收边缘在 500nm 左右，与纯 TiO$_2$ 相比出现了明显的偏移，计算出其禁带宽度为 2.48ev，表明掺杂后的 TiO_2/粉煤灰复合材料对可见光具有明显的光响应信号[9]。

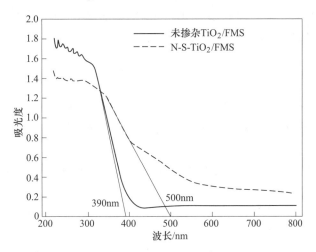

图 8-9 不同材料的紫外-可见漫反射光谱图[9]

除了利用式（8-11）可计算光催化材料的禁带宽度，还可采用 Tauc plot 法将吸光度图谱转换成带隙图谱，进而计算得到半导体的禁带宽度，其主要依据 Kubelka-Munk 公式[10,11]：

$$(\alpha h\nu)^{\frac{1}{n}} = A(h\nu - E_g) \tag{8-11}$$

式中，α 为吸光指数；h 为普朗克常数；ν 为频率；$h\nu$ 为 $1024/\lambda$；E_g 为禁带宽度，eV；A 为常数，对禁带宽度无影响；n 为与半导体类型直接相关，直接带隙半导体 $n=1/2$，间接带隙半导体 $n=2$。

图 8-10 为 TiO_2 与不同质量分数的粉煤灰负载的带隙能谱图。TiO_2 为间接带隙半导体，其指数 n 为 2，对其谱线做切线与横轴交点即为该材料的禁带宽度 E_g，例如图中纯 TiO_2 禁带宽度为 3.6eV，粉煤灰掺量为 4%（质量分数）、7%（质量分数）、10%（质量分数）其对应的禁带宽度分别为 3.3eV、3.45eV、3.52eV[8]。

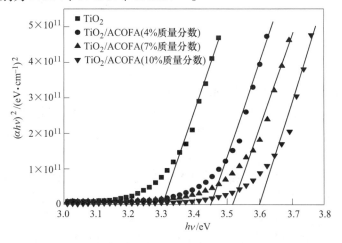

图 8-10 掺杂粉煤灰的 TiO_2 薄膜的带隙能谱[8]

8.1.3.2 粉煤灰基光催化涂层制备

为了促进循环经济，以碱活化再生的粉煤灰作为制造砂浆涂层的代替黏合剂，与光催化技术结合，用于环境修复。以 $\alpha/\beta\text{-}Bi_2O_3$ 同质结光催化剂被引入到粉煤灰砂浆涂层中为例，研究其赋予的两种应用的光催化性能，即自清洁和 CO_2 光转化产生太阳能燃料[12]。

A 制备工艺

a $\alpha/\beta\text{-}Bi_2O_3$ 同质结光催化剂的合成

$\alpha/\beta\text{-}Bi_2O_3$ 同结质是通过对相同的前体溶液进行三种不同的处理而合成的。通过在 70℃将 $Bi(NO_3)_3 \cdot 5H_2O$ 溶解在 0.02mol 硝酸中来制备该溶液。此后，在反应过程中改变不同的参数以促进同质结的形成。

样本 AB1：将 16mol/L NaOH 浓溶液不断滴加到前体溶液中，并剧烈搅拌 1h，用蒸馏水和甲醇洗涤产物。

样本 AB2：将 8mol/L NaOH 溶液与搅拌后的前驱体混合。5min 后，用冰在 0℃停止反应。回收所得到的粉末，洗涤，并在 100℃处干燥。

样本 AB3：该合成需要添加适量的十六烷基三甲基溴化铵（CTAB）来稳定 β 相。将 CTAB 加入前体溶液中，5min 后用冰在 0℃停止反应。将粉末洗涤并在 100℃下干燥。

作为参考，使用相同的前体溶液制备 $\alpha\text{-}Bi_2O_3$ 样品。制备方法为将 NaOH 加入前体中，并剧烈搅拌 30min，记为样本 A。

b 光催化砂浆涂料的制备

用碱激发粉煤灰作为黏结剂制备砂浆。为了制造涂层，在第一阶段，在玛瑙研钵中用 0.17g Na_2CO_3 研磨 5g 灰分，以获得均匀的混合物。然后将制备好的同质结通过机械混合掺入碱活化灰分中。最后，加入 1.7mL 蒸馏水以增加样品的可加工性。然后用 3mm 厚的刮刀将样品涂在混凝土泡沫表面，在室温下干燥，即得到 $\alpha/\beta\text{-}Bi_2O_3$ 同质结光催化涂层。根据其光催化剂的不同分别命名为 CAB1、CAB2、CAB3、CA。

B 性能检测

a $\alpha/\beta\text{-}Bi_2O_3$ 同质结光催化材料的性能

（1）XRD 分析。采用 XRD 技术对样品中 Bi_2O_3 的多态性进行研究。同质结和参考样本的 XRD 模式如图 8-11 所示。样本 AB 都产生了这两种类型的 Bi_2O_3 多态性。样品 AB1 的晶体取向与其他样品不同。其中，样品 AB1 沿（102）方向生长，而样品 AB2 和 AB3 则位于 $\beta\text{-}Bi_2O_3$ 的（201）平面上。因此，似乎在同质结合成过程中过量的 NaOH 影响了 Bi_2O_3 晶体的取向。此外，在样品 AB1 合成过程中，较高的 NaOH 浓度可能有利于 $Bi(OH)_3$ 生成 BiO_3。在这种情况下，$Bi(OH)_3$ 作为一种新的生长前体，而细胞核作为种子。因此，$\beta\text{-}Bi_2O_3$ 在 $Bi(OH)$ 种子的活性位点上的生长更受控制，促进了（102）方向的生长。

（2）VB X 射线光电子分析。通过 VB X 射线光电子能谱测量了 $\alpha/\beta\text{-}Bi_2O_3$ 同质结和参比样品的价带，得到了光催化剂的能带位置，如图 8-12 所示。所有 Bi_2O_3 样品的费米能级和 VBs 之间的能量差异相似（$-1.0 \sim 1.3\text{eV}$）。$\alpha/\beta\text{-}Bi_2O_3$ 同质结的导电带最小值为 -1.0eV，参比样品的导电带最小值为 -1.6eV，低于 $\alpha/\beta\text{-}Bi_2O_3$ 同质结，此外 $\alpha\text{-}Bi_2O_3$ 还表现出第二个带尾 0.4eV，这可以作为光生空穴的陷阱。

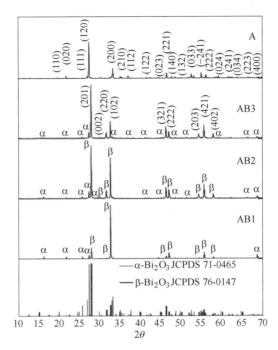

图 8-11　α/β-Bi₂O₃ 同质结的 XRD 图

b　光催化砂浆涂层性能表征

将 α/β-Bi₂O₃ 同质结和合成的参考物与由粉煤灰、碱性活化剂和水组成的无机黏合剂结合，制备光催化砂浆涂层。

用扫描电镜观察砂浆涂层的形貌如图 8-13 所示，显示 CAB2 由 3 种不同形态的颗粒组成：（1）未反应的粉煤灰颗粒（空心微珠）；（2）不确定形态的致密凝胶；（3）条状（与 Bi₂O₃ 有关）物质证实了砂浆涂层和分散良好的光催化剂。进而通过 EDS 分析确认观察结果，具体鉴定出钙、硅、镁、铋、铝、钠和氧。通过对不同形态的详细分析，可以确定两种类型的凝胶或骨架：（1）硅酸钙水合物；（2）铝硅酸盐水合物。

c　光催化活性评价

（1）自清洁性评价。基于亚甲基蓝（MB）的去除来评估光催化灰浆的自清洁效率。将一个 3.5cm 的圆柱体固定在砂浆中，然后加入 30mL 10μmol/L MB 溶液，样品用 50W 发光波长为 300~900nm 范围的卤素灯照射。

通过使用紫外-可见分光光度计测定 MB 的去除量随 UVA 照射时间的函数，来评价光催化砂浆的自清洗效率。图 8-14 为连续紫外线照射 3h 后的自洁活性。用不含任何光催化剂的涂层进行对照实验，研究 MB 溶液在灯辐照下的稳定性。对照实验是为了测量参考砂浆吸附去除的染料量。在光照射 3h 后，发现光催化涂层有效地去除了表面的 MB，其中样品 CAB2 的处理效果最好，去除率可达到 31%。这个结果表明了表面积和二维形态的重要性，也强调了光催化剂设计在改善电荷转移中的重要性，对所提出的样品的同质结导致参考样品有更高的效率。

（2）CO₂ 光电转化。通过 CO₂ 的减少而生产增值化合物对光催化灰浆进行评估。实验

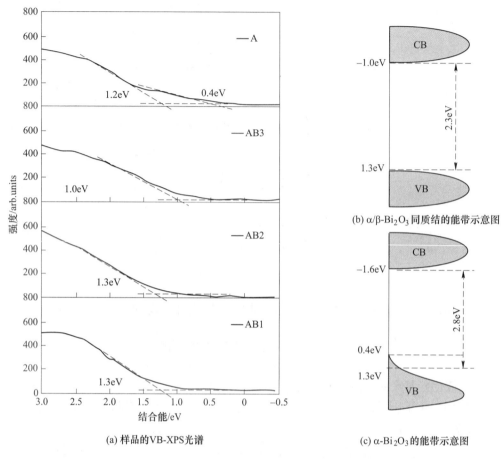

(a) 样品的VB-XPS光谱

(b) α/β-Bi₂O₃同质结的能带示意图

(c) α-Bi₂O₃的能带示意图

图 8-12   样品的 VB-XPS 光谱和能带示意图[12]

图 8-13   光催化 CAB2 涂层的 SEM 照片[12]

在 20℃的圆柱形间歇反应器中进行，将灰浆进入 50mL 蒸馏水中，并用 CO_2 饱和反应 15min 以去除溶解的物质，然后将反应器加压至 2PSI，并用两个可见的发光二极管照射。

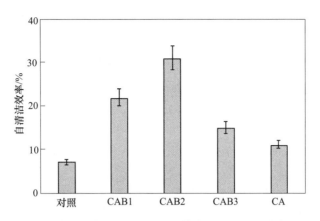

图 8-14　辐射 3h 后光催化砂浆涂层的自清洁效率

　　在没有光催化剂的情况下，在可见光照射下进行空白实验，如图 8-15 所示，照射 3h 后没有任何产物。此后，在相同的实验条件下评价不含光催化剂的参考砂浆涂层。参考样品在可见光照射 3h 后分别产生了 $1.5\mu mol/g$ 甲醇和 $34.3\mu mol/g$ 甲酸。这种效率可能与粉煤灰中存在的天然氧化物的活性有关，如 TiO_2、Fe_2O_3 或 ZrO_2。值得注意的是，在 CO_2 转化成不同太阳能燃料方面，光催化砂浆涂层显示出比参考样品更高的活性。用样品 CAB2 产生的甲醛的效率最高，而在可见光照射 3h 后，α-Bi_2O_3（CA）含量较高的样品产生最高量的甲酸，可达 $1932\mu mol/g$，该值比 CAB2 样品高出 30 倍。α-Bi_2O_3 对甲酸生产的高光催化活性与其对 CO_2 的良好亲和力直接相关。

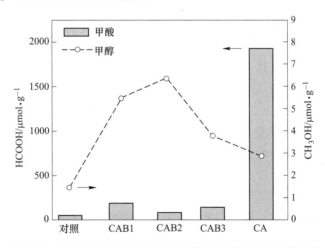

图 8-15　可见光照射 3h 后光催化砂浆涂层产生的太阳能燃料

　　为了证明无机黏合剂与 Bi_2O_3 光催化剂之间的协同作用，在相同的实验条件下，将效率最高的粉末样品（AB2 和 A）评价为光催化剂，计算结果如图 8-16 所示。与粉末相比，当光催化砂浆涂层用作光催化剂时，对甲酸的产生是非常有利的，相比之下，当粉末直接用作光催化剂时，甲醇产量稍高。羟基乙酸产生的光催化活性的增强主要归因于替代胶凝材料比粉末具有更高的表面积。

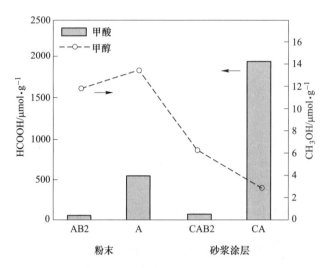

图 8-16   粉末和砂浆涂层产生太阳能燃料的对比

以改性粉煤灰作为负载体，与光催化技术结合，解决纳米级光催化材料易团聚的缺点，提高光催化材料性能。同时，还可以将粉煤灰作为砂浆涂层的黏合剂，制备光催化涂料，提高光催化涂料性能，并进一步提高了粉煤灰资源化利用率。

8.2   复合陶瓷涂料

8.2.1   粉煤灰基陶瓷涂料概述

现代工业的发展和高新技术的进步对生产设备和装置的表面性能要求越来越高，特别是在高温、高速、腐蚀介质等复杂条件下工作的设备零件，其表面在工作时会产生磨损、腐蚀、高温氧化等局部破坏，进而造成整个零件失效。陶瓷涂层技术[13]是一种可以有效改善材料表面性能、节约能源、减少环境污染的表面处理技术，由于制备方法简单、成本低廉、性能优越而引起人们的广泛关注。涂敷在金属表面的陶瓷涂层兼具了陶瓷和金属的双重特征，具备熔点高、硬度高、化学性能稳定、耐磨性及耐蚀性良好等特点，可以用于硬质工具材料、耐磨耐蚀部件等。

粉煤灰功能陶瓷涂层可在钢或铜表面制备，用来保护基材不被腐蚀，基材的抗氧化性能明显增加。粉煤灰在陶瓷涂层中的应用具有原料便宜、易得的优点，可根据不同成分的陶瓷涂层调整不同的配料，得到各种性能的功能陶瓷涂层。粉煤灰在复合陶瓷中的应用可以增加粉煤灰资源化的方法，同时也提高了其资源化的附加值。

8.2.2   制备粉煤灰陶瓷涂层的可行性分析

从粉煤灰的应用现状不难发现，关于以粉煤灰为主要原料制备陶瓷涂层的技术在国内外期刊鲜有论文公开发表。通过对粉煤灰的化学成分、结构分析可知，用粉煤灰制备热化学反应陶瓷涂层的方法是可行的[13]。

8.2.2.1 化学成分分析

粉煤灰的主要成分为 SiO_2、Al_2O_3、CaO、MgO 等，与氧化物陶瓷涂层的组成及比例大致相近，而粉煤灰中的其他氧化物对陶瓷涂层的制备性能可能会有一定的影响，但可以添加少量其他物质来调整性能。粉煤灰结构中有玻璃体，具有一定的化学活性，可以在高温或其他条件下与其他成分发生热化学反应，生成复杂化合物，提高涂层的综合性能。掺杂在粉煤灰中的少量 CaO，具有一定的固化作用，对胶凝体的形成是有利的。粉煤灰中少量的 MgO、Na_2O、K_2O 等会生成较多玻璃体，在水解反应中会促进碱硅反应，有利于涂层制备，但 MgO 含量过高会对稳定性带来不利影响。此外，粉煤灰中还含有一定量的未燃炭，用其制备涂层，对涂层致密性、强度、耐蚀耐磨性等都会产生不利影响。因此，粉煤灰在使用前应进行脱炭处理，即在 800℃ 左右保温一段时间，使灰中的炭与氧气充分反应。

8.2.2.2 结构分析

在显微镜下观察，粉煤灰是晶体、玻璃体及少量未燃炭组成的一个复合结构的混合体。其中结晶体包括莫来石、石英等物质；玻璃体多为形状不规则、孔隙少的小颗粒或疏松多孔且形状不规则的玻璃体球等；未燃炭多呈疏松多孔形式，但在涂层制备时炭已被除去。SiO_2 和 Al_2O_3 含量较高的粉煤灰玻璃体在高温冷却的过程中会逐步析出石英及莫来石晶体，而莫来石这一成分可以使涂层具有热膨胀系数低、耐高温、耐腐蚀、机械强度高、抗热震性能等一系列优点。有研究者以天然铝矾土和工业废弃物粉煤灰为原料，反应烧结合成了低成本的莫来石陶瓷材料。由于莫来石合成温度较高，可以通过球磨、加入添加剂、热固化等手段分别实现机械活化、化学活化及热活化，来降低莫来石合成温度，促进高铝粉煤灰向莫来石转化，有效地提高涂层性能。

机械活化：球磨机通过高速搅拌、振动、旋转等运动方式，将密集的高强度的机械能传递给物质体系，导致粉煤灰涂料在固态条件下发生反应实现合金化，使粉体产生机械力活化作用，球磨后的粉体有助于莫来石的生成。此外，机械球磨最主要的目的是对粉体进行细化，粉体越细，表面能越大，反应活性越强，从而有利于降低粉体的反应温度。

化学活化：通过添加不同种类添加剂来提高陶瓷涂层质量，实现化学活化作用也是高性能陶瓷涂层研究的重要课题。其中，添加剂的种类及添加量对陶瓷涂层性能影响较大。因此，探究不同种类添加剂及用量对粉煤灰涂层的影响也是一个值得研究的课题。

热活化：热活化可以激发粉煤灰活性，在制备粉煤灰陶瓷涂层时，对粉煤灰原料进行适宜的热活化是必要的。热固化是热化学反应法制备陶瓷涂层的重要工序之一，热固化温度及加热气氛的选择至关重要。

粉煤灰主要由各种氧化物组成，其熔点相对较高，对于粉煤灰涂层来说，热固化温度的确定十分重要，热固化时可以进一步激发粉煤灰活性，进而促进其热化学反应。因此可以推断，用粉煤灰制备的热化学反应陶瓷涂层在热固化过程中，除原有的玻璃相莫来石外，还可生成其他复杂化合物，获得的复合陶瓷涂层，具有更加复杂的组成及结构，从而会提高涂层的抗热震性、结合强度及耐磨耐蚀性等。粉煤灰资源丰富、价格低廉，其制品的性能价格比高、质量稳定可靠。以粉煤灰为主要原料，采用热化学反应法制备陶瓷涂层技术不仅可以降低成本，提高涂层综合性能，还可以在很大程度上实现废物利用，减少环境污染。因此，利用粉煤灰做涂料制备陶瓷涂层技术无论在理论上还是在实践上都具有一定的现实意义和应用前景，只要不断探究选择合理的骨料配方、黏结剂及热固化方式等，就可以利用粉煤灰制备出高性能陶瓷涂层，实现粉煤灰资源化综合利用。

8.2.3 粉煤灰基陶瓷涂料的制备工艺

国内辽宁工程技术大学的马壮教授团队做了很多关于粉煤灰制备陶瓷涂料的研究。

粉煤灰陶瓷涂料对粉煤灰的成分要求较高，同时需配合一定量的其他原料，如铝矾土或废旧玻璃等，制备成陶瓷涂料。通过如热化学反应[13]、氧乙炔火焰喷涂和等离子喷涂法等工艺得到均匀、致密、牢固的陶瓷涂料。

8.2.3.1 热化学反应法

热化学反应法制备金属陶瓷涂层（thermo-chemically formed ceramic coatings），也称"东芝 TOSRIC 法"或称"水基液基陶瓷涂层（water base、liquid base ceramic coatings）"[14]。该工艺实质是将微细陶瓷颗粒与黏结剂混合制成陶瓷料浆，涂敷在经过预定处理的金属基材表面，室温固化后再加热固化使陶瓷粒子相互发生反应，形成新的陶瓷复相，以提高界面结合强度，改善涂层性能。不同于其他制备技术的是，该项技术研究的关键是制备方式和界面处金属与涂层的结合方式。热化学反应法陶瓷涂层制备过程中，陶瓷骨料及黏结剂的选择与配比是主要研究内容。目前，热化学反应法制备的陶瓷涂层的涂料是水基的，黏结剂多数选择水玻璃或磷酸氢铝，制成混合料浆后涂刷在经过预处理的试样表面，室温固化 24h 后，选择合适的加热方式进行热固化，在热固化过程中，陶瓷粒子之间或粒子与基体之间发生热化学反应，形成新相，最终制得性能良好的涂层[15]。

热化学反应法克服了金属基材与陶瓷间存在不润湿、不黏附等缺点，涂层与基材之间既有机械结合，也有化学结合。分析可知，在球磨过程中，骨料粒子在低温高速转动过程中剧烈运动，相互碰撞进而发生固相反应，即机械合金化；而在热固化时，还会形成复杂化合物，它们的存在是界面产生化学结合的主要原因，而热化学反应过程中释放出的热量又进一步促进了反应的进行。

8.2.3.2 氧乙炔火焰喷涂

采用热化学反应法在 Q235 钢表面制备了粉煤灰复合陶瓷涂层，结果表明，涂层中均有新相产生，涂层与基体结合良好，提高了基体的耐蚀性和耐磨性。但要在工业中应用，其性能还有待进一步提高[16]。

在此基础上，以粉煤灰为主要骨料，添加一定量的 Al 粉、B_2O_3 和 TiO_2，采用氧乙炔火焰喷涂在 Q235 钢表面制备粉煤灰复合涂层。加入 Al 粉，利用其熔点低（933K）及熔化后通过毛细管作用扩散，向周围陶瓷粒表面铺展、黏结，提高陶瓷粒子的熔化率和半熔化率；添加 B_2O_3 有利于在涂层中形成新相，优化涂层的组织结构，提高涂层的耐磨性等；TiO_2 可以与 B_2O_3、Al 粉发生化学反应生成稳定的化合物，有利于提高涂层的耐磨性、耐蚀性、抗氧化性等。

喷涂制备工艺大致如下：粉煤灰预处理（800℃保温 2h）→骨料球磨→造粒（选取聚

乙烯醇为黏结剂)→研磨→筛选→喷涂。在喷涂涂层之前，为了减小基体与涂层两者间由于膨胀系数不同而产生的应力，提高涂层与基体的结合强度，Q235 钢表面喷涂一层 Ni-Al 过渡层，厚度约为 $100\mu m$。另外，为了提高涂层的致密性，涂层制备后用聚氨酯清漆对涂层进行封孔处理。

8.2.3.3 等离子喷涂法

为进一步提高粉煤灰复合涂层的性能，在前期采用热化学反应法制备粉煤灰复合涂层的基础上，以粉煤灰为主要骨料，添加一定量的 Al 粉、B_2O_3 和 CeO_2，采用等离子喷涂在工业纯铜表面制备粉煤灰复合涂层[17]。

添加 B_2O_3 有利于涂层中形成新相，优化涂层的组织结构，提高涂层的耐磨性等；添加 CeO_2 有利于细化涂层晶粒，改善晶界状态，提高基体与涂层的结合强度，降低涂层中的孔隙率和空洞尺寸等；加入 Al 粉，利用其熔点低（933K）及熔化后通过毛细管作用扩散，向周围陶瓷粒表面铺展、黏结，提高陶瓷粒子的熔化率和半熔化率[18]。

等离子喷涂制备工艺大致如下：粉煤灰预处理（800℃保温 2h）→骨料球磨→造粒（选聚乙烯醇为黏结剂）→研磨→筛选→喷涂。为了提高纯铜与涂层的结合强度，减少基体与涂层两者间由于膨胀系数不同而产生的应力，在纯铜表面喷涂一层 Ni-Al 过渡层，厚度约为 $100\mu m$。

8.3 铸 造 涂 料

8.3.1 粉煤灰基铸造涂料概述

铸造涂料是涂刷于铸型的型或芯表面，用来改善铸件成型效果及表面化学稳定性抗、保护铸件表面和有利脱模等功能的一种涂料，一般由载液、高温黏结剂、悬浮剂、耐火粉料及其他添加剂等组成。目前，华建社教授课题组[19]对此研究较多，分析了粉煤灰生产铸造涂料的可行性，并进行涂料制备以及性能检测，结果表明各项性能指标优良，满足要求。

8.3.2 制备粉煤灰铸造涂层的可行性分析

粉煤灰与铸造涂料所用骨料成分相似，在其他物理性质方面也具备耐火材料性质，有一定耐火度，基本可以满足生产铸型涂料的要求。

（1）在成分方面，铸造涂料所用的粉料一般有石英粉、滑石粉、云母粉、刚玉、锆英粉、镁砂粉、橄榄石粉等耐火材料。而这些耐火粉料的主要成分是 SiO_2、Al_2O_3、CaO、MgO、ZrO_2、Fe_2O_3 等。从耐久材料的成分分析可知，粉煤灰主要成分包括 SiO_2、Al_2O_3、CaO、Fe_2O_3 等，粉煤灰的成分与铸造涂料粉料的成分基本相符。因此在化学成分上符合要求。

（2）在物化性质方面，要求铸造涂料的粉料有一定的耐火度及密度。一般用于铸造涂料的耐火粉料，具有比较高的耐火度。耐火度是衡量能否作为粉料的重要指标之一，但不同于高耐火度材料，对于粉煤灰来说，由于其在金属液的作用下形成烧结层，易于剥离，区别于其他高温耐火粉料对耐火度的要求，并且粉煤灰的密度与粉料的密度相近。

（3）要求铸造涂料的粉料与铸造金属在浇注温度下有比较好的化学稳定性，即不发生化学反应。但是不发生反应的可能性是很小的。从粉煤灰的晶相组成看出，在高温下，粉煤灰可以形成一种玻璃相，如果在金属液和涂料界面上形成一层易于剥离的烧结层（玻璃相）可达到改善铸件表面质量的目的。

综上所述，粉煤灰用于铸造涂料粉料从理论上分析是可行的。

8.3.3　粉煤灰基铸造涂料的制备工艺

粉煤灰制铸造涂料的主要生产工艺为：悬浮剂和黏结剂经预处理后与耐火粉料混合搅拌，同时加入溶剂和添加剂，经粉碎、均化，最后罐装成品。改变粉煤灰与高铝矾土的配比制备铸造涂料，通过测定其悬浮性、条件黏度、耐磨性、暴热抗裂纹性和抗黏砂性，确定50%为合适的粉煤灰添加量[20]。

各组分添加量对涂料性能有不同的影响。有机膨润土加入量增加，涂料的悬浮性提高，条件黏度增加，但涂料的高温抗裂性变差。可分散性乳胶粉的含量越多，金属液的渗透深度越浅。机械黏砂的渗透机理为式（8-12）：

$$P = F_1 - F_2 = \frac{2\sigma}{cos\alpha \times r} \tag{8-12}$$

式中，F_1 为金属液渗入砂型时的渗透动力；F_2 为金属液渗入砂型时的渗透阻力；P 为金属液渗透压力；σ 为表面张力；α 为湿润角；r 为砂子之间的空隙半径。

由于表面张力和空隙半径确定，金属液渗透深度由润湿角 α 决定，可分散乳胶粉含量增加，润湿角也增加，因此渗透压力减小，渗透深度也减小。乙基纤维素（EC）中含有大量的—OH键，可与膨润土表面氧原子之间形成氢键连接，使膨润土仅仅吸附于乙基纤维素，防止下沉。因此，乙基纤维素（EC）的增多可以改善涂料悬浮性[21]。黏结剂聚乙烯醇PVA的分子结构中存在—OH电子与大量的醚氧（—O—），二者均可与膨润土表面反应生成氢键，同理黏结剂聚乙烯醇PVA的增加也可改善涂料悬浮性。增加聚乙烯醇缩丁醛PVB加入量，也能大幅度提高涂料的悬浮性，但高温抗裂性会逐渐变差。

──────── 本 章 小 结 ────────

本章介绍了粉煤灰在其他类型涂层中的应用，详细论述了粉煤灰光催化涂料、复合陶瓷涂料和铸造涂料的制备原理、工艺和应用领域。

思 考 题

8-1　简述什么是光催化。

8-2　简述导带、价带及禁带宽度。

8-3　简述光催化反应基本过程及其原理。

8-4 简述光催化涂料的基本原理。

8-5 简述粉煤灰用于复合陶瓷涂料的可行性。

8-6 简述粉煤灰用于铸造涂料的可行性。

8-7 分别举例粉煤灰制备复合陶瓷涂料和铸造涂料的工艺。

参 考 文 献

［1］ Fujishima A, Honda K. Photocatalysis-decomposition of water at the surface of an irradiated semiconductoe ［J］. Nature, 1972, 238 (5383): 37-38.

［2］ Carey J H, Lawrence J, Tosine H M. Photodechlorination of PCB's in the presence of titanium dioxide in aqueous suspensions ［J］. Bulletin of Environmental Contamination And Toxicology, 1976, 16 (6): 697-701.

［3］ Pi Y, Li X, Xia Q, et al. Adsorptive photocatalytic removal of persistent organic pollutants (POPs) in water by metal-organic frameworks (MOFs) ［J］. Chemical Engineering Journal, 2018, 337: 351-371.

［4］ 薛海月, 王连勇, 刘向宇, 等. 粉煤灰基沸石-TiO_2 复合催化剂的合成及性能研究 ［J］. 洁净煤技术, 2022, 28 (5): 125-133.

［5］ 秦颖楠. 粉煤灰沸石分子筛负载二氧化钛的制备及光催化性能的研究 ［D］. 北京: 北京交通大学, 2015.

［6］ 韩建丽, 王连勇, 杨义凡. 粉煤灰基 TiO_2/X 沸石制备及其光催化氧化 NO ［J］. 材料与冶金学报, 2022, 21 (3): 184-188.

［7］ 白春华, 樊雪敏, 李光辉, 等. TiO_2/粉煤灰漂珠复合材料的制备及光催化降解特性 ［J］. 环境污染与防治, 2017, 39 (7): 735-739.

［8］ Alluqmani SM, Louloul M, Ouerfelli J, et al. Elaboration of TiO_2/carbon of oil fly ash nanocomposite as an eco-friendly photocatalytic thin-film material - ScienceDirect ［J］. Ceramics International, 2021, 47 (10): 13544-13551.

［9］ Lv J, Tong S, Su L, et al. N, S co-doped-TiO_2/fly ash beads composite material and visible light photocatalytic activity ［J］. Applied Surface Science, 2013, 284 (1): 229-234.

［10］ Wilson A H. The Optical Properties of Solids ［M］. Holland: North-Holland Publishing, 1972.

［11］ Mott N F. Conduction in non-crystalline systems IV. Anderson localization in a disordered lattice ［J］. Philosophical Magazine, 1970.

［12］ Vega-Mendoza M S, Luevano-Hipolito E, Torres-Martinez M. Design and fabrication of photocatalytic coatings with α/β-Bi_2O_3 and recycled-fly ash for environmental remediation and solar fuel generation ［J］. Ceramics International, 2021, 47 (19): 26907-26918.

［13］ 马壮, 陶莹, 李智超. 热化学反应法制备粉煤灰陶瓷涂层展望 ［J］. 硅酸盐通报, 2012, 31 (6): 1514-1517.

［14］ 马壮, 魏宝佳, 李智超. 金属表面热化学反应法陶瓷涂层研究现状及工艺名称商榷 ［J］. 硅酸盐通报, 2007, 26 (5): 990-993.

［15］ 马壮, 陶莹, 李智超. 热化学反应法制备粉煤灰陶瓷涂层展望 ［J］. 硅酸盐通报, 2012, 31 (6): 1514-1517.

［16］ 孙方红, 马壮, 李志成, 等. 氧乙炔火焰喷涂制备粉煤灰复合涂层的研究 ［J］. 材料导报, 2014, 28 (24): 125-128.

［17］ 孙方红, 马壮, 刘应瑞, 等. 等离子喷涂粉煤灰复合涂层的制备及性能 ［J］. 中国有色金属学报, 2014 (10): 2546-2552.

［18］马壮，曲文超，李智超，等．热化学反应喷涂 Al_2O_3 基复合陶瓷涂层的制备及其性能［J］．中国有色金属学报，2009，19（6）：1093-1098.

［19］华建社，袁启奇．粉煤灰应用于铸造涂料的可行性研究［J］．铸造，2008，57（7）：726-727，730.

［20］袁启奇，华建社．粉煤灰加入量对铸铁涂料性能的影响［J］．现代铸铁，2009，29（3）：70-72.

［21］华建社，杨浩秦，毛婷婷．EC 对醇基粉煤灰涂料性能的影响［J］．山东化工，2015，44（16）：28-30，32.